"十四五"高等教育系列教材

BIM技术应用

——Revit建模基础

李兴田　黄佼佼◎主编
张丽萍◎主审

中国铁道出版社有限公司
CHINA RAILWAY PUBLISHING HOUSE CO., LTD.

内 容 简 介

本书根据高等学校 BIM 技术课程教学要求编写,从 Revit 的基本操作入手,结合大量的可操作性实例,从创建各类建筑图元构件,到添加标注信息出图,全面讲解了建筑设计阶段的全部流程,全面阐述了 Revit 2025 从建立标高、轴网到创建建筑物的基本构件、添加构造细节。最后,以一栋两层建筑为实例,依据核心建模流程全面介绍了建筑设计的相关知识及建模全过程。

本书图文并茂,结构紧凑,内容简明扼要,层次循序渐进,例题讲解翔实,具有很强的实用性。

本书适合作为高等院校建筑类 BIM 技术应用课程的教材,也可作为广大工程技术人员提升数字化能力的参考书。

图书在版编目(CIP)数据

BIM 技术应用 : Revit 建模基础 / 李兴田, 黄佼佼主编. -- 北京 : 中国铁道出版社有限公司, 2025. 7.
("十四五"高等教育系列教材). -- ISBN 978-7-113-32255-7

I. TU201.4

中国国家版本馆 CIP 数据核字第 2025A60A20 号

书　　名: BIM 技术应用——Revit 建模基础
作　　者: 李兴田　黄佼佼

策　　划: 曾露平　　**编辑部电话:** (010) 63551926
责任编辑: 曾露平
封面设计: 郑春鹏
责任校对: 安海燕
责任印制: 赵星辰

出版发行: 中国铁道出版社有限公司 (100054, 北京市西城区右安门西街 8 号)
网　　址: https://www.tdpress.com/51eds
印　　刷: 河北京平诚乾印刷有限公司
版　　次: 2025 年 7 月第 1 版　2025 年 7 月第 1 次印刷
开　　本: 787 mm × 1 092 mm 1/16　**印张:** 12.5　**字数:** 332 千
书　　号: ISBN 978-7-113-32255-7
定　　价: 39.80 元

前 言

BIM(building information modeling)技术是 Autodesk 公司于 2002 年率先提出的,目前已经在全球范围内得到业界的广泛认可。它可以帮助实现建筑信息的集成,从建筑的设计、施工、运行直至建筑全寿命周期的终结,各种信息整合于一个三维模型信息数据库中,设计团队、施工单位、设施运营部门和业主等各方人员可以基于 BIM 进行协同工作,有效提高工作效率、节省资源、降低成本,从而实现可持续发展。

Revit 作为行业领先的 BIM 核心软件,其功能覆盖建筑、结构、机电三大专业,支持参数化建模、多专业协同与全生命周期数据管理,成为建筑设计阶段的核心工具。从模型构建到施工图输出、能耗分析与碰撞检测,Revit 提供完整的设计、施工一体化解决方案。

本书根据高等学校 BIM 技术课程教学要求编写,选用 Revit 2025 软件作为基础进行讲解,结合建筑实例,从建筑模块建模操作到族的创建,列出详细的操作步骤,全面介绍了建模过程及操作方法,旨在导引入门、启发应用,使读者在掌握软件基本操作的基础上,逐步深入应用,提高读者的图形表达、创新设计、自主学习和研究的能力。本书以迄今最新的国家标准图例规范为准,根据多年的教学实践,按照循序渐进的原则组织并编写而成。

本书由兰州交通大学李兴田、黄佼佼主编,张丽萍主审。本书的编写得到了兰州交通大学“百人计划”、兰州交通大学土木工程学院“BIM 教学团队”项目的支持;同时,兰州交通大学工程图学系的杜骞、马驰、王堃、孙寿榜、鲁锦华、马莉、王力、柴媛媛等在本书的编写中给予了很大帮助,在此表示诚挚的感谢。

限于编者的学识水平,书中难免有不当之处,敬请读者、同行不吝指正。

编　者

2025 年 3 月于兰州

目　　录

第1章 BIM概述

1.1 什么是 BIM

BIM——building information modeling，即建筑信息模型。

BIM 是指基于最先进的三维数字设计解决方案所构建的“可视化”的数字建筑模型，为设计师、建筑师、水电暖铺设工程师、开发商乃至最终用户等各环节人员提供“模拟和分析”的科学协作平台，帮助他们利用三维数字模型对项目进行设计、建造及运营管理。

对于设计师、建筑师和工程师而言，应用 BIM 不仅要求将设计工具实现从二维到三维的转变，更需要在设计阶段贯彻协同设计、绿色设计和可持续设计理念。其最终目的是使得整个工程项目在设计、施工和使用等各个阶段都能够有效地实现节省能源、节约成本、降低污染和提高效率。

1. 美国国家 BIM 标准

2007 年底，NBIMS-US V1（美国国家 BIM 标准第一版）正式颁布，该标准对 building information model（BIM）和 building information modeling（BIM）都给出了定义。

其中对前者的定义为：“building information model 是设施的物理和功能特性的一种数字化表达。因此，它从设施的生命周期开始就作为其形成可靠决策的基础信息共享知识资源”。该定义十分简洁，强调了 building information model 是一种数字化表达，是支持决策的共享知识资源。

对后者的定义为：“building information modeling 是一个建立设施电子模型的行为，其目标为可视化、工程分析、冲突分析、规范标准检查、工程造价、竣工的产品、预算编制和许多其他用途。”该定义明确了 building information modeling 是一个建立电子模型的行为，强调了其过程的动态性，以及目标具有的多样性。

2. 我国《建筑信息模型应用统一标准》

根据我国 2016 年颁布的《建筑信息模型应用统一标准》（GB/T 51212—2016），“BIM”可以指“building information modeling”“building information model”“building information management”三个相互独立又彼此关联的概念。building information model 是建设工程（如建筑、桥梁、道路）及其设施的物理和功能特性的数字化表达，可以作为该工程项目相关信息的共享知识资源，为项目全生命期内的各种决策提供可靠的信息支持。building information modeling 是创建和利用工程项目数据在其全生命期内进行设计、施工和运营的业务过程，允许所有项目相关方通过不同技术平台之间的数据互用在同一时间利用相同的信息。building information management是使用模型内的信息支持工程项目全生命期信息共享的业务流程的组织和控制，其效益包括集中和可视化沟通、更早进行多方案比较、可持续性分析、高效设计、多专业集成、施工现场控制、竣工资料记录等。在本标准中，将建筑信息模型的创建、使用和管理统称为“建筑信息模型应用”，简称“模型应用”。

值得注意的是，在我国的标准中，并未对两种 BIM 的英文表达进行区分，这使得 BIM 的定义更为全面，表达更为清晰化，方便广大相关从业者对 BIM 的理解。

1.2 BIM 的特点

1. 可视化

对于建筑行业来说，BIM 为复杂的建筑结构和不可见的建筑内部结构提供了可视化的思路，让人们能够直观地看到立体的三维实物。如图 1-1 所示，借助计算机技术及相关建模软件，设计师将要建造的建筑物首先创建成真实的模型，展示给设计、施工和管理等相关各方，这样，就能够在完全可视化的状态下方便相关各方进行项目设计、建造、运维过程中的沟通、讨论、决策。同时 BIM 的可视化能够让相关各方同建筑构件之间形成互动和即时反馈。

图 1-1　BIM 的可视化

现代建筑设计的趋势必然是从现有的 323 模式即“三维（大脑中的想法）”——→“二维（设计图纸）”——→“三维（真实建筑）”逐步过渡到 333 模式即“三维（大脑中的想法）”——→“三维建筑信息模型”——→“三维（真实建筑）”。

2. 协调性

设计、施工及管理等各方的协调是建筑业中常见的问题之一。在传统的二维设计过程中，建筑结构中各构件之间也常常会出现位置上的冲突，由于结构复杂，往往直到施工过程中才会发现，从而造成返工及资源的浪费，如图 1-2 所示。

(a)　　　　(b)

图 1-2　建筑构件的冲突

BIM 的协调性服务不仅可以减少各方在发现问题后不断协商所占用的时间，通过使用 BIM 技术，建立建筑物的 BIM 模型，还可以在建造前期完成建筑、结构、设备平面图布置及楼层高度的检查及协调、预制件布置与其他设计布置之间的协调等等，预防相关问题的出现。

3. 模拟性

在工程设计过程中，BIM 可以进行各种模拟实验，例如节能模拟、日照模拟、热能传导模拟等；在招投标和施工阶段可以基于三维模型加项目的发展时间进行 4D 模拟，以确定合理的施工方案，也可以基于 3D 模型的造价控制进行 5D 模拟，以实现成本控制；在后期运营阶段可以模拟日常紧急情况的处理方式，例如地震逃生模拟、火警疏散模拟等。

4. 优化性

基于 BIM 的基础，可以对整个设计、施工、运营的过程进行更好的优化。由于 BIM 提供的建筑模型本身就包括了建筑物实际存在的所有信息，包括几何信息、物理信息、规则信息等，还提供了建筑变化的即时实际状况。那么只需要相关从业人员将这些信息同业主需求或是己方需求有机结合，就能够分析出设计变更对各方收益的影响，从而方便各方进行决策的进行。

1.3　BIM 的发展前景

BIM 的核心是通过建立虚拟的建筑工程三维模型，利用数字化技术，为这个模型提供完整的、与实际情况一致的建筑工程信息库。该信息库不仅包含描述建筑物构件的几何信息、专业属性及状态信息，还包含了非构件对象（如空间、运动行为）的状态信息。借助这个包含建筑工程信息的三维模型，大大提高了建筑工程的信息集成化程度，从而为建筑工程项目的相关利益方提供了一个工程信息交换和共享的平台。

1. 国内 BIM 标准的研究与制定

近年来，我国针对 BIM 标准化进行了一系列的研究工作。

2007 年，中国建筑标准设计研究院提出了《建筑对象数字化定义》（JG/T 198—2007）标准，其非等效采用了国际上的 IFC 标准《工业基础类 IFC 平台规范》，并对 IFC 标准进行了简化。2008 年，由中国建筑科学研究院、中国标准化研究院等单位共同起草了《工业基础类平台规范》（GB/T 25507—2010）。

经过多年的探索、研究，我国在 2016 年颁布了《建筑信息模型应用统一标准》（GB/T 51212—2016），以下简称《标准》。《标准》充分考虑了我国国情和工程建设行业现阶段特点，创新性地提出了我国建筑信息模型(BIM)应用的一种实践方法(P-BIM),内容科学合理,具有基础性和开创性,对促进我国建筑信息模型应用和发展具有重要指导作用。

2. BIM 在未来的主要应用

BIM 在未来将有以下用途:

①模型维护:即利用 BIM 平台汇总各项目团队所有建筑工程信息,并且将得到的信息结合三维模型进行整理和储存,与项目各相关利益方即时共享。

②场地分析:通过 BIM 结合地理信息系统(GIS),可以对场地及拟建的建筑物空间数据进行建模,以帮助项目在规划阶段评估场地,从而做出场地规划、组织关系、建筑布局等关键决策。

③建筑策划:项目团队在建筑规划阶段,可以借助 BIM 及相关分析数据,分析最佳方案,满足业主的要求和当地相关的法律法规。

④方案论证:在方案论证阶段,项目投资方可以使用 BIM 来评估设计方案的布局、视野、照明、安全、人体工程学、声学、纹理、色彩及规范的遵守情况。通过数据对比和模拟分析,找出不同解决方案的优缺点,从而减少决策时间。

⑤可视化设计:三维可视化设计软件让业主和设计师之间能够更好地交流,更重要的是通过工具的提升,使设计师能使用三维的方式来完成建筑设计。

⑥协同设计: BIM 为协同设计提供底层支撑,结合建筑全生命周期,让规划、设计、施工、运营等各方能够集体参与。

⑦性能化分析:利用 BIM 技术,将带有信息的模型直接导入相关的性能化分析软件,就可以得到相应的分析结果,自动分析大大降低了性能化分析的周期,提高了设计质量。

⑧工程量统计:通过 BIM 获得准确的工程量统计可以用于前期设计过程中的成本估算、在业主预算范围内不同设计方案的探索或者不同设计方案建造成本的比较,以及施工开始前的工程量预算和施工完成后的工程量决算。

⑨管线综合:通过搭建各专业的 BIM 模型,能基本避免施工中可能遇到的碰撞冲突,显著减少由此产生的变更。

⑩施工进度模拟:通过将 BIM 与施工进度计划相链接,将空间信息与时间信息整合在一个可视的 4D + 3D + Time 模型中,可以直观、精确地反映整个建筑的施工过程,从而对投标单位的施工经验和实力做出更准确的评估。

⑪施工组织模拟:通过 BIM 可以对项目的重点或难点部分进行可建性模拟,对施工安装方案进行分析优化,以提高施工效率和施工方案的安全性。

⑫施工现场配合:BIM 提供了一个三维的交流环境,是一个便于施工现场各方交流的沟通平台,可以让项目各方人员方便地协调项目方案,及时排除风险隐患,减少由此产生的变更,从而缩短施工时间。

⑬竣工模型交付:BIM 能将建筑物空间信息和设备参数信息有机地整合起来,实现包括隐蔽工程资料在内的竣工信息集成,为后续的物业管理和扩建、拆除施工带来便利。

⑭维护计划: BIM 模型可以结合运营维护管理系统合理制定维护计划,分配专人专项维护工作,以降低建筑物在使用过程中出现突发状况的概率。

⑮空间管理: BIM 可以用于有效管理建筑设施及资产等资源,处理空间变更请求,分析现有空间使用情况,合理分配建筑物空间,确保空间资源的最大利用率。

⑯建筑系统分析: BIM 结合专业的建筑物系统分析软件,避免了重复建立模型和采

集系统参数，验证建筑物是否按照特定的设计规定和可持续标准建造，以提高整个建筑的性能。

⑰灾害应急模拟：利用 BIM 及相应灾害分析模拟软件，可以在灾害发生前，模拟灾害发生的过程，制定避免灾害发生的措施，以及发生灾害后人员疏散、救援支持的应急预案。

1.4　常用的 BIM 软件

时至今日，建筑业依靠一个软件解决所有问题的时代已经一去不复返了。换句话说，BIM 不是一款软件的事，也不是一类软件的事，要充分发挥 BIM 的价值，涉及常用的 BIM 软件数量会有十几个，甚至几十个。

1. BIM 建模软件

(1) BIM 核心建模软件

用于 BIM 技术建模的软件英文通常叫“BIM Authoring Software”，是 BIM 的基础，因此称之为“BIM 核心建模软件”。

①Autodesk 公司的 Revit 建筑、结构和机电系列，以及在民用建筑市场借助旗下的 AutoCAD 都有相当不错的市场表现。

②Bentley 建筑、结构和设备系列，Bentley 产品在工厂设计（石油、化工、电力、医药等）和基础设施（道路、桥梁、市政、水利等）领域有无可争辩的优势。

③Nemetschek 公司的 ArchiCAD/AllPLAN/VectorWorks 三款软件，在中国由于其专业配套的功能（仅限于建筑专业）与多专业一体的设计院体制不匹配，因而很难实现业务突破。

④Dassault 公司的 CATIA 是全球最高端的机械设计制造软件，在航空、航天、汽车等领域具有接近垄断的市场地位，而与工程建设行业的项目特点和人员特点的对接问题则是其不足之处。

(2) BIM 方案设计软件

BIM 方案设计软件用在设计初期，其主要功能是把业主设计任务书里面基于数字的项目要求转化成基于几何形体的建筑方案，用于沟通方案和研究论证。BIM 方案设计软件可以帮助设计师验证设计方案和业主设计任务书中的项目要求相匹配，并继续验证满足业主要求的情况。目前主要的 BIM 方案软件有 Onuma Planning System 和 Affinity 等。

(3) 和 BIM 接口的几何造型软件

在设计初期阶段，遇到形体、体量研究或者复杂建筑造型的情况时，使用几何造型软件会比直接使用 BIM 核心建模软件更方便、效率更高，甚至可以实现 BIM 核心建模软件无法实现的功能。目前常用的几何造型软件有 Sketchup、Rhino 和 FoimZ 等。

2. 围绕核心模型的应用软件

(1) BIM 可持续（绿色）分析软件

可持续或者绿色分析软件可以使用 BIM 模型的信息对项目进行日照、风环境、热工、景观可视度、噪声等方面的分析，主要软件有国外的 Echo-tect、IES、Green Building Studio 以及国内的 PKPM 等。

(2) BIM 机电分析软件

国内针对水暖电等设备和电气分析的软件产品有鸿业、博超等，国外产品有 Designmaster、

IES Virtual Environment、Trane Trace 等。

(3)BIM 结构分析软件

目前结构分析软件和 BIM 核心建模软件基本上可以实现双向信息交换,即结构分析软件可以使用 BIM 模型信息进行结构分析,分析结果对结构的调整又可以及时反馈到 BIM 核心建模软件中,自动更新 BIM 模型。ETABS、STAAD、Robot 等国外软件以及 PKPM 等国内软件都可以跟 BIM 核心建模软件配合使用。

(4)BIM 可视化软件

可视化软件减少了可视化建模的工作量,提高了模型的精度,并能够快速产生可视化效果。常用的可视化软件包括 3DS Max、ArtlantiS、Ac-cuRender 和 Lightscape 等。

(5)BIM 深化设计软件

Tekla Structure(Xsteel)可以使用 BIM 核心建模软件的数据,对钢结构进行面向加工、安装的详细设计,生成钢结构施工图(加工图、深化图、详图)、材料表、数控机床加工代码等。

(6)BIM 模型综合碰撞检查软件

模型综合碰撞检查软件的基本功能包括集成各种三维软件创建的模型,进行 3D 协调、4D 计划、可视化、动态模拟等,属于项目评估、审核软件的一种。常见的模型综合碰撞检查软件有 Autodesk Navisworks、Bentley Projectwise Navigator 和 Solibri Model Checker 等。

(7)BIM 造价管理软件

造价管理软件利用 BIM 模型提供的信息进行工程量统计和造价分析,由于 BIM 模型结构化数据的支持,基于 BIM 技术的造价管理软件可以根据工程施工计划动态提供造价管理需要的数据,即 BIM 技术的 5D 应用。国外的 BIM 造价管理有 Innovaya 和 Solibri,鲁班是国内 BIM 造价管理软件的代表。

(8)BIM 运营管理软件

BIM 模型应用的重要目标之一是为建筑物的运营管理阶段服务,美国运营管理软件 ArchiBUS 是最有市场影响的软件之一。

(9)二维绘图软件

从 BIM 技术的发展目标来看,二维施工图是 BIM 模型中的一个表现形式和一个输出功能,不再需要有专门的二维绘图软件与之配合,但在目前情况下,施工图仍然是工程建设行业设计、施工、运营所依据的法律文件,因此二维绘图软件仍然是不可或缺的施工图生产工具。最有影响的二维绘图软件即 Autodesk 的 AutoCAD 和 Bentley 的 Microstation。

第2章 初识Revit 2025

2.1 Revit 2025 的安装、启动和退出

1. Revit 2025 的安装

首先下载 Revit 2025 软件安装包。下载后按照安装提示逐步完成安装即可。

由于安装包的体积较大，所以安装过程费时较长，需要耐心等待。

为了得到较好的软件使用体验，Autodesk 官方推荐了表 2-1 所示的硬件配置，请读者在安装软件时予以参考。

表 2-1 推荐的硬件配置

操作系统	64 位 Microsoft Windows 10 或 Windows 11
CPU 类型	Intel I 系列、Xeon、AMD Ryzen、Ryzen Threadripper PRO 同等级别处理器，主频为 2.5 GHz 或更高
内存	16 GB RAM 或更高
视频显示器分辨率	1 680 × 1 050 真彩色显示器
视频适配器	支持 DirectX 11 和 Shader Model 5 的显卡，最少 4 GB 视频内存
磁盘空间	30 GB 可用磁盘空间
浏览器	Chrome、Edge 或 Firefox

2. Revit 2025 的启动

软件安装后，可用下列方法之一启动 Revit 2025。

- 单击操作系统的【开始】菜单，弹出图 2-1 所示的系统菜单，选择并单击【Autodesk】文件夹，在展开的菜单列表中单击【Revit 2025】按钮；
- 双击图 2-2 所示的软件桌面图标。

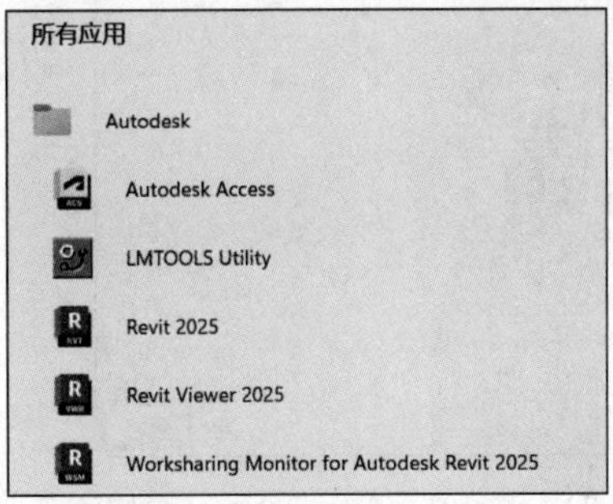

图 2-1 单击【Revit 2025】

图 2-2 Revit 2025 桌面图标

软件启动后,将弹出图 2-3 所示的初始界面,其中包括【模型】和【族】两部分。在初始界面状态下,功能区的命令按钮全部处于灰显,用户无法进行绘图和建模操作。

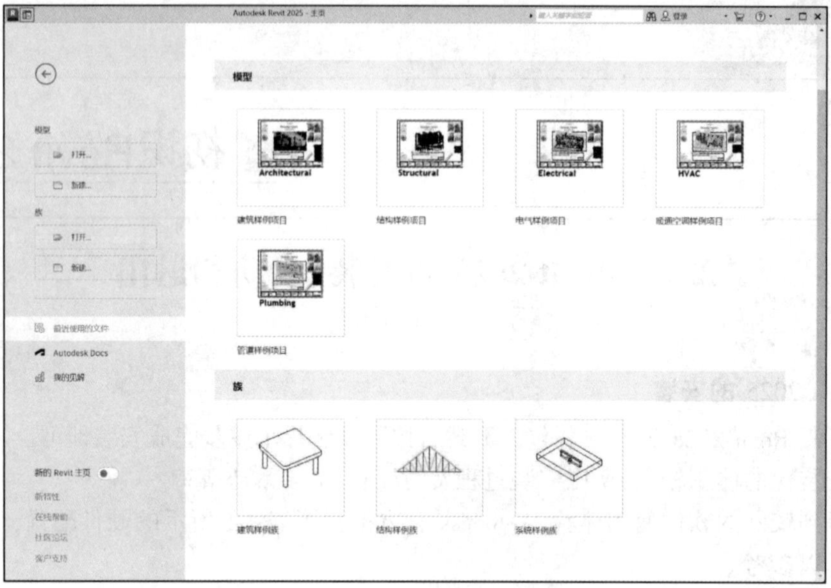

图 2-3　Revit 2025 初始界面

3. Revit 2025 的退出

如果要退出软件,有下列几种方法:

- 如图 2-4 所示,单击软件右上角的【关闭】按钮;

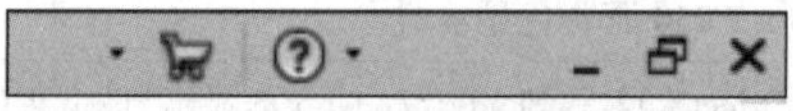

图 2-4　单击【关闭】按钮

- 单击软件左上角的系统图标(即 R),弹出图 2-5 所示的系统菜单后,选择【关闭】即可;
- 单击软件左上角的【文件】菜单,弹出图 2-6 所示的面板后,单击【退出 Revit】按钮。

图 2-5　单击【关闭】按钮

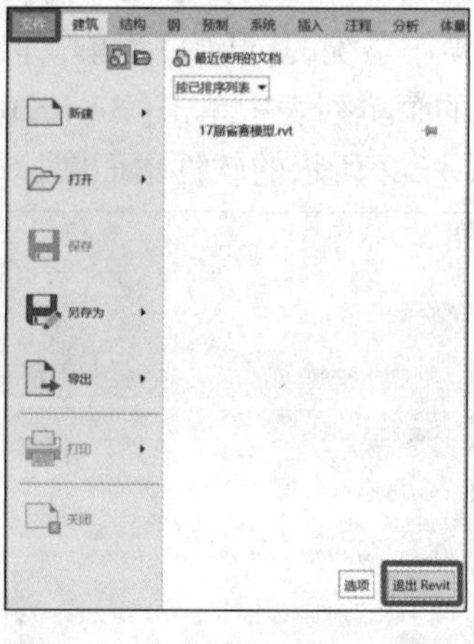

图 2-6　单击【退出 Revit】按钮

软件退出时,系统将提示用户保存项目文件。此时,应仔细阅读提示信息,避免项目文件被覆盖或丢失。

2.2　项目文件的基本操作

1. 新建项目文件

Revit 2025 启动后,默认显示的是系统界面,功能区的所有命令按钮均为灰显。

如果要进行绘图和建模,首先应创建项目文件。方法有:

- 在初始启动界面上,选择并单击【新建】选项,如图 2-7 所示;
- 单击快速访问工具栏上的【新建】按钮,如图 2-8 所示;

图 2-7　选择【新建】选项

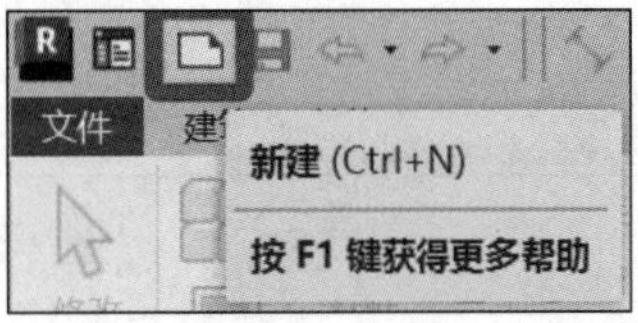

图 2-8　单击【新建】按钮

- 依次选择【文件】菜单 →【新建】菜单项→【项目】选项,如图 2-9 所示。

图 2-9　选择【项目】选项

选择任一方法新建项目时,系统将弹出图 2-10 所示的【新建项目】对话框。接着在【样板文件】下拉列表中选择【建筑样板】选项,在【新建】编组框中选择【项目】选项,然后单击【确定】按钮,完成项目文件的新建。

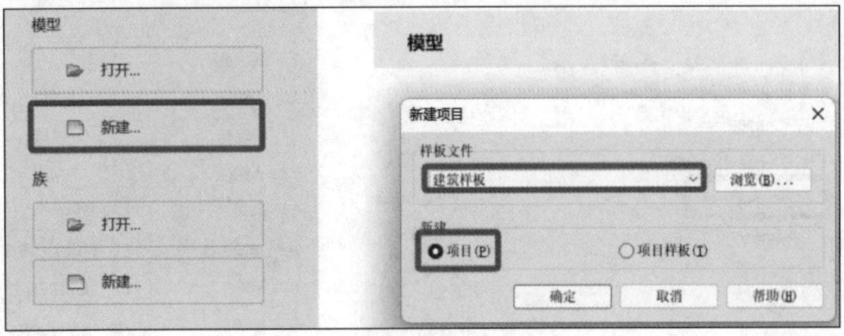

图 2-10　【新建项目】对话框

成功新建项目文件后,软件界面如图 2-11 所示。对界面组成部分的功能和用法,此处不再详细展开,请读者在软件的实际操作中逐步深入了解并熟练掌握。

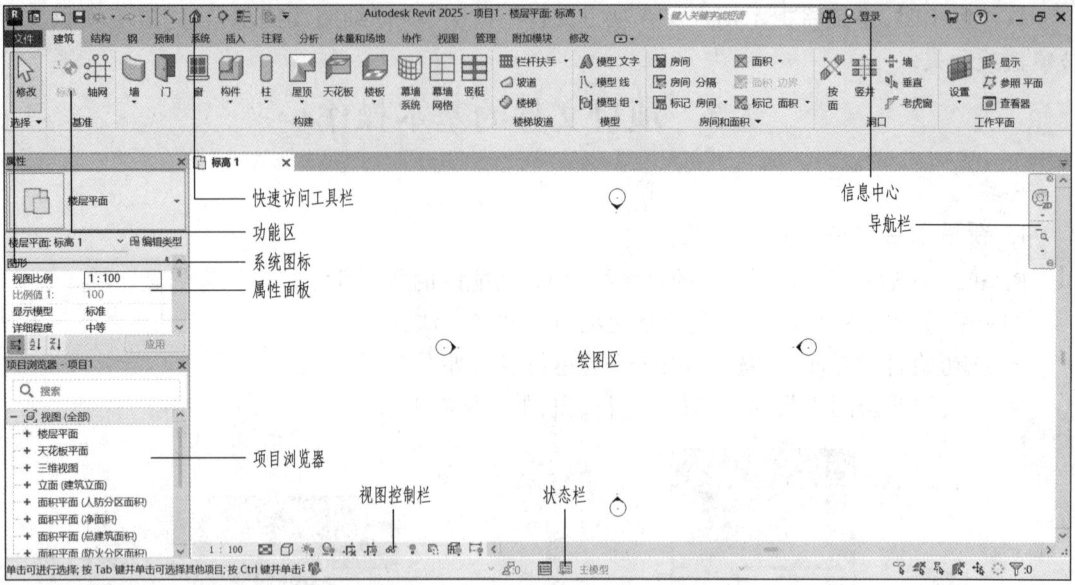

图 2-11 新建项目文件后的软件界面

注意:如果新建项目的时候没有出现样板文件的选项(即图 2-10 中的构造样板、建筑样板等),说明系统中并未安装。读者应登录官网下载样板文件并完成安装。

2. 安装样板文件

样板文件作为 Revit 软件的重要组成部分,是用于创建新项目时的基础文件。下面是样板文件安装和设置的详细过程。

首先,下载样板文件安装包。

请读者打开 Autodesk 官方网址并搜索“族库样板文件”,下载样板文件安装包。

其次,安装样板文件。

在 Windows10 系统中,样板文件将被安装在 C:\ProgramData\Autodesk\RVT 2025 路径中。

在默认情况下,ProgramData 文件夹处于隐藏状态。如果需要查看该文件夹中的文件列表,请打开系统盘,依次单击【查看】选项卡→【显示】面板并选中【隐藏的项目】复选框,则隐藏的文件夹将被显示出来,如图 2-12 所示。

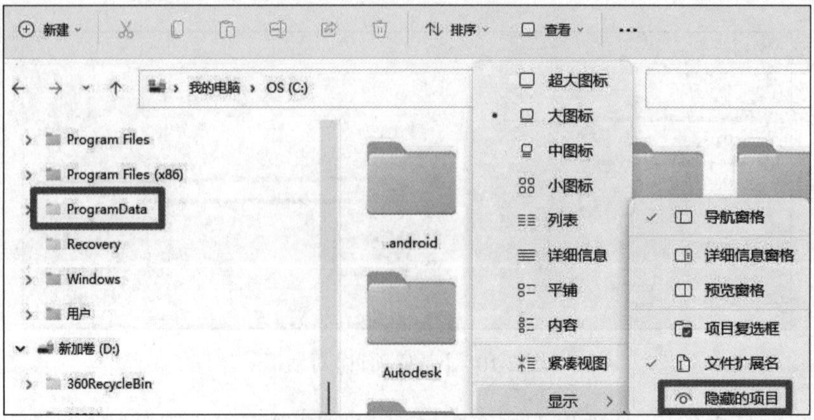

图 2-12 选中【隐藏的项目】复选框

最后，添加样板文件搜索路径。

为了使 Revit 能搜索到样板文件，还需要在软件中添加样板文件的搜索路径。方法如下：

- 如图 2-13 所示，选择【文件】菜单，在弹出的菜单列表中单击【选项】按钮；
- 弹出图 2-14 所示的【选项】对话框后，依次单击【文件位置】→【 + 】按钮；

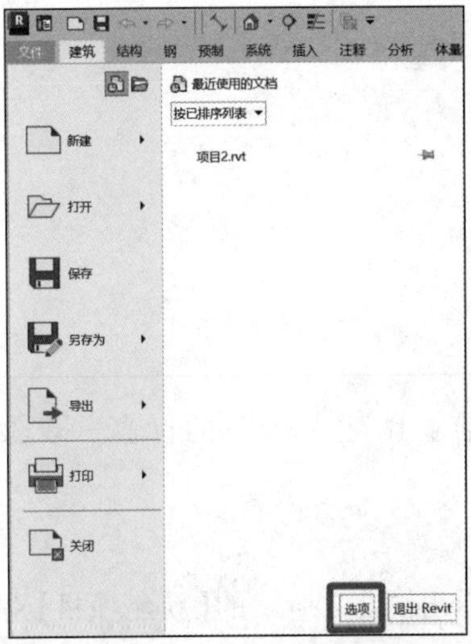

图 2-13　单击【选项】按钮

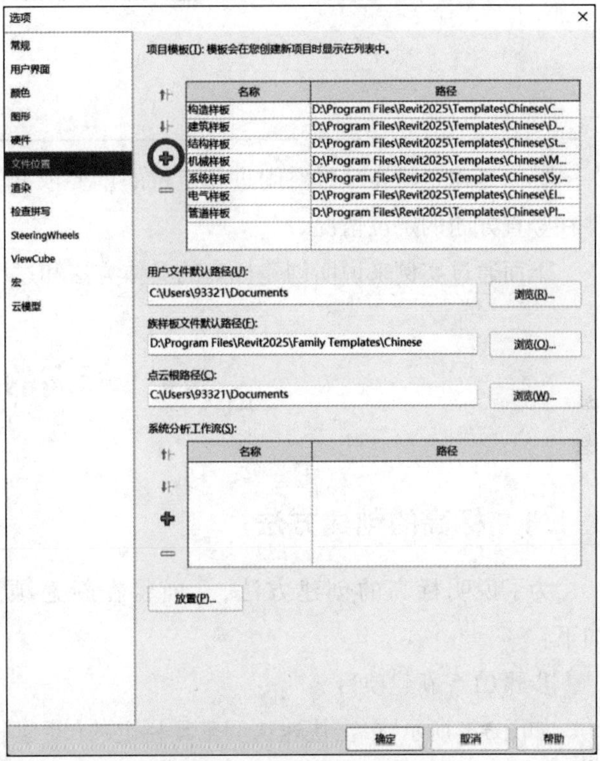

图 2-14　【选项】对话框

- 在图 2-15 所示的对话框中，浏览下面的路径并选择添加样板文件：

C:\ProgramData\Autodesk\RVT 2025\Templates\China

添加样板文件的搜索路径后，图 2-14 中表头名为【名称】和【路径】的下方将出现新添加的样板文件。

成功安装样板文件后，再次新建项目时，【样板文件】下拉列表中将出现图 2-16 所示的各种样板文件选项。

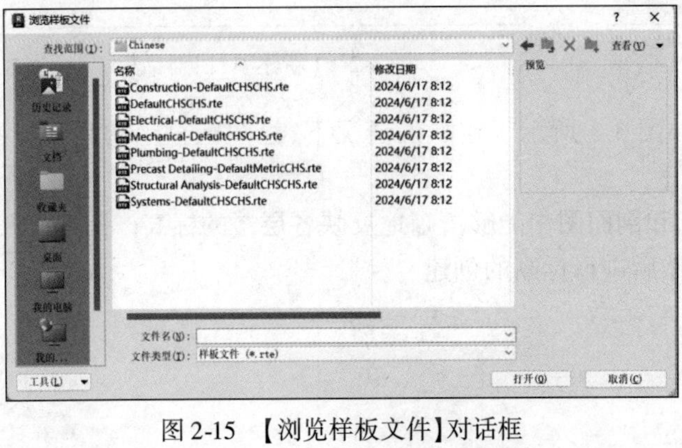

图 2-15　【浏览样板文件】对话框

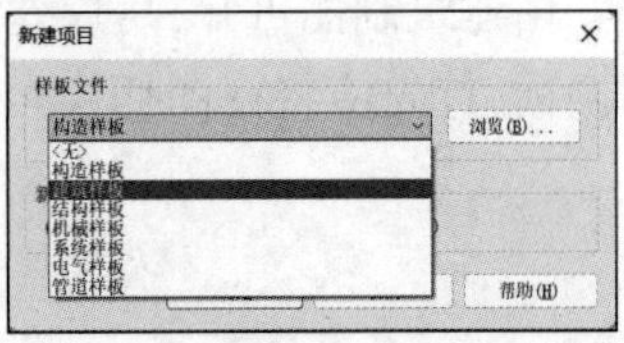

图 2-16　【新建项目】对话框

第3章 标高和轴网

标高是建筑物在三维空间进行定位的重要依据。标高定义了楼层高度,用于反映建筑构件在竖直方向的定位情况。

下面通过实例来说明创建标高的具体方法和过程。

3.1 标高的创建

3.1.1 标高的创建方法

为了说明标高的创建方法,下面将在新建项目的基础上创建一个新的标高。步骤如下:

步骤01 新建项目。

如图3-1所示,单击快速访问工具栏上的【新建】按钮。弹出图3-2所示的【新建项目】对话框后,在【样板文件】下拉列表中选择【建筑样板】选项,在【新建】编组框中选中【项目】选项,然后单击【确定】按钮,完成项目的创建。

图3-1 单击【新建】按钮

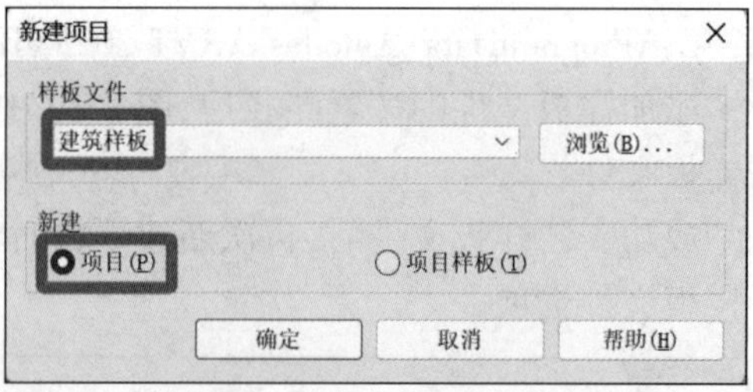

图3-2 【新建项目】对话框

创建新项目后,软件的用户界面如图3-3所示。在默认情况下,绘图区显示的是楼层平面图。

由建筑制图可知,房屋建筑立面图和剖面图中能够清晰地反映各层楼的标高。因此,创建标高前,首先应将视图切换至立面图,然后进行标高的创建。

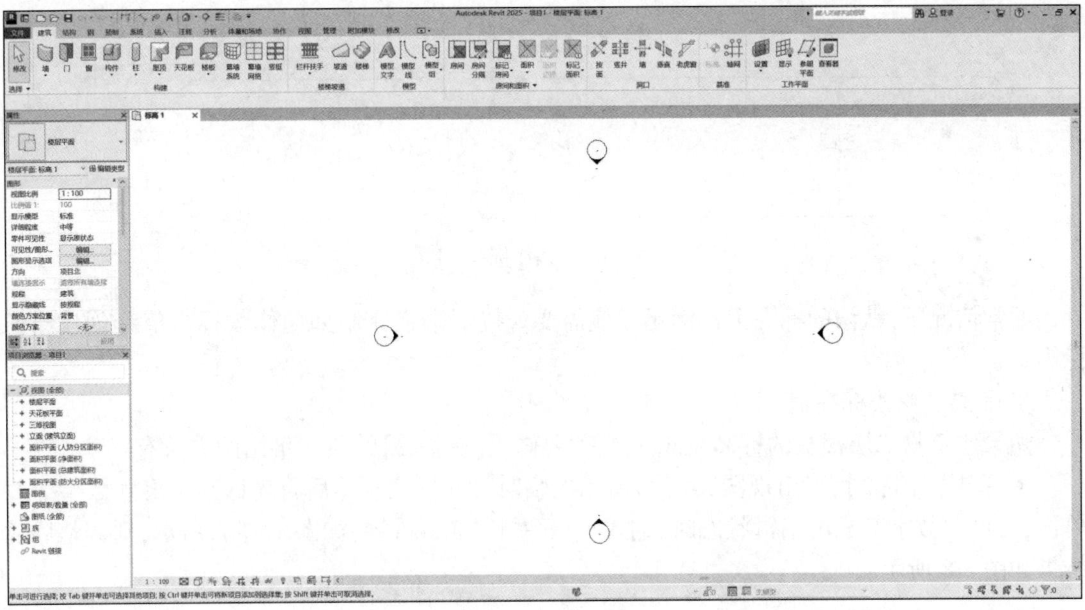

图 3-3　软件界面

步骤 02　将视图切换至立面图。

如图 3-4 所示,在界面左侧的【项目浏览器】面板中,展开树形目录【立面(建筑立面)】并双击【东】选项。

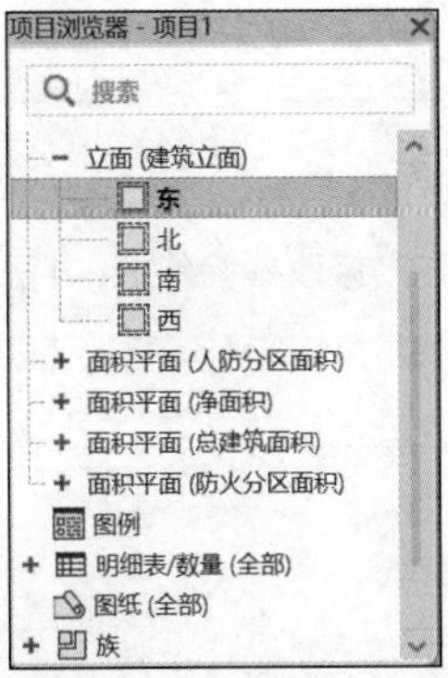

图 3-4　双击【东】选项

这时,系统将视图切换至东立面图,同时在绘图区出现了由样板文件产生的两个默认标高,如图 3-5 所示。

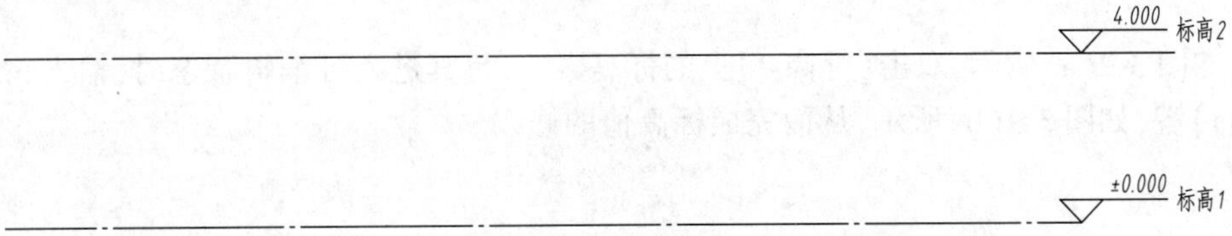

图 3-5　默认标高

如果单击【标高 2】,则标高显示如图 3-6 所示。显然,标高高亮显示的同时,在其周围出现了许多符号。关于这些符号的具体用法,后面将进行详细的说明。

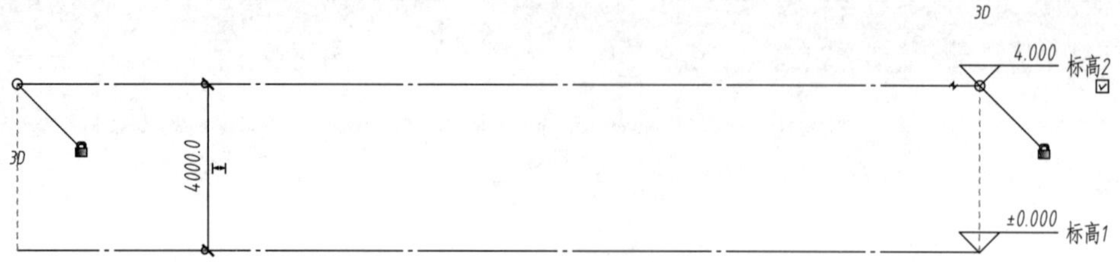

图 3-6　选中【标高 2】

通常情况下,默认的标高无法满足建模需要。接下来将介绍如何修改标高值和创建新的标高。

步骤 03　修改标高值。

如果建筑物二层楼板的标高是 5.7,则需要修改【标高 2】的值。可用的方法有:

- 单击【标高 2】,将出现图 3-7(a)所示的临时尺寸标注。然后将光标移至尺寸数字上并单击,当尺寸数字变成可编辑状态时,输入 5700 并按【Enter】键,如图 3-7(b)所示,则调整后的结果如图 3-8 所示。

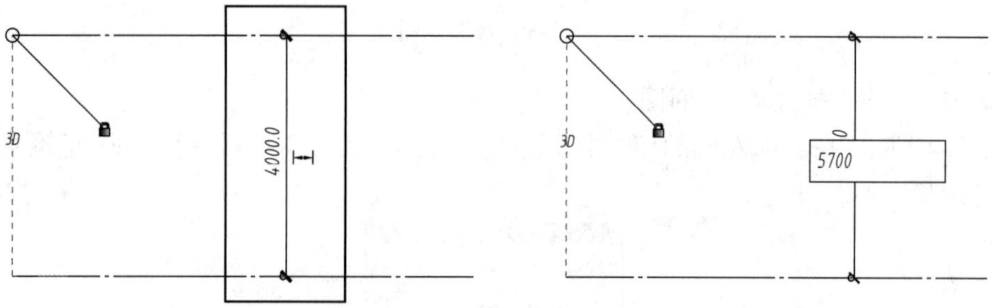

(a) 临时尺寸标注　　(b) 编辑尺寸数字

图 3-7　修改标高的值(方法一)

图 3-8　修改后的标高

- 如图 3-9(a)所示,双击【标高 2】上的标高数字,待其进入可编辑状态时,输入 5.700 并按【Enter】键,如图 3-9(b)所示,从而完成标高值的修改。

(a) 标高数字　　(b) 编辑标高数字

图 3-9　修改标高的值(方法二)

● 将光标移至【标高 2】上，按下鼠标左键并沿着图 3-10 中所示的虚线（即竖直方向）向上平移，当临时尺寸数字变为 5700 时，释放鼠标左键完成标高值的调整。

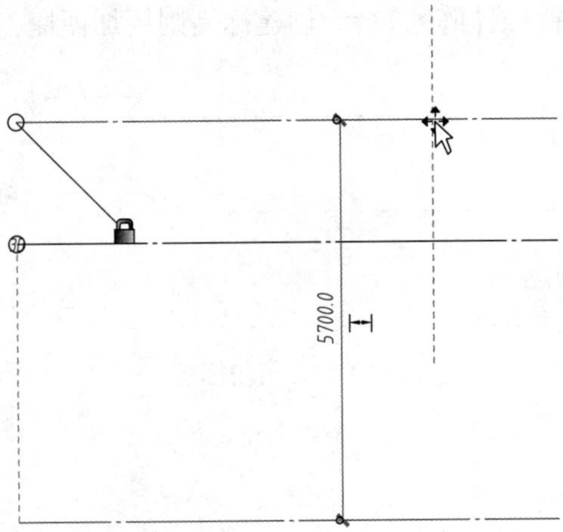

图 3-10　修改标高的值（方法三）

步骤 04　增加新标高。

如果建筑物的层数为 2 且层高相同，则还需增加一个新的标高。

为了方便操作，请将光标移至绘图区，然后按下鼠标中键并向下移动，直到有足够的空间新建标高。

如图 3-11 所示，依次单击【建筑】选项卡→【基准】面板→【标高】按钮，当移动鼠标时，绘图区将出现跟随鼠标位置变化的临时尺寸标注，如图 3-12 所示。

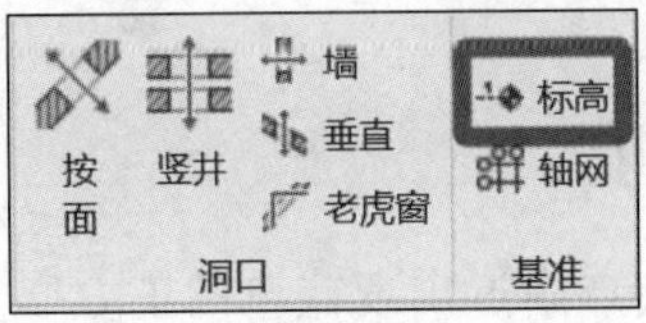

图 3-11　单击【标高】按钮

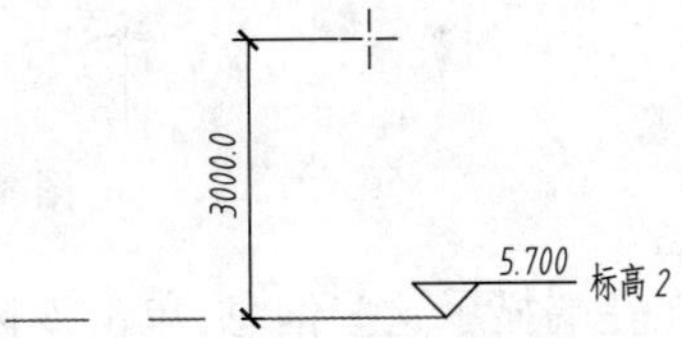

图 3-12　临时尺寸标注

为使新建标高和原有标高保持对齐关系，请将光标移至【标高 2】左端点的正上方，当出现图 3-13（a）中所示的虚线对齐线，且临时尺寸数字变为5700时，单击，指定新建标高的起点。接着水平向右移动光标至【标高 2】右端点的正上方，当出现图 3-13（b）中所示的对齐线时，再次单击，指定新建标高的终点。

（a）指定起点　　（b）指定终点

图 3-13　新建标高

最后按【Enter】键,完成标高的创建,结果如图 3-14 所示。

以上即用【标高】命令修改标高值、创建新标高的过程。但是,当楼层较高,需要添加的标高数量也较多时,使用【复制】或【阵列】命令创建标高则更加便捷,后面将详细介绍。

图 3-14　新增标高

3.1.2　标头符号

在用其他方法创建标高之前,让我们先认识一下标高中各种符号的意义和用法。

单击任意标高,在其端部附近将会出现各种符号,如图 3-15 所示。其中包括:

1. 显示/隐藏编号

默认情况下,仅在标高右端显示标高编号、标高符号及标高值,如图 3-15 所示。

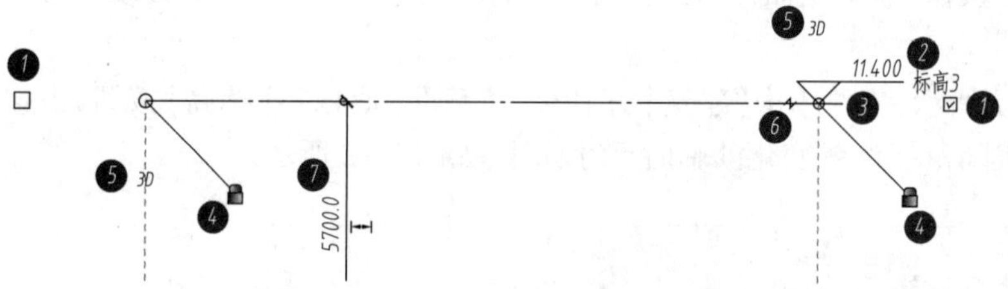

图 3-15　标头符号

如果要在左端显示这些信息,单击该标高,当左端点附近出现蓝色的正方形复选框时,单击复选框一次,信息显示如图 3-16 所示。

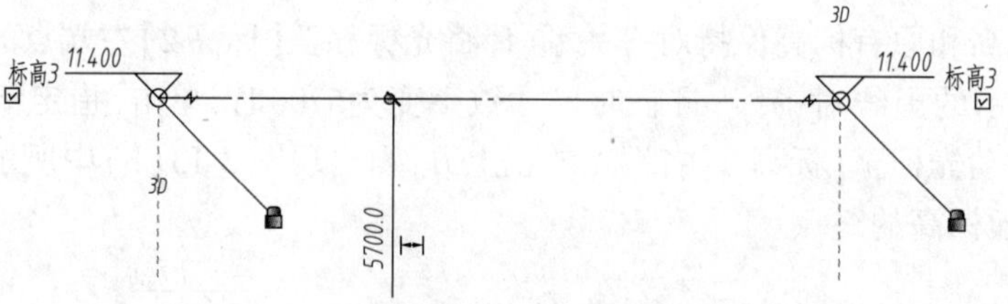

图 3-16　显示标高编号、标高符号等信息

如果再次单击该复选框,标高编号、标高符号及标高值将被隐藏。

2. 标高名称

在默认情况下,系统将标高按照创建的先后顺序进行命名:标高 1、标高 2、标高 3、……。

如果读者要按照 F1、F2、F3 的顺序自定义标高名,可双击标高名称,待其进入可编辑状态,然后输入新的名称(如 F1)并按【Enter】键。此时,系统将弹出图 3-17 所示的信息提示对话框。单击【是】按钮后,回到系统界面。

在【项目浏览器】中，展开树形目录【楼层平面】，发现【标高 1】已被重新命名为【F1】，如图 3-18所示。

图 3-17　信息提示框

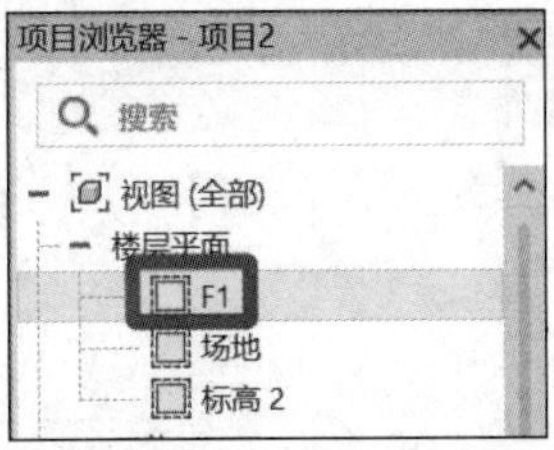

图 3-18　更新楼层平面的名称

用同样的方法完成其余两个标高的重命名，结果如图 3-19 所示。

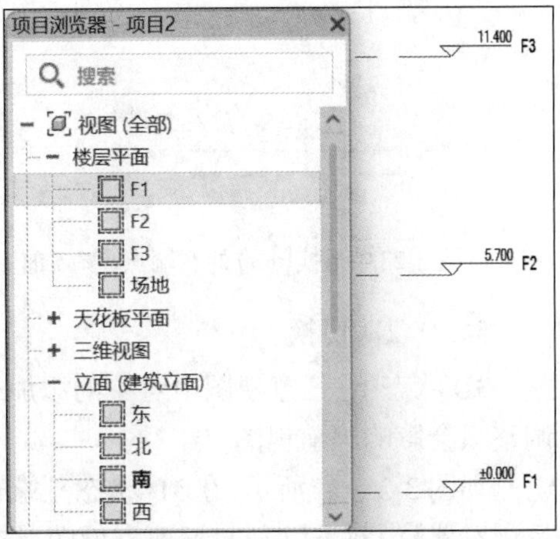

图 3-19　自定义标高名称

3. 标高值

在前面的篇幅中，标高值的修改和显示方法已经有充分的讨论，此处不再赘述，请读者自行查阅。

需要注意的是，如图 3-20 所示，当室外地坪标高和一楼室内地面标高的高差过小时，标头距离太近，易造成阅读不便。为此，可对标头的类型进行调整，方法如下：

单击选中【室外地坪】标高，然后在【属性】面板的【类型选择器】下拉列表中选择【下标头】选项，如图 3-21 所示，调整后的标高如图 3-22 所示。

显然，调整后的标头其文字间距变大，便于读图。

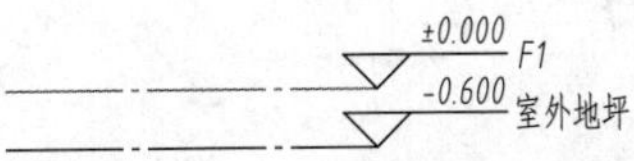

图 3-20　标头类型(调整前)

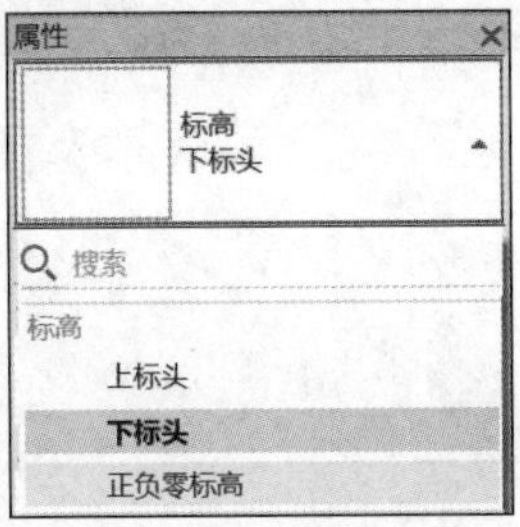

图 3-21　选择【下标头】

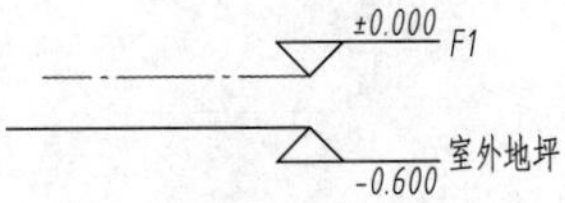

图 3-22　标头类型(调整后)

4. 对齐约束

如图 3-23 所示，当标高端点对齐时，如果单击任意标高(如 F3)，则标高端部将出现一个对齐锁；如果将光标移至该标高右端点处的小圆圈上，按下鼠标左键并向右移动，则所有标高将向右伸长。

如果想要拖拽标高端点时不影响其他标高，则应将其端部的对齐锁解锁，方法是单击一次对齐锁图标。

如图 3-24 所示，解锁【F3】标高右端的对齐锁后，再次单击并拖动其右端点处的小圆圈，则其他标高不会受到影响。

由于标高的两端均有对齐锁，所以两端的对齐方式是相互独立的。请读者自行尝试。

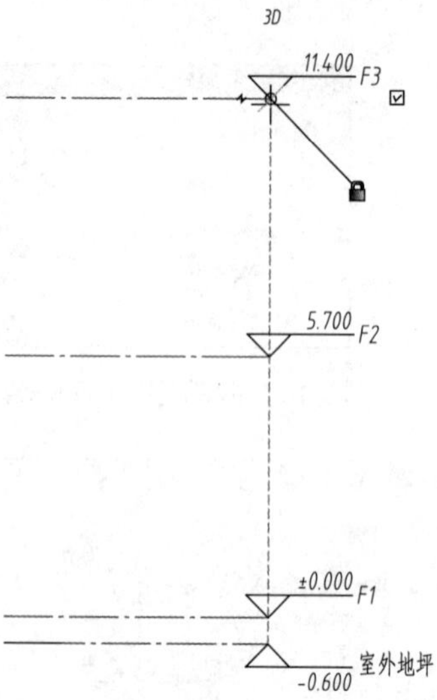

图 3-23　拖拽【F3】的右端点(解锁前)

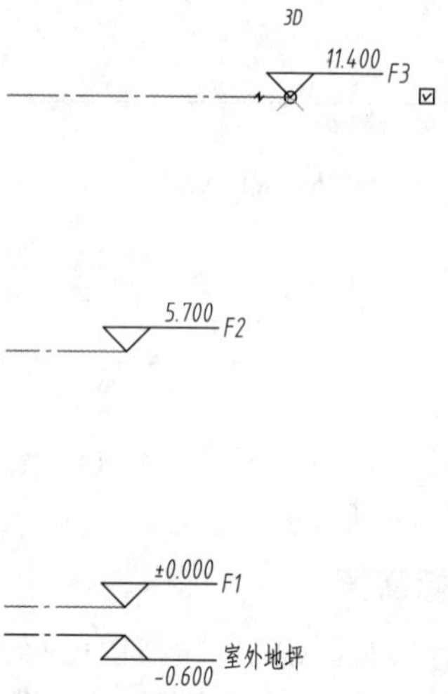

图 3-24　拖拽【F3】的右端点(解锁后)

5. 3D/2D 切换

3D 状态下,任意视图中对象的添加或修改都将影响到其他视图;但是在 2D 状态下,这些调整只会影响当前视图。

如图 3-25(a)所示,在 3D 状态且端部解锁的情况下,将【F3】标高向右延长。然后在【项目浏览器】中双击【西】打开西立面图,结果如图 3-25(b)所示。这就说明,3D 状态下,在任意视图中添加或修改的对象都将影响到其他视图。

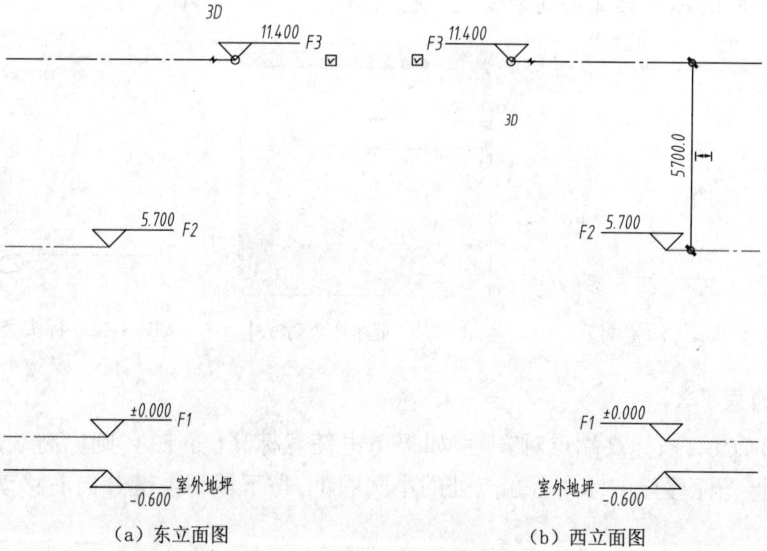

(a) 东立面图　　(b) 西立面图

图 3-25　3D 状态下修改标高

如图 3-26(a)所示,在 2D 状态且端部解锁的情况下,将【F3】标高向右延长。然后在【项目浏览器】中双击【西】打开西立面图,结果如图 3-26(b)所示。显然,东立面图中的修改并没有影响到西立面图。

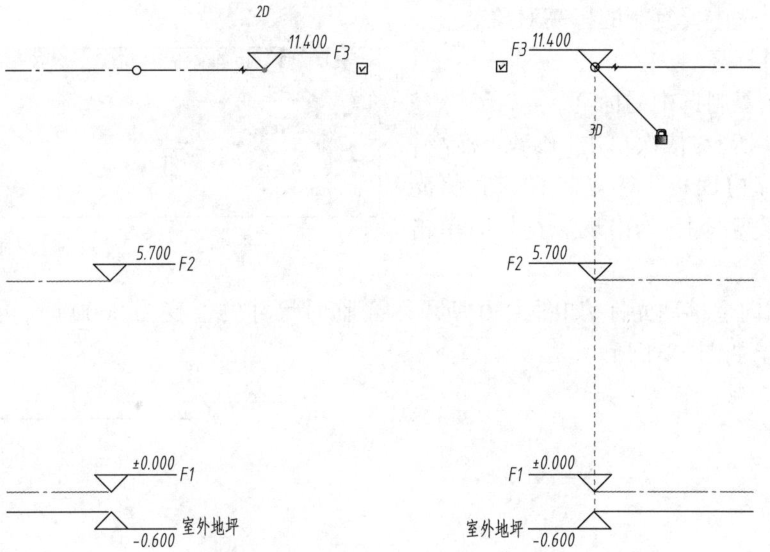

（a）东立面图　　（b）西立面图

图 3-26　2D 状态下修改标高

6. **弯头**

默认情况下，标高的标头是直线。需要添加弯头时，用鼠标单击标高，当标头出现【弯头】符号时，单击【弯头】，如图 3-27（a）所示，此时，标高弯头将变为如图 3-27（b）所示的折弯显示。

由图 3-27（b）可知，弯头上出现了两个蓝色的可供拖拽的实心圆。单击并移动这两个圆，可实现弯头尺寸的手工调整。

如果要回到直线状态，只需将外侧小圆拖拽到内侧小圆上。

7. **临时尺寸标注**

如图 3-28（a）所示，临时尺寸标注中，尺寸线左侧为层高值，右侧为尺寸转换符号。该符号用于将该临时尺寸标注转换为永久尺寸标注。单击图 3-28（a）中尺寸线右侧的尺寸转换符号后，该临时尺寸将变成图 3-28（b）所示的永久尺寸。

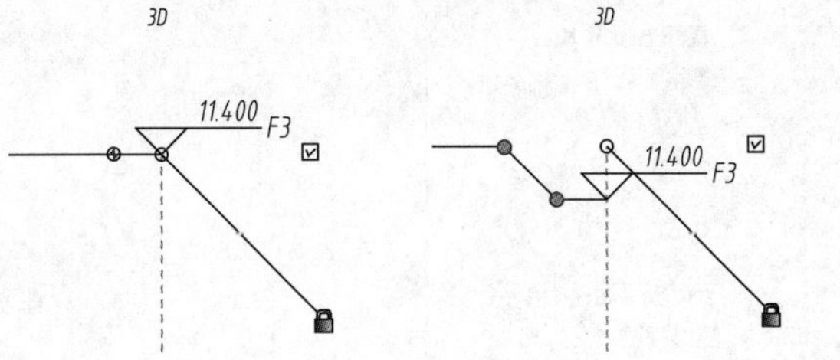

（a）直线标头　　（b）弯头

图 3-27　添加弯头

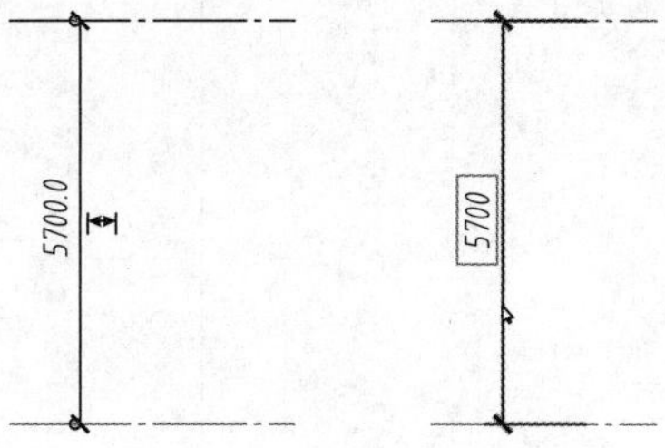

（a）临时尺寸标注　　（b）永久尺寸标注

图 3-28　尺寸转换

3.1.3　标高的复制

如果项目中已经存在标高，则可用【复制】命令得到新标高。

为了便于说明，将已有层高修改为 3.6 m，然后用【复制】命令创建【F4】标高。步骤如下：

步骤 01　选中要复制的标高对象。

单击【F3】标高。

步骤 02　复制选中的标高。

如图 3-29 所示，依次单击【修改 | 标高】选项卡 →【修改】面板 →【复制】按钮，将光标移至【F3】标高线上，当出现 × 符号时单击一次。

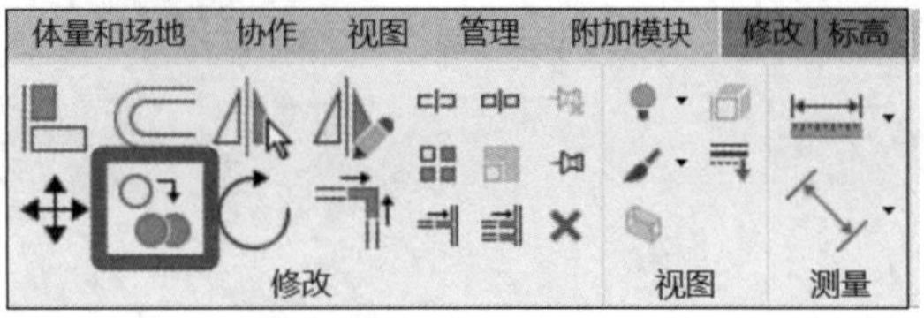

图 3-29　单击【复制】按钮

然后竖直向上移动光标，如图 3-30 所示。当临时尺寸的值变为 3600 时，再次单击，完成标高复制，结果如图 3-31 所示。

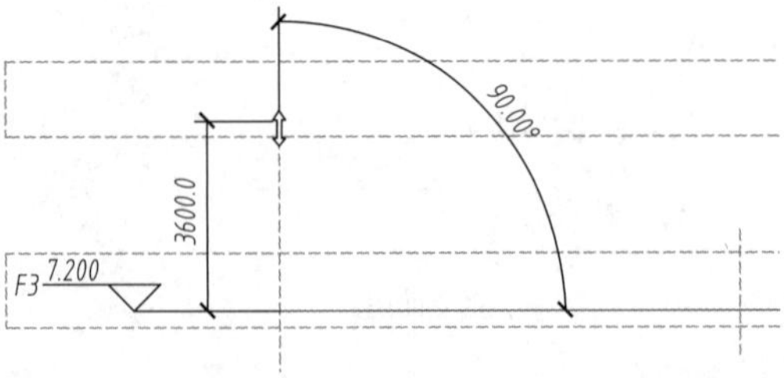

图 3-30　复制标高

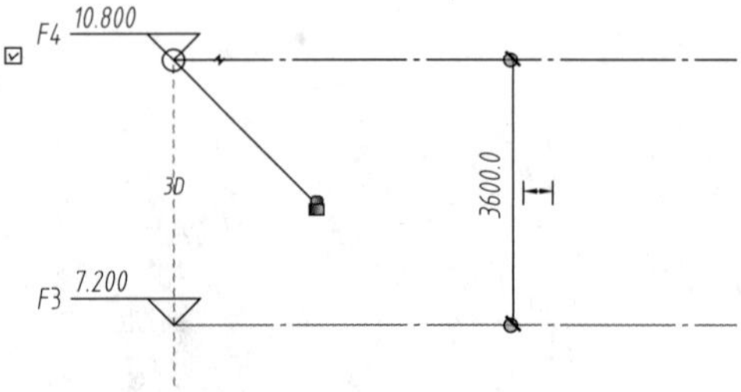

图 3-31　【F4】标高

步骤 03　观察复制结果。

在绘图区任意位置单击，取消【F4】的选中状态。这时，读者会发现【F3】显示为蓝色，而【F4】显示为黑色。

同时，在【项目浏览器】中打开树形目录【楼层平面】，发现【F4】并不在其中，如图 3-32 所示。

这就说明，用【复制】命令创建标高后，系统不会自动创建与其对应的楼层平面视图。

步骤 04　创建与新建标高对应的楼层平面视图。

如图 3-33 所示，依次单击【视图】选项卡→【创建】面板 →【平面视图】下拉按钮，选中【楼层平面】。

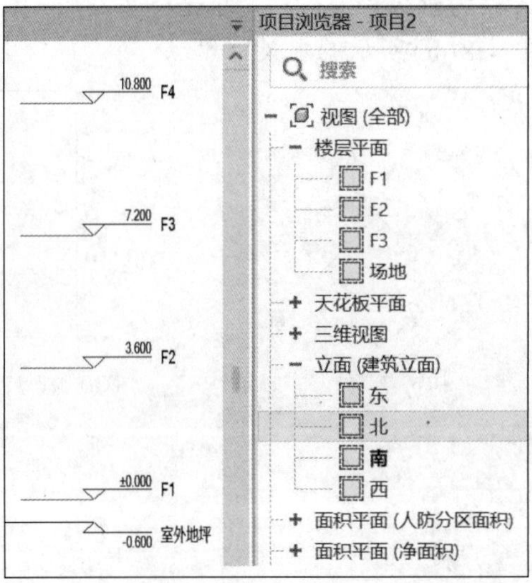

图 3-32　查看【楼层平面】目录

当系统弹出图 3-34 所示的【新建楼层平面】对话框时，选中【F4】并单击【确定】按钮，完成楼层平面的新建。

此时，【F4】已被添加到【项目浏览器】中的【楼层平面】树形目录，如图 3-35 所示。

如果要继续创建标高，请双击【项目浏览器】面板中的【东】，通过【标高】命令或【复制】命令创建新标高。

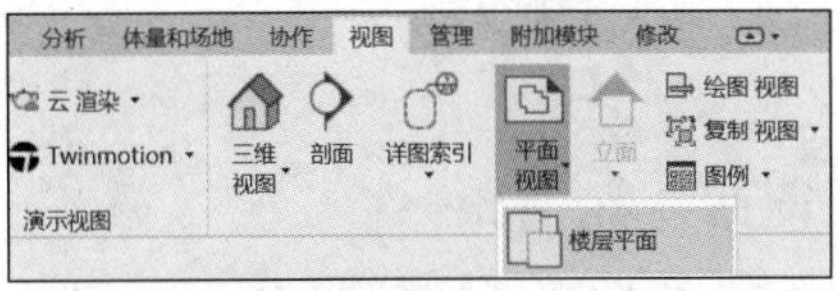

图 3-33　选中【楼层平面】

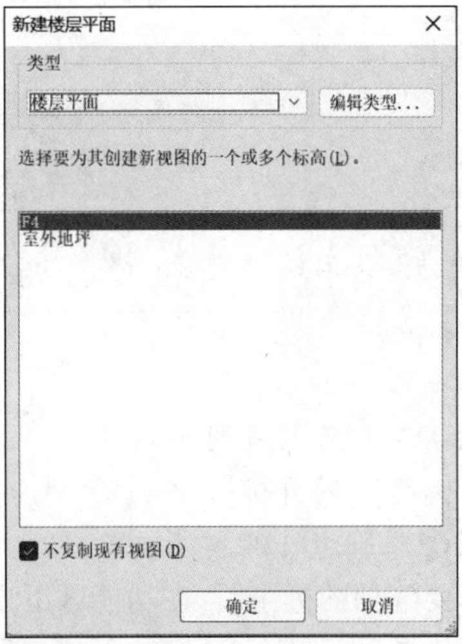

图 3-34　【新建楼层平面】对话框

注意：启动【复制】命令后，将在功能区的下方出现【选项栏】，如图 3-36 所示。

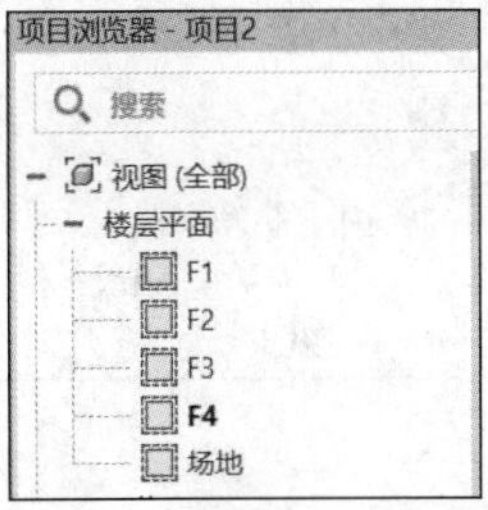

图 3-35　新建的楼层平面

图 3-36　【复制】命令选项栏

当选中【约束】复选框时，就相当于打开 AutoCAD 中的【正交】功能，只能沿竖直方向复制，同时标高的两端将被对齐约束。

如果选中【多个】复选框，则可实现启动一次命令，进行多次复制。

在前述复制操作中，先选中标高，然后启动【复制】命令完成标高的创建。其实，互换顺序也可实现标高的创建。互换之后的操作顺序和 AutoCAD 中【复制】命令的操作相同，此处不再赘述，请读者自行练习。

3.1.4　标高的阵列

当需要创建的标高较多且层高相同时，【阵列】命令能显著提升标高创建的效率。

如果房屋的层数为 20，层高为 3.6 m，用【标高】和【复制】命令创建标高时效率较低。为此，软件提供了另外一个更为便捷的命令【阵列】。

只要存在一个标高,用户可利用【阵列】命令沿阵列路径快速复制出多个标高。在前面的例子中,已经创建了 4 个标高。所以,对于楼层数为 20 层的楼房,还需创建 17 个标高,即 F5 ~ F21。

下面是详细的创建步骤:

步骤 01　启动【阵列】命令。

如图 3-37 所示,依次单击【修改】选项卡→【修改】面板 →【阵列】按钮,启动【阵列】命令。

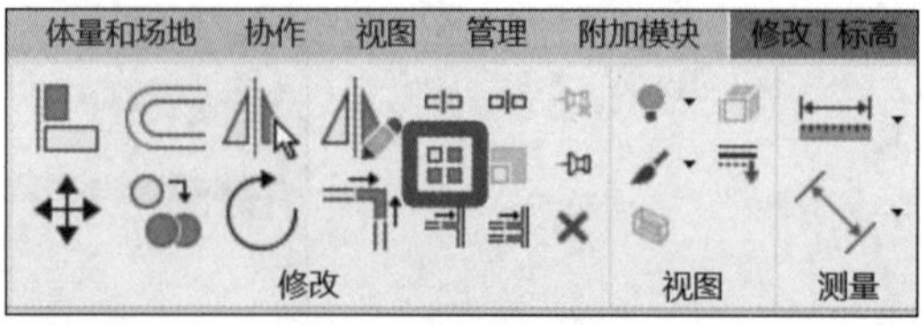

图 3-37　单击【阵列】按钮

步骤 02　选择要阵列的标高。

单击标高【F4】并按【Enter】键。

步骤 03　确定阵列数目。

选择要阵列的标高后,在功能区下方出现图 3-38 所示的【选项栏】。

由于绘图区已经有 F1 ~ F4 标高,所以还需创建 17 个标高。【阵列】命令中,需要阵列的标高数为:新创建标高数 +1。

因此,在【选项栏】中的【项目数】编辑框中应输入 18,如图 3-38 所示。

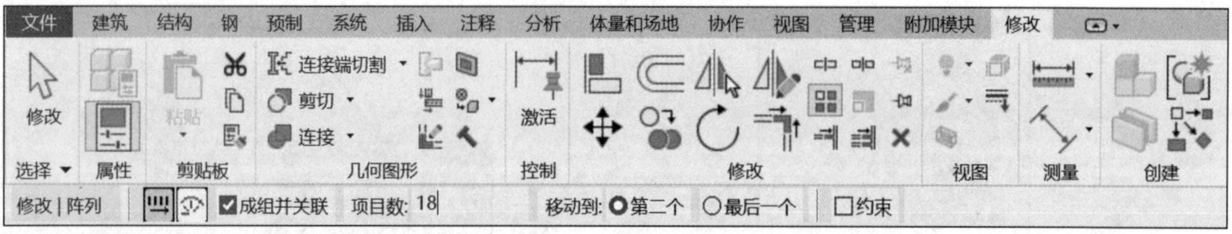

图 3-38　【阵列】选项栏

步骤 04　执行【阵列】命令的其他步骤,完成标高的创建。

回到绘图区,将光标移至【F4】标高上,当出现如图 3-39所示的“ ×”符号时,单击。然后沿竖直方向向上移动光标,当临时尺寸标注中的尺寸数字值变为图 3-40 所示的3 600 时,再次单击。

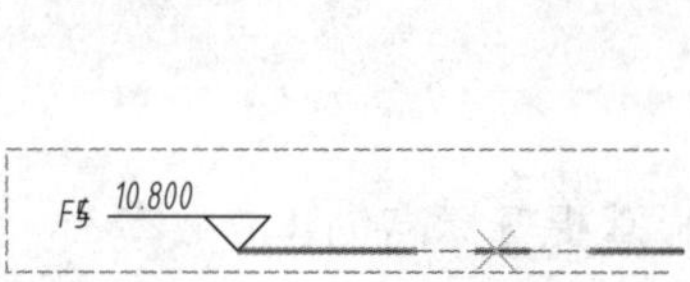

图 3-39　选择基准点

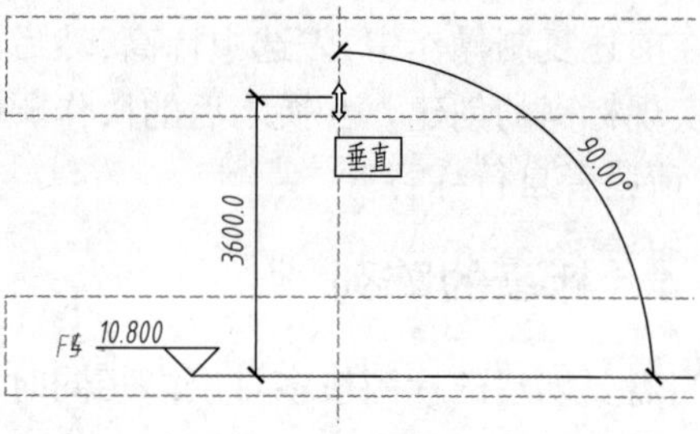

图 3-40　向上移动鼠标

此时，绘图区将出现图 3-41 所示的编辑框。如果该数目符合要求，则按【Enter】键确认；如果还需调整楼层数目，可重新输入需要的标高数，然后按【Enter】键。

阵列后的标高如图 3-42 所示。

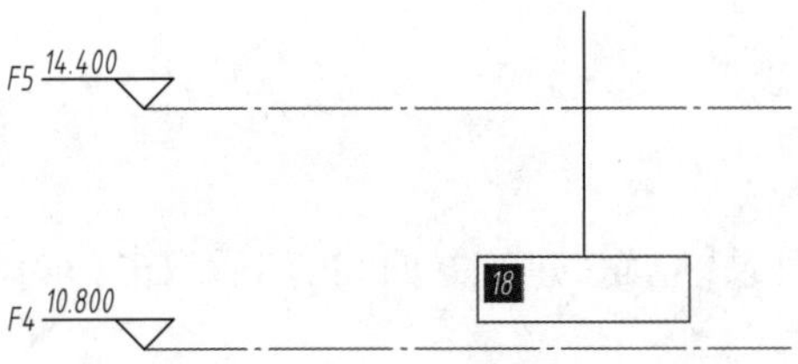

图 3-41　输入标高个数

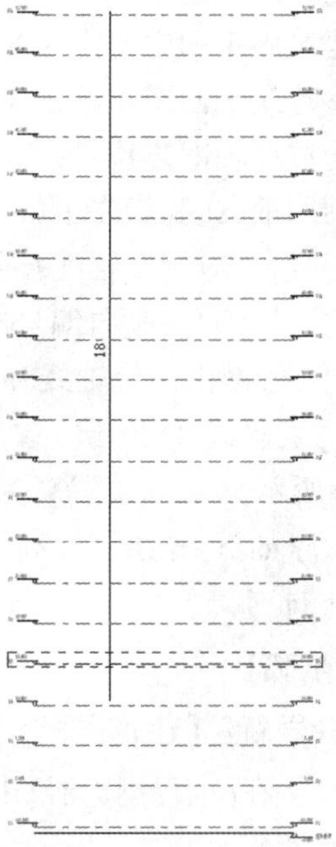

图 3-42　阵列后的标高

步骤 05　创建楼层平面图。

和【复制】命令一样，阵列完成后，系统并未自动创建和新建标高对应的楼层平面。请读者参考前面的内容，完成楼层平面的创建。

到此为止，已经完成了所有标高的创建。

如果需要调整标高的个数，请单击阵列后新创建标高组中的任意一个标高，当出现竖向的阵列线时，单击其左侧的阵列数目，输入新值并按【Enter】键即可。

注意：使用【阵列】命令时，【选项栏】如图 3-43 所示。

图 3-43　【阵列】选项栏

当选中【成组并关联】复选框后，阵列得到的标高被自动组织为一个整体，用户只能调整标高的个数。如果该复选框处于关闭状态，则阵列后均为单独的对象，用户可对其进行任意调整。

【项目数】指的是要阵列的个数，其中包括源对象。

【移动到】意味着当选中【第二个】时，用户应指定层高；如果选中【最后一个】，则需指定要阵列的所有标高的总高度。

选中【约束】复选框，就相当于打开 AutoCAD 中的【正交】功能，只能沿竖直方向复制，同时标高的两端将被对齐约束。

3.2 轴网的创建

房屋建筑施工图中的定位轴线用于确定墙、柱及承重构件的位置，是施工放线的主要依据。把房屋建筑平面图中的定位轴线独立出来，其组成的网状结构就是轴网。建筑物的主要支撑构件均按照轴网定位排列。

创建轴网前，让我们先了解一下制图标准中对轴网绘制的一些规定：定位轴线应用细点画线绘制，端部编号应写在轴线端部直径为 8 ~ 10 mm 的圆内。横向编号应用阿拉伯数字，按照从左至右的顺序编写；竖向编号应用大写拉丁字母，按照从下至上的顺序编写。

Revit 中，轴网由定位轴线和轴线编号组成。下面举例说明轴网的创建过程。

【例题】某建筑共 20 层，首层地面标高为 ± 0. 000，1 ~ 3 层层高为 4. 5 m，轴网布置如图 3-44(a)所示，4 ~ 20 层层高为 3. 6 m，轴网布置如图 3-44(b)所示。

建模顺序如下：先绘制标高，再创建轴网。有了标高及其对应的平面视图，就能在平面视图上创建轴网。

【绘图步骤】

步骤 01　新建【建筑样板】项目。

步骤 02　在【项目浏览器】中，展开树形目录【立面(建筑立面)】，然后双击【东】立面视图，则绘图区如图 3-45 所示。

步骤 03　将【标高 2】的值改为 4. 500。

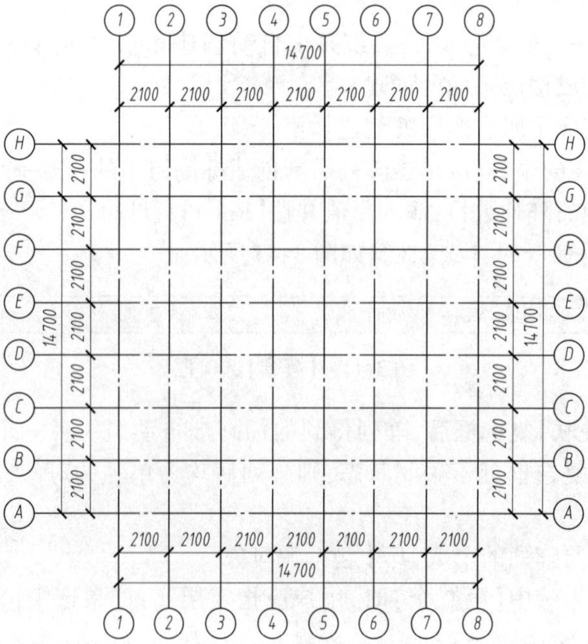

(a) 1~3层轴网布置图

图 3-44　房屋轴线及其编号

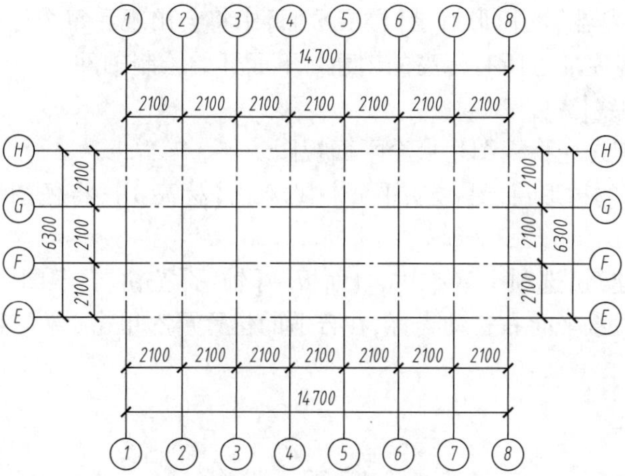

（b）4~20层轴网布置图

图 3-44　房屋轴线及其编号(续)

步骤 04　将【标高 2】向上阵列 3 个,层高设置为 4. 500,生成【标高 3】和【标高 4】,结果如图 3-46 所示。

步骤 05　将【标高 4】向上阵列 18 个,层高设置为 3. 600,生成【标高 5】~【标高 21】,如图 3-47 所示。

标高创建完毕,展开【项目浏览器】面板,其树形目录【楼层平面】中并没有出现和标高对应的平面视图。

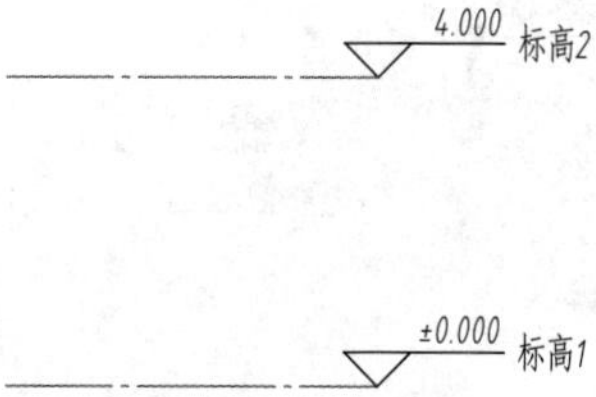

图 3-45　绘图区

步骤 06　创建和新建标高对应的平面视图。

依次单击【视图】选项卡→【创建】面板→【平面视图】下拉列表中的【楼层平面】,弹出图 3-48所示的【新建楼层平面】对话框,选中所有标高并单击【确定】按钮,完成视图创建。

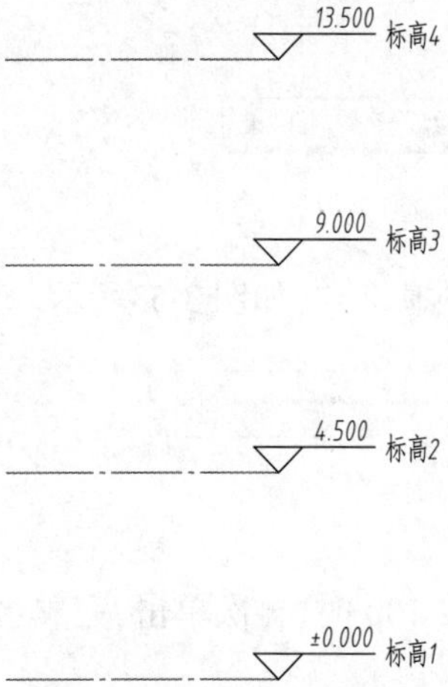

图 3-46　1 ~ 3 层标高

图 3-47　4 ~ 20 层标高

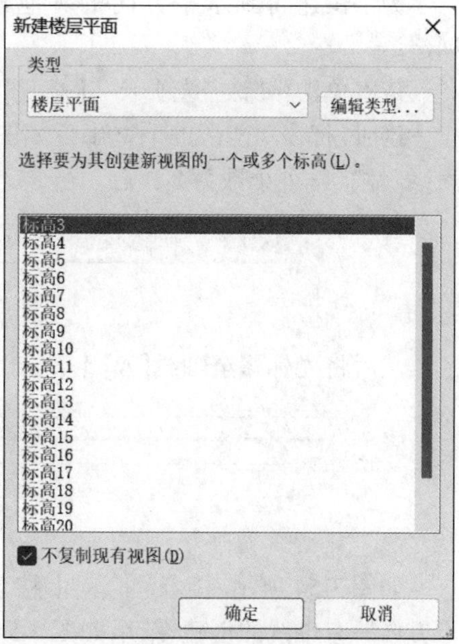

图 3-48　【新建楼层平面】对话框

这时,在【项目浏览器】的树形目录【楼层平面】中将会出现和每个标高对应的平面视图。

到目前为止,已经完成了所有标高的创建。下面开始绘制轴网。

步骤 07　创建轴线【A】。

为了创建轴线,首先应将视图切换至平面视图。

在【项目浏览器】的树形目录【楼层平面】中,双击【标高 1】,将视图切换至【标高 1】平面视图。

然后依次单击【建筑】选项卡 →【基准】面板→【轴网】按钮,在绘图区的适当位置单击,输入轴线的左端点;然后水平向右移动光标,在合适的位置再次单击,输入轴线的右端点,结果如图 3-49 所示。

图 3-49　第一条轴线

注意:为了使轴线水平放置,移动光标时请按下【Shift】键。

单击前面绘制的轴线,如图 3-50 所示。可见其端部符号的含义和标高符号相同,此处不再赘述。

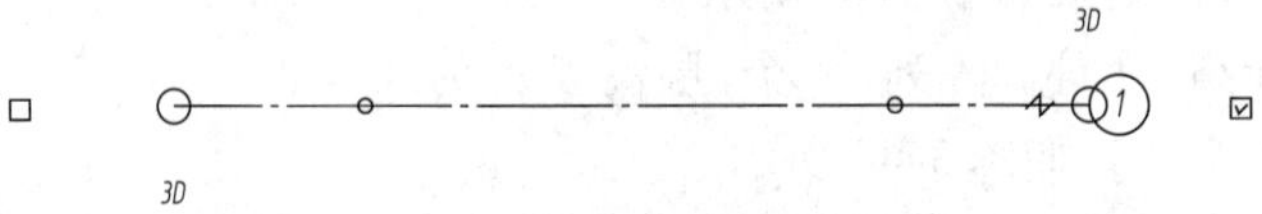

图 3-50　选中轴线

默认情况下,第一条轴线的编号为 1。为了修改编号名称,请将光标移至轴线端部,当出现如图 3-51 所示的蓝色方框时,双击并输入 A,按【Enter】键即可。

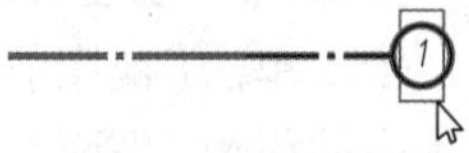

图 3-51　轴线编号的修改

步骤 08　创建轴线【B】~【H】。

为了快速得到水平方向的其他轴线,可利用【阵列】命令进行创建。

依次单击【修改】选项卡→【修改】面板→【阵列】按钮,然后单击轴线【A】并按【Enter】键。

这时,将在功能区的下方出现如图 3-52 所示的选项栏。在该选项栏中,应指定阵列方式为【线性】、阵列个数为 8。

图 3-52　选项栏

然后将光标移至轴线【A】上,当出现“ ×”符号时,单击输入阵列基准点,如图 3-53所示。

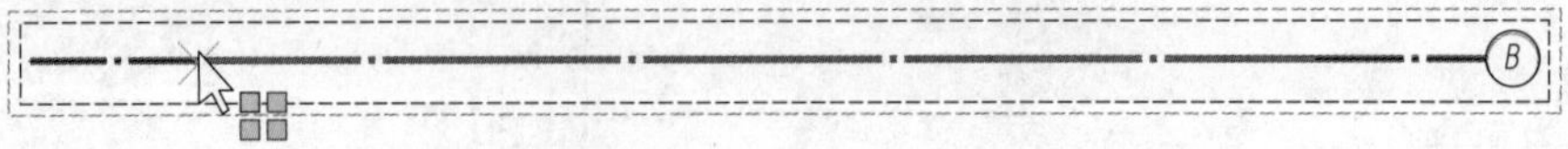

图 3-53　选择基准点

如图 3-54 所示,接着竖直向上移动光标,当临时尺寸数字变为 2 100 时,再次单击,完成水平方向所有轴线的创建,结果如图 3-55 所示。

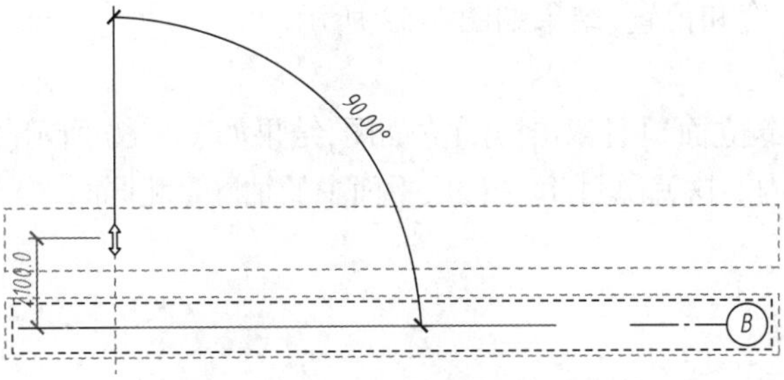

图 3-54　确定轴线间距

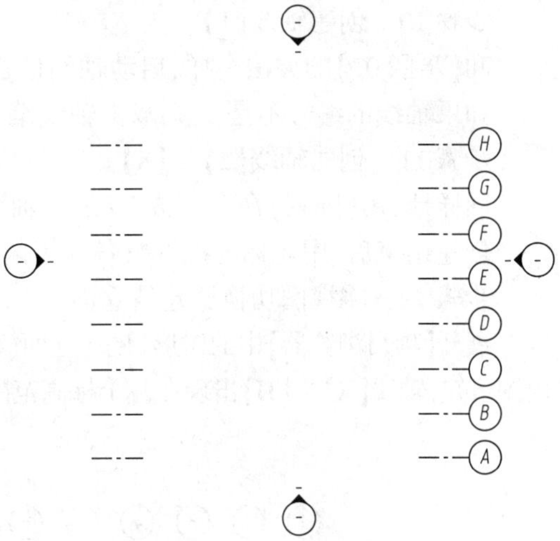

图 3-55　水平方向的轴线

为了使轴网左端出现编号且中间呈连接状态,应对轴网的类型属性进行设置。

步骤 09　设置轴网的类型属性。

单击任意一条轴线,然后在图 3-56 所示的【属性】面板中单击【编辑类型】按钮。

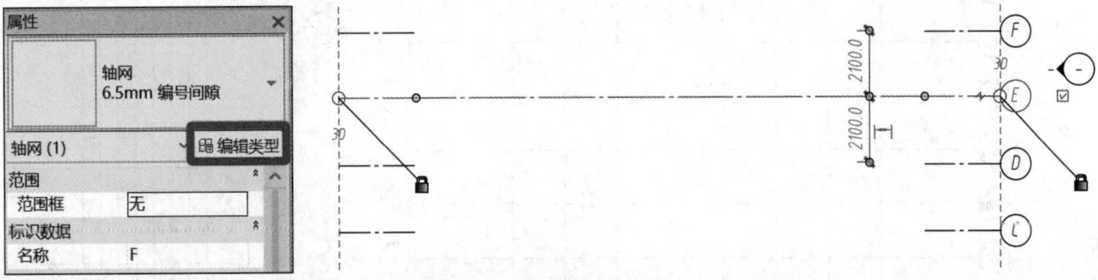

图 3-56　轴网的属性面板

在弹出图 3-57 所示的【类型属性】对话框中,将【轴线中段】设置为【连续】,同时选中【平面视图轴号端点 1(默认)】后的复选框。

单击【确定】按钮,结果如图 3-58 所示。

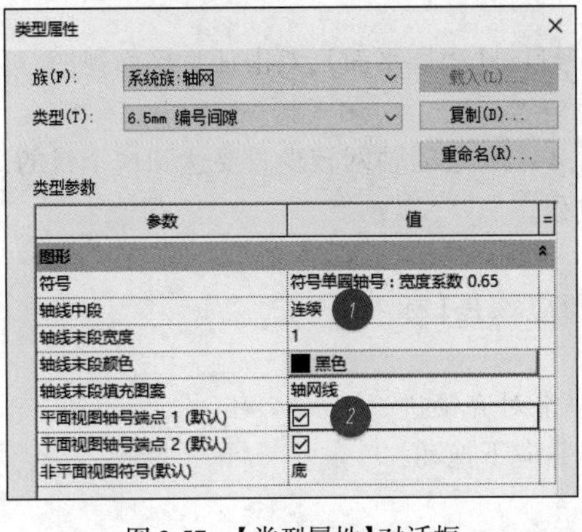

图 3-57　【类型属性】对话框

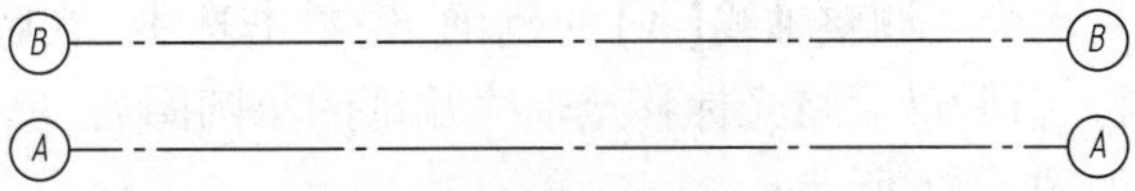

图 3-58　修改后的轴网

步骤10　创建轴线【1】。

和【步骤07】的方法一样，启动轴网创建命令，由下至上绘制1号轴线。

如果轴线的编号不是1，则双击轴线编号并改为1即可。

步骤11　创建轴线【2】~【8】。

同样地，用【阵列】命令完成2~8号轴线的绘制。

创建结束后，用光标拖拽调整各元素的长度和位置，结果如图3-59所示。

步骤12　将视图切换至建筑立面。

展开【项目浏览器】中的树形目录【立面(建筑立面)】且双击【东】立面图，结果如图3-60所示。由图可知，轴线【A】~【H】出现在各个标高范围内。这就说明：每个楼层平面中的轴网是相同的。

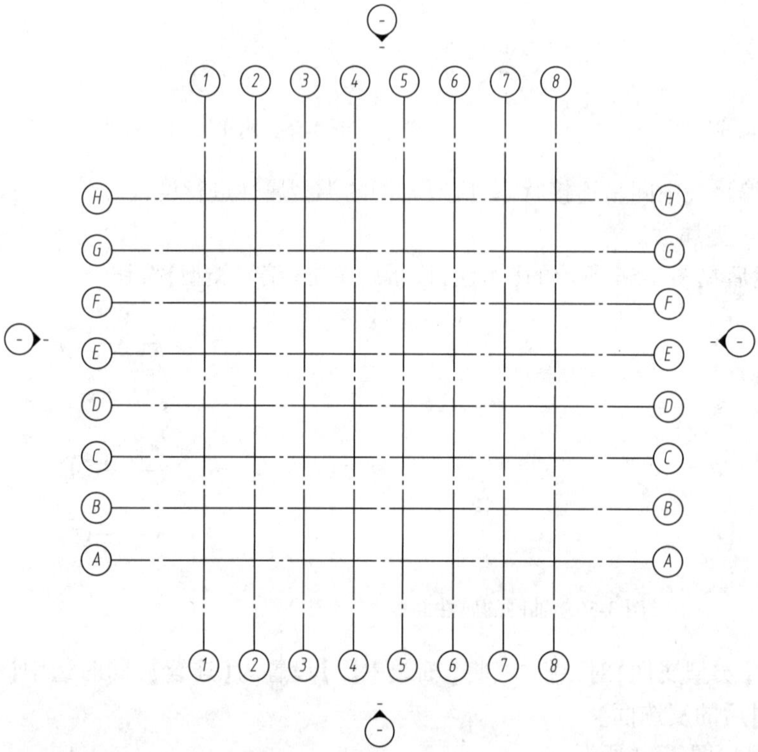

图3-59　轴网的绘制结果

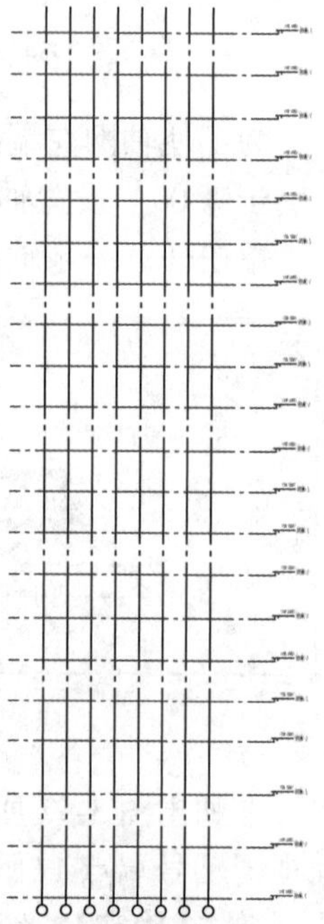

图3-60　东立面图

为了验证上述说法，展开【项目浏览器】中的树形目录【楼层平面】，双击任意平面视图，可见其中的轴网都是一样的。

根据要求，1~3层的轴网布置相同且数量较多，4~20层的轴网较少。要达到这个目的，还需对已有的轴网进行调整。下面是具体的调整过程。

步骤13　调整轴线【A】~【D】的显示范围。

由图3-44可知，轴线【A】~【D】的显示范围应该是【标高1】~【标高4】。

为了调整轴线【A】的范围，先单击选中，然后单击对齐锁进行解锁，最后将光标移至轴线端部的小圆圈后，单击并向下拖动，如图3-61所示。

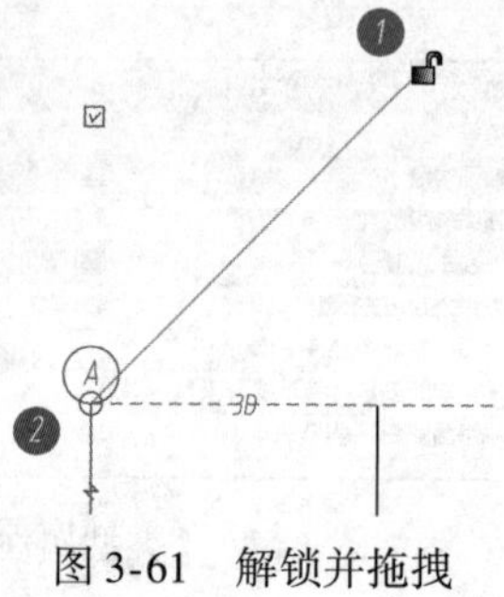

图3-61　解锁并拖拽

根据要求，将轴线【A】的上端点移至【标高4】至【标高5】之间即可,如图 3-62 所示。

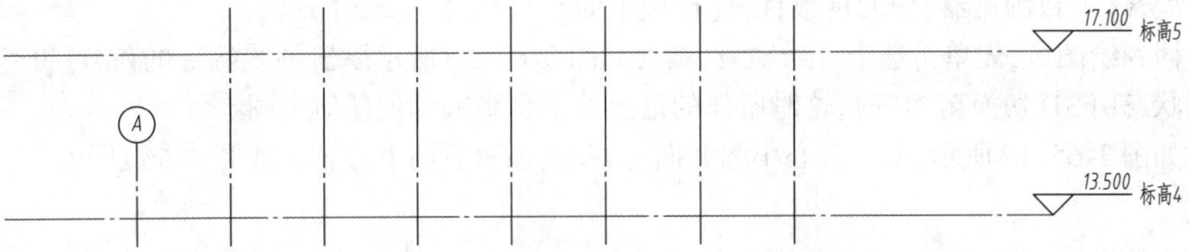

图 3-62　轴线【A】上端点的位置

用同样的方法调整轴线【B】~【D】,结果如图 3-63 所示。

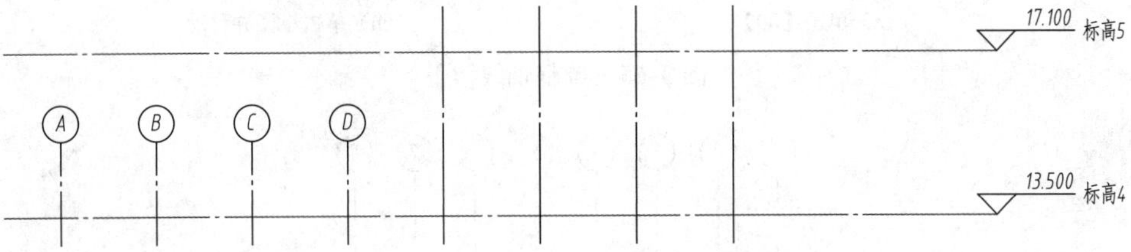

图 3-63　调整后的轴线【A】~【D】

此时,展开【项目浏览器】中的树形目录【楼层平面】,双击【标高 4】,结果如图 3-59 所示;双击【标高 5】,结果如图 3-64 所示。

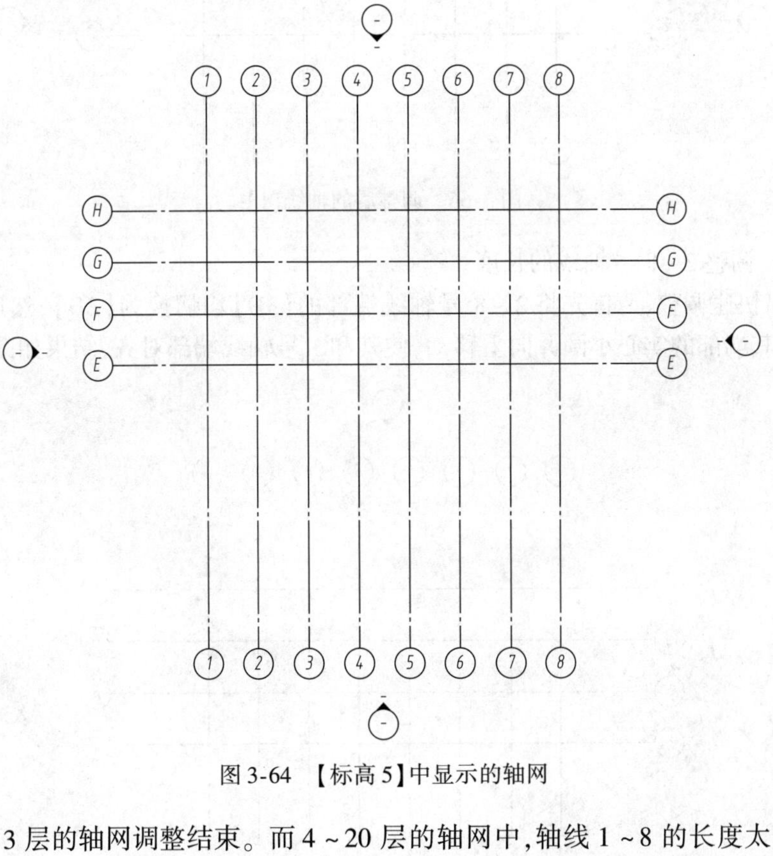

图 3-64　【标高 5】中显示的轴网

显然,1 ~ 3 层的轴网调整结束。而 4 ~ 20 层的轴网中,轴线 1 ~ 8 的长度太长,还需要进一步调整。

步骤 14　调整轴线【1】的长度。

展开【项目浏览器】中的树形目录【楼层平面】且双击【标高 5】。

回到绘图区,先单击选中 1 号轴线,然后如图 3-65(a)所示单击轴线端部的【3D】符号,当空间状态由 3D 切换至 2D 时,这时所作的修改才不会影响其他任何视图。

如图 3-65(b)所示,单击实心小圆并向上移动,缩短后的 1 号轴线如图 3-66 所示。

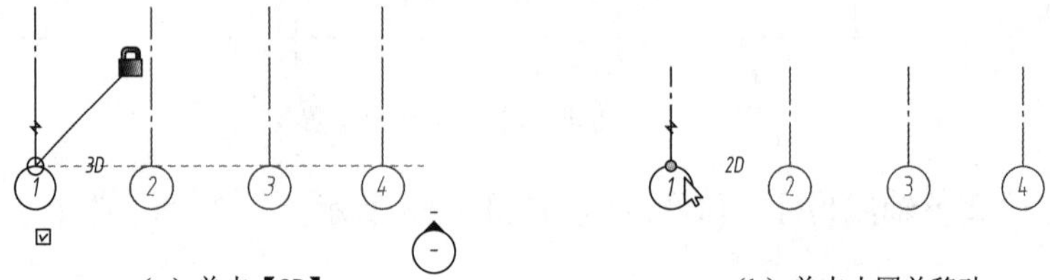

(a)单击【3D】　　(b)单击小圆并移动

图 3-65　调整轴线【1】

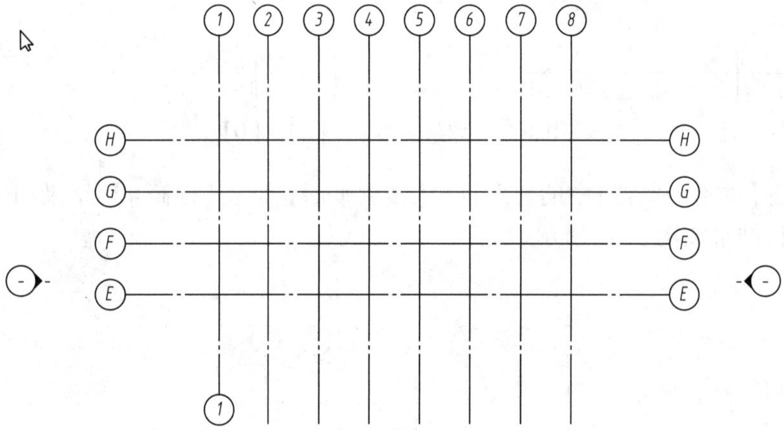

图 3-66　调整后的轴线【1】

步骤 15　调整 2 ~ 8 号轴线的长度。

为了做出快速调整,请首先将 2 ~ 8 号轴线端部的【3D】均切换为【2D】,然后选中其中一条轴线,单击其端部的实心小圆并向上移动,使其和 1 号轴线端部对齐,结果如图 3-67 所示。

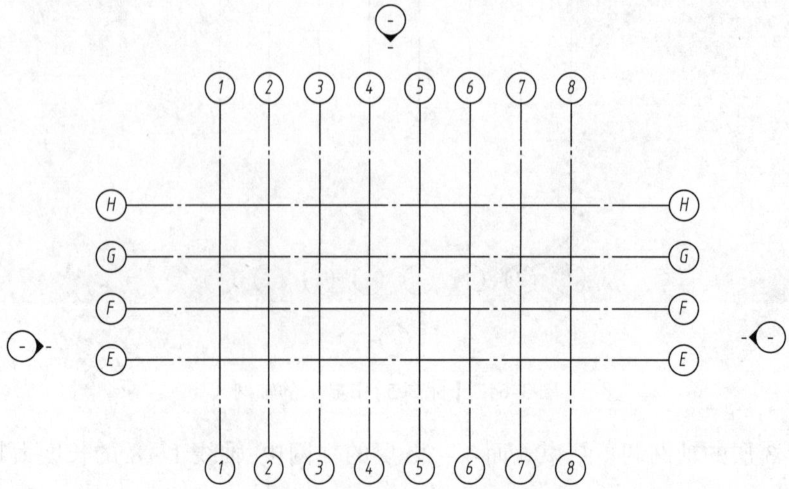

图 3-67　调整后的 1 ~ 8 号轴线

因为前两步的调整均在 2D 空间完成，所以图 3-67 所示的情况仅影响到【标高 5】平面视图，请读者自行验证。

为了使【标高 5】~【标高 21】平面视图中的轴网布置一致，还需要进行下面的操作。

步骤 16　设置【标高 5】中轴网的影响范围。

如图 3-68 所示，在【标高 5】中用鼠标框选 1 ~ 8 号轴线，然后依次单击【修改 | 轴网】选项卡→【基准】面板→【影响范围】按钮，如图 3-69 所示。

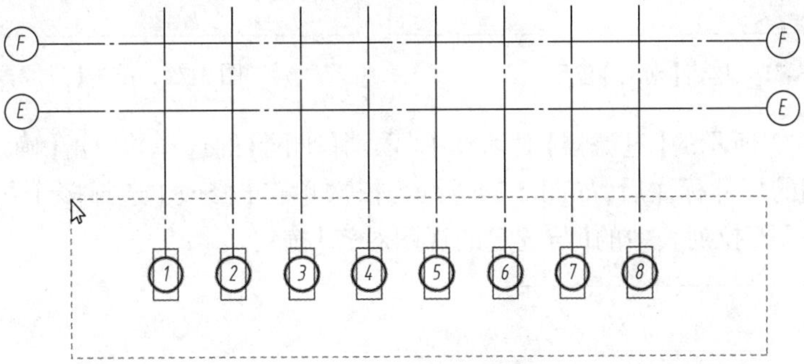

图 3-68　选择 1 ~ 8 号轴线

当弹出图 3-70 所示的【影响基准范围】对话框后，在列表中选择标高 6 ~ 21 并单击【确定】按钮。

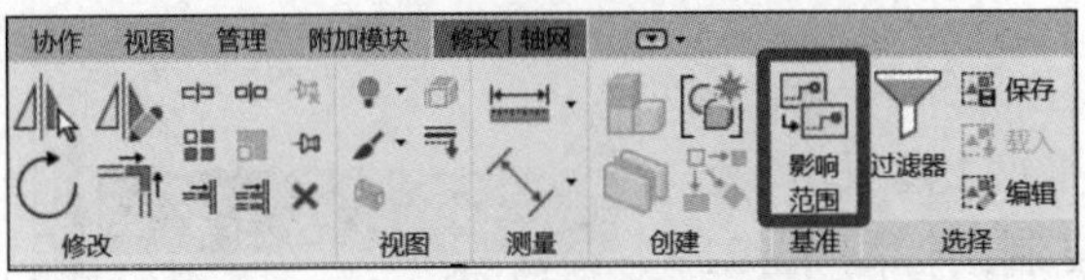

图 3-69　单击【影响范围】按钮

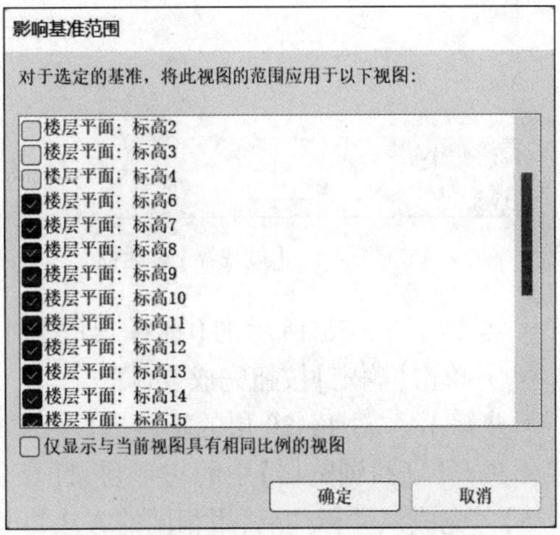

图 3-70　【影响基准范围】对话框

注意：选择时，首先单击【标高 6】，然后按下【shift】并单击【标高 21】，最后单击选中行前的复选框即可。

到此为止，完成了各个楼层轴网的布置。

步骤 17　对 1 ~ 3 层的轴网进行尺寸标注。

展开【项目浏览器】中的树形目录【楼层平面】且双击【标高 1】。依次单击【注释】选项卡→【尺寸标注】面板→【对齐】按钮，如图 3-71 所示。

启动标注命令后，依次单击要标注的轴线即可完成轴网的尺寸标注。需要结束时，在任意空白处单击即可。

标注结束后，已经出现的尺寸仅显示在【标高 1】中。为了在 1 ~ 3 层出现同样的标注，应利用【复制】命令向其他楼层进行复制。方法如下：

框选绘图区的所有对象，然后依次单击【修改 | 选择多个】选项卡→【选择】面板→【过滤器】按钮，如图 3-72 所示。

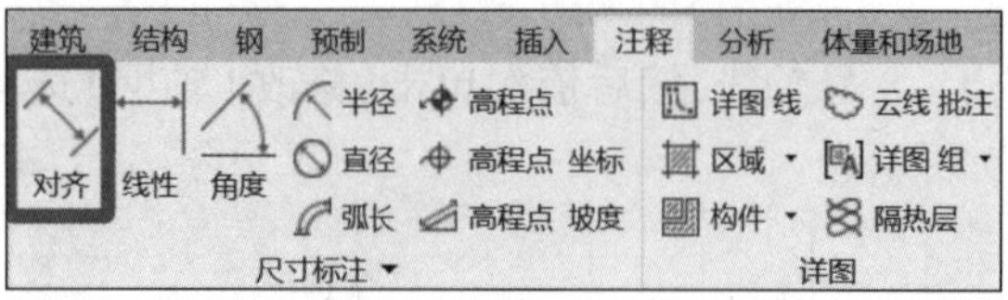

图 3-71　单击【对齐】按钮

图 3-72　单击【过滤器】按钮

在弹出图 3-73 所示的【过滤器】对话框中，取消【轴网】的选择并单击【确定】按钮。

选中要复制的尺寸标注后，如图 3-74 所示，依次单击【修改 | 选择多个】选项卡→【剪贴板】面板→【粘贴】下拉列表中的【与选定的视图对齐】按钮。

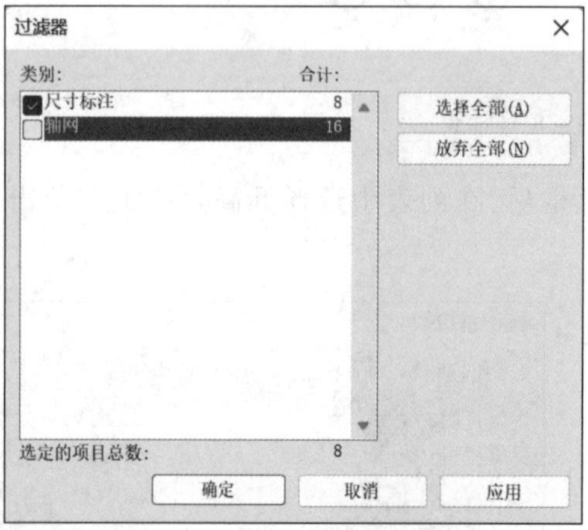

图 3-73　【过滤器】对话框

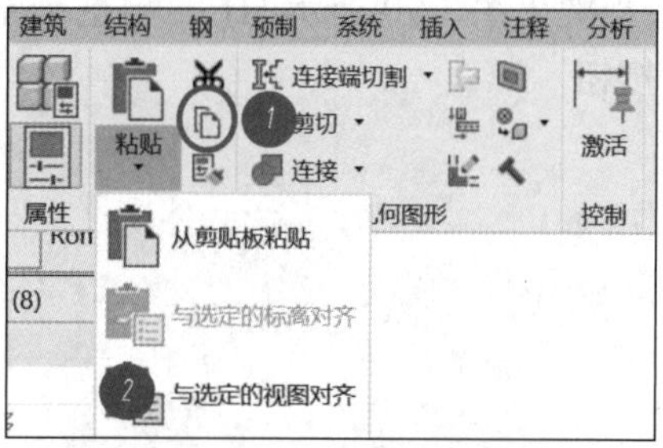

图 3-74　单击【复制】和【粘贴】按钮

当弹出图 3-75 所示的【选择视图】对话框后，选择标高 1 ~ 4 并单击【确定】按钮完成复制。

步骤 18　对 4 ~ 20 层的轴网进行尺寸标注。

展开【项目浏览器】中的树形目录【楼层平面】且双击【标高 5】。完成尺寸标注后，用相同的方法将其复制到标高 6 ~ 21 即可。

此处省略详细的作图过程，请读者参照步骤 17 自行完成。

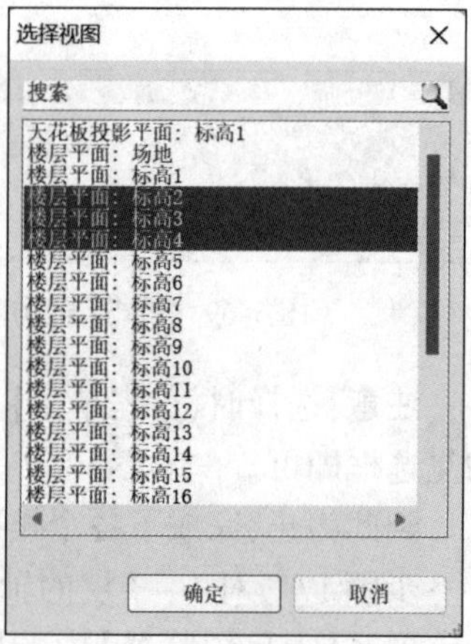

图 3-75　【选择视图】对话框

第4章 墙体的创建

墙体是房屋建筑中用于承重、围护和分隔空间的重要构件，同时也是门窗、墙饰等设备的载体，在整个建筑中起到非常重要的作用。

在本章中，将从简单到复杂，讨论墙体的创建方法。

4.1　简单墙体的创建

【例题1】在一楼绘制一段墙体并观察其三维效果。

为了便于绘制墙体，应将视图切换到平面视图，然后根据轴网完成定位和绘图。

【绘图步骤】

步骤01　在前例的基础上，展开【项目浏览器】中的树形目录【楼层平面】，用鼠标双击【标高1】，进入一层平面视图。

回到平面视图后，即可以利用轴网进行墙体的定位和绘制。

步骤02　依次单击【建筑】选项卡→【构件】面板→【墙】下拉列表中的【墙:建筑】选项，如图4-1所示。

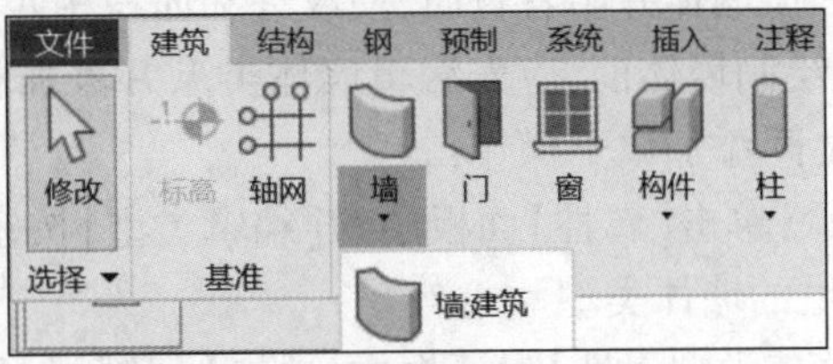

图4-1　单击【墙:建筑】选项

步骤03　如图4-2所示，在选项栏中将【高度】设置为【标高2】。

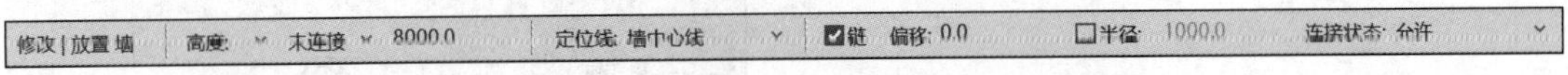

图4-2　选项栏

由于当前的视图平面为【标高1】，当【高度】被设置为【标高2】时，之后创建的墙体将出现在【标高1】和【标高2】之间。

如果需要更高的墙体，可以将选项栏中的【高度】设置为其他标高。

步骤04　将光标移至绘图区，捕捉轴网交点并单击，输入墙体的起点；然后向右移动光标，在另一交点处单击，输入墙体的终点，如图4-3所示。

步骤05　绘制结束后，连续两次按【Esc】键退出绘图状态。

步骤06　单击墙体，【属性】面板中显示该段墙体的厚度为200，如图4-4所示。

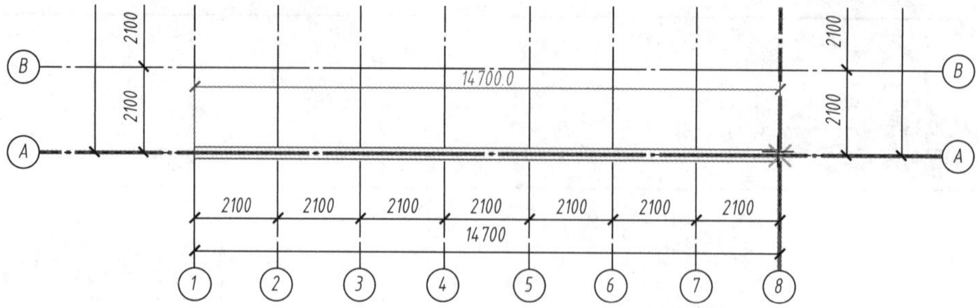

图 4-3　绘制墙体

步骤 07　为了观察所绘墙体的三维效果，请展开【项目浏览器】面板中的树形目录【三维视图】，双击【（三维）】，结果如图 4-5 所示。

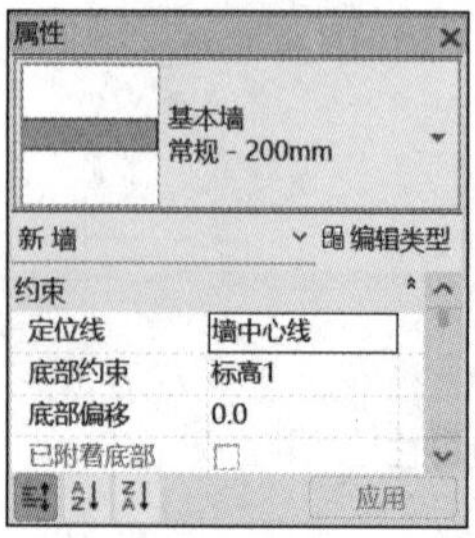

图 4-4　【属性】面板图

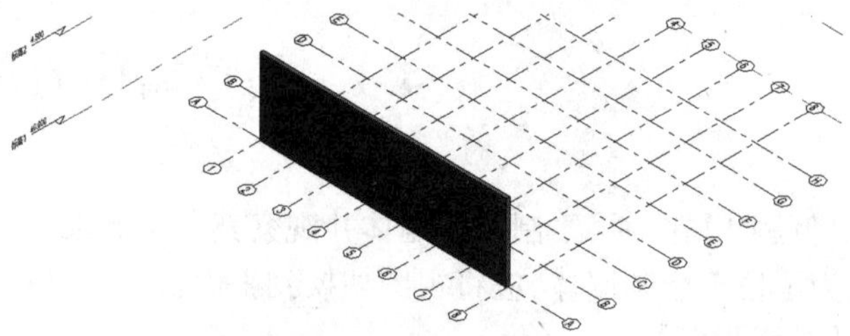
图 4-5　墙体的三维视图

当然，工程实例中的墙体并非全部为灰色。为了使墙体显示得更加真实，可在墙体表面设置纹理贴图。

下面举例说明墙体表面材质的设置方法。

【例题 2】在一楼绘制一段墙体并附着材质，使纹理和面积相匹配。

跟上例不同的是，此次绘制墙体前，应先编辑墙体类型并添加材质贴图。在创建过程中，只需要在上例步骤 3 和 4 之间添加以下操作：

步骤 01　如图 4-6 所示，单击【属性】面板中的【编辑类型】按钮。

步骤 02　复制系统提供的墙体类型。

如图 4-7 所示，在弹出的【类型属性】对话框中，单击【复制】按钮，输入新的墙体类型名称【外墙-200mm-自定义材质】并单击【确定】按钮。

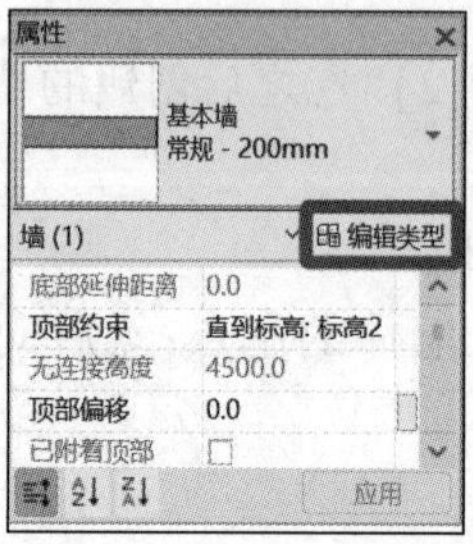

图 4-6　单击【编辑类型】按钮

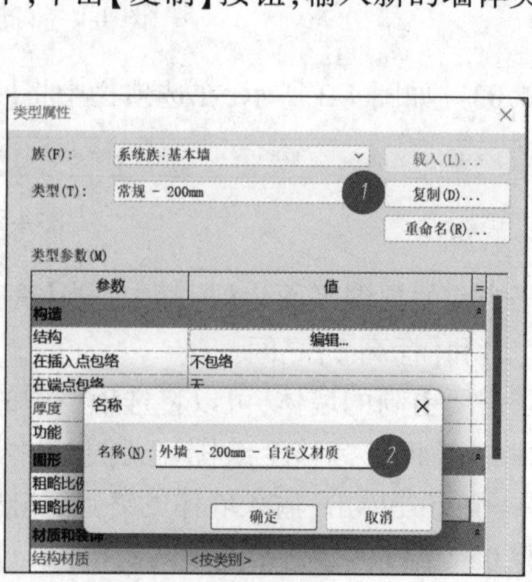

图 4-7　【类型属性】对话框

之所以复制原有的墙体类型并修改名称，目的是使墙体属性的编辑和修改等操作不会影响到系统提供的原有默认类型。

步骤 03　回到图 4-8 所示的【类型属性】对话框，单击【编辑】按钮。

步骤 04　在图 4-9 所示的【编辑部件】对话框中，单击【 <按类别> 】按钮。当其右侧出现按钮时，再单击该按钮一次。

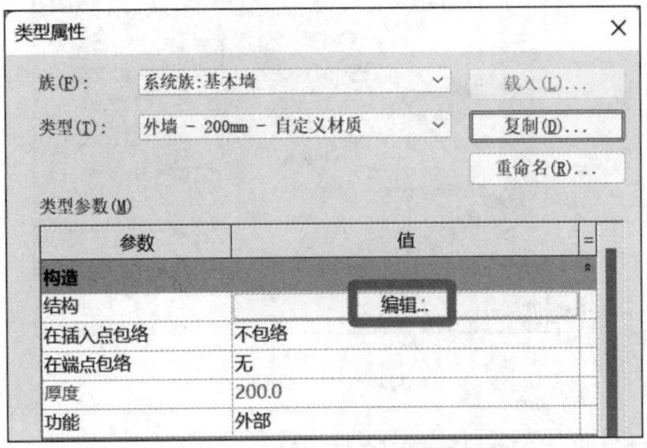

图 4-8　单击【编辑...】按钮

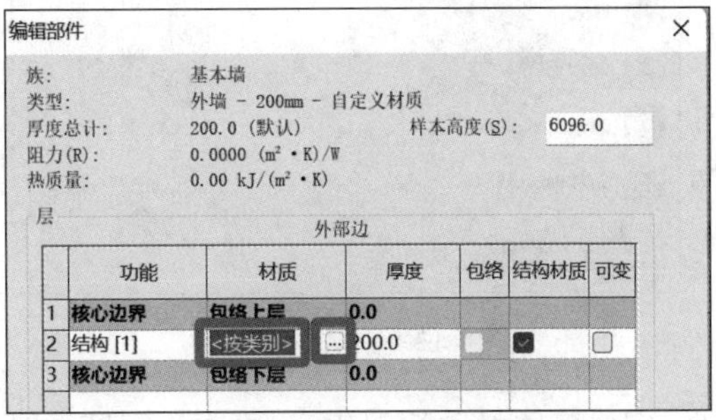

图 4-9　【编辑部件】对话框

步骤 05　在图 4-10 所示的对话框中，单击【新建材质】按钮。

步骤 06　如图 4-11 所示，在【名称】编辑框中输入新的材质名【材质自定义】。

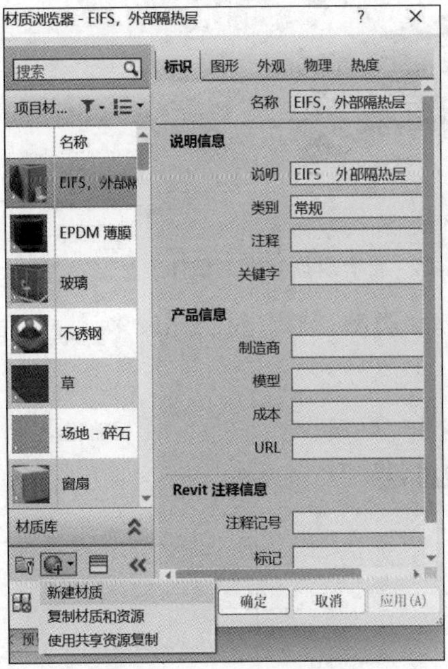

图 4-10　创建新材质

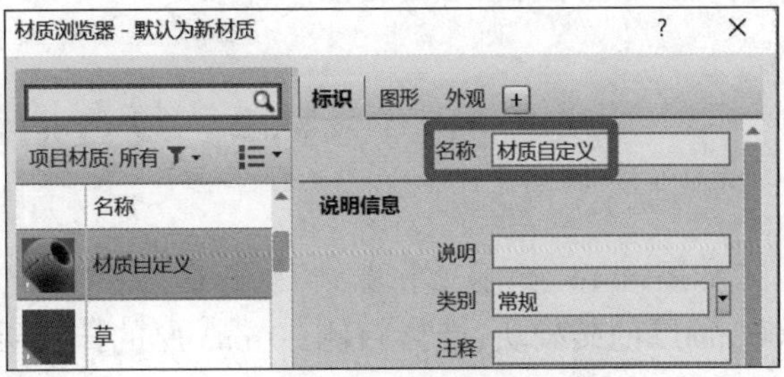

图 4-11　命名新材质

步骤 07　如图 4-12 所示，单击【打开/关闭资源浏览器】按钮，在搜索框中输入砌块进行搜索，当列表中显示【砌块】时，双击完成贴图图片的选择。

最后单击【资源浏览器】对话框的【关闭】按钮。

步骤 08　新建材质如图 4-13 所示。

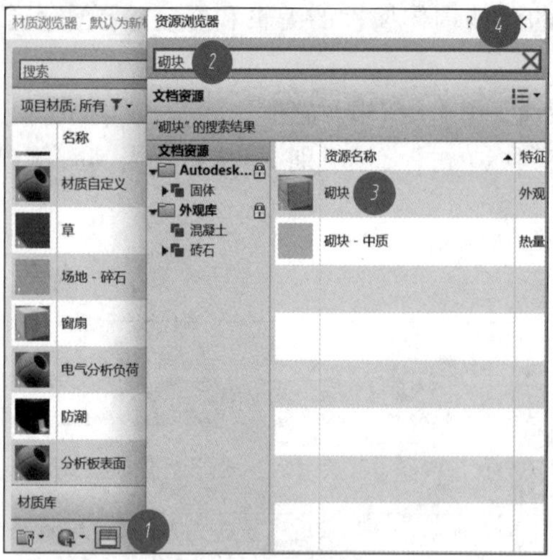

图 4-12　设置材质属性

图 4-13　新建材质

完成墙体材质的创建后，再次绘制墙体时，材质将自动显示在墙体表面。

墙体创建结束，为了正确显示材质，还需调整视觉样式，方法如下：

如图 4-14 所示，单击视图控制栏中的【视觉样式】按钮，在弹出的菜单中选择【真实】选项，最终的墙体效果如图 4-15 所示。

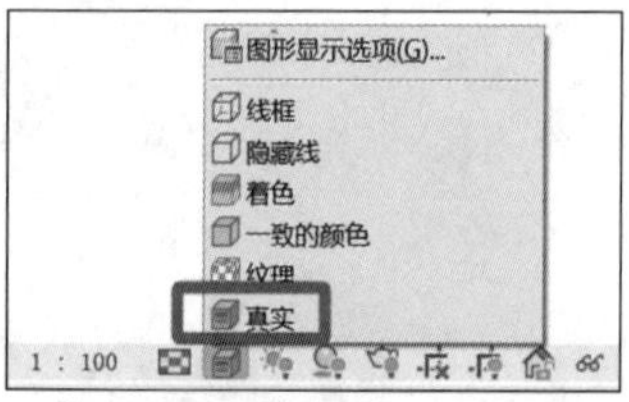

图 4-14　单击【真实】按钮

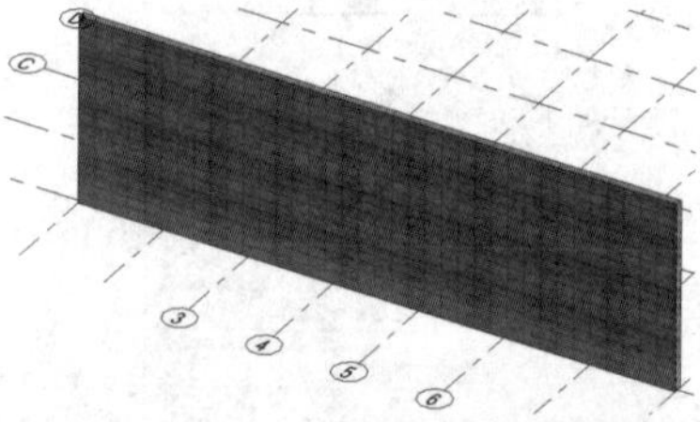

图 4-15　带有材质贴图的墙体

上述示例中的墙体结构非常简单，而工程实例中的墙体类型、结构、材料比较多元。下面举例说明复合墙体的创建方法。

4.2　复合墙体的创建

如图 4-16 所示，外墙结构包括墙体中心 200 mm厚的砖砌块、墙体内侧 20 mm 厚的抹灰层以及墙体外侧 30 mm 的饰面砖。

为了完成墙体的创建，首先应定义该类墙体的结构厚度、做法和材质参数等，然后完成模型的创建。

【例题】在一楼创建如图 4-16 所示结构的一段墙体。

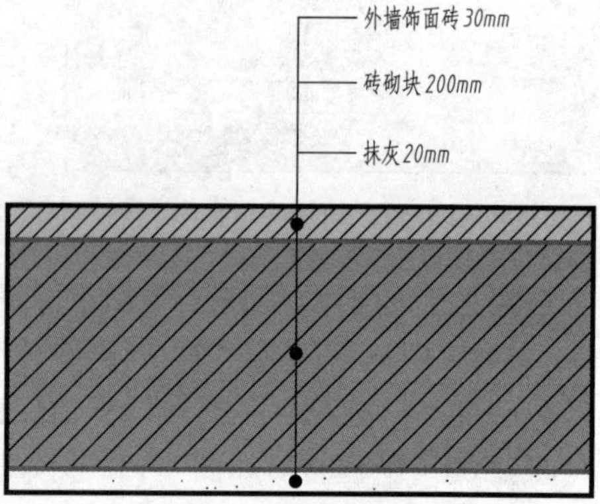

图 4-16　墙体大样图

【绘图步骤】

步骤 01　展开【项目浏览器】中的树形目录【楼层平面】且双击【标高 1】。

步骤 02　依次选择【建筑】选项卡→【构件】面板→【墙】下拉列表中的【墙:建筑】选项,如图 4-1 所示。

步骤 03　如图 4-2 所示,在选项栏中将【高度】设置为【标高 2】。

步骤 04　选择墙体的基本类型并完成复制。

如图 4-17 所示,在【属性】面板中,选择【常规-200 mm】墙体类型,然后单击【编辑类型】按钮。弹出图 4-18 所示的【类型属性】对话框后,单击【复制】按钮并在新对话框中输入新的墙体类型的名称【外墙-砖砌块-200 mm】并单击【确定】按钮返回【类型属性】对话框。

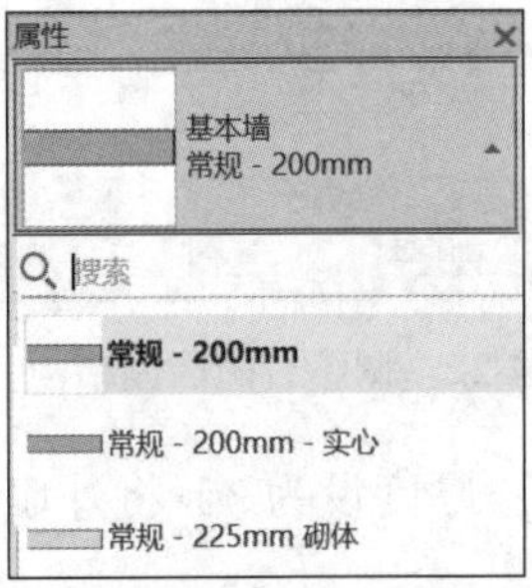

图 4-17　选择墙体基本类型

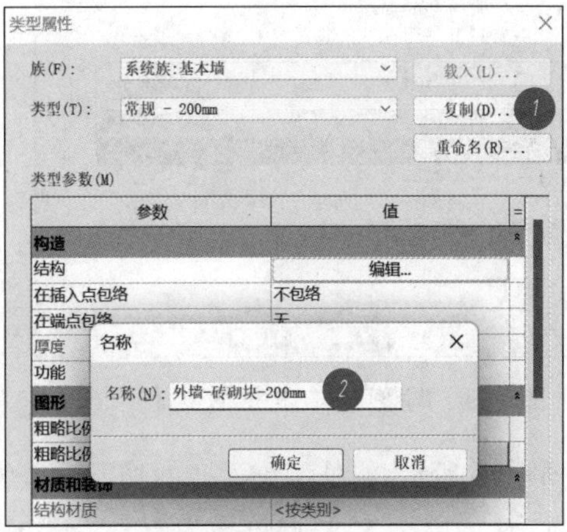

图 4-18　复制墙体类型

复制完成后,用户就能在原类型的基础上对墙体类型进行必要的调整和修改,而不改变系统自带的墙体类型中的相关参数。

步骤 05　创建新的结构层。

图 4-16 所示的墙体共有 3 层,所以还应在默认结构的基础上创建两个结构层。如图 4-19 所示,单击【编辑】按钮,弹出【编辑部件】对话框后,单击【插入】按钮两次,创建两个新的结构层,结果如图 4-20 所示。

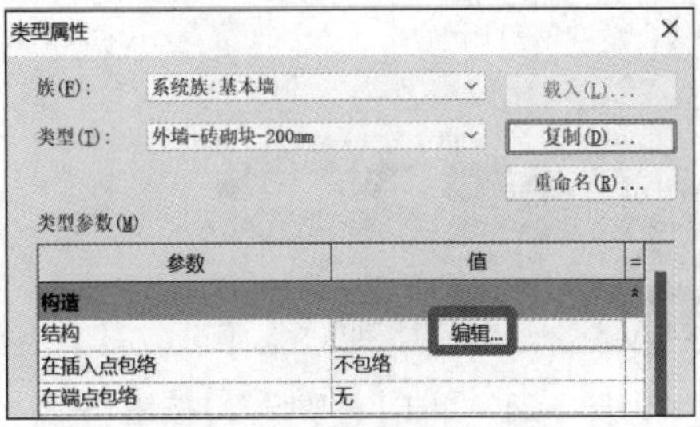

图 4-19　单击【编辑】按钮

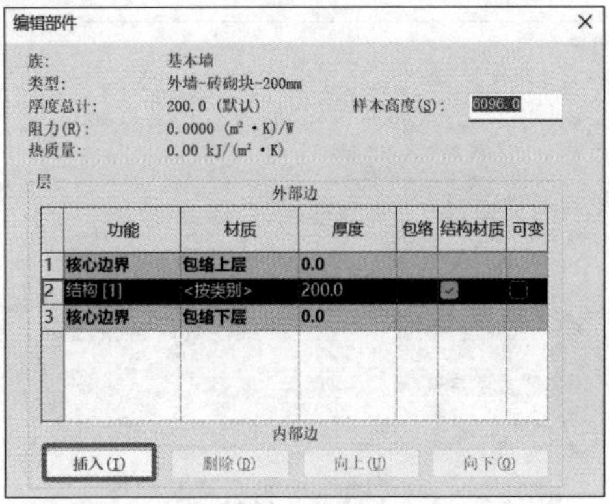

图 4-20　插入墙体结构层

步骤 06　调整墙体的结构层。

如图 4-21 所示，选中列表中的第二行，然后单击【向上】按钮，则该层将位于墙体外侧。然后用相同的方法将图 4-21 中的第三行调整到墙体内侧，结果如图 4-22 所示。其中第 1、3 和 5 行分别代表外墙饰面砖、砖砌块和外墙抹灰层。

下面将对各个结构层的功能、材质和厚度进行设置。

步骤 07　设置各个结构层的厚度和功能属性。

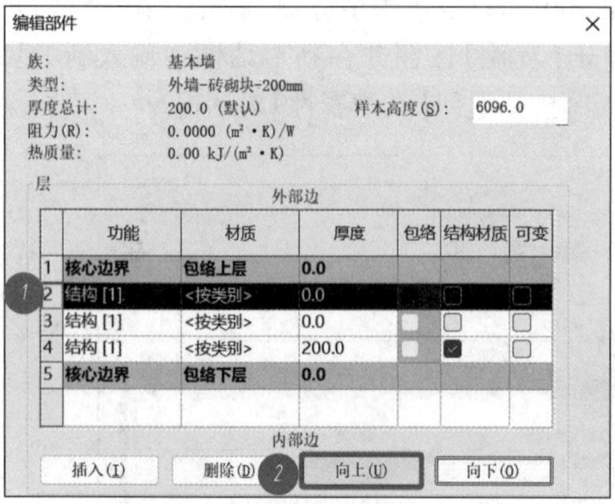

图 4-21　调整墙体结构层的位置

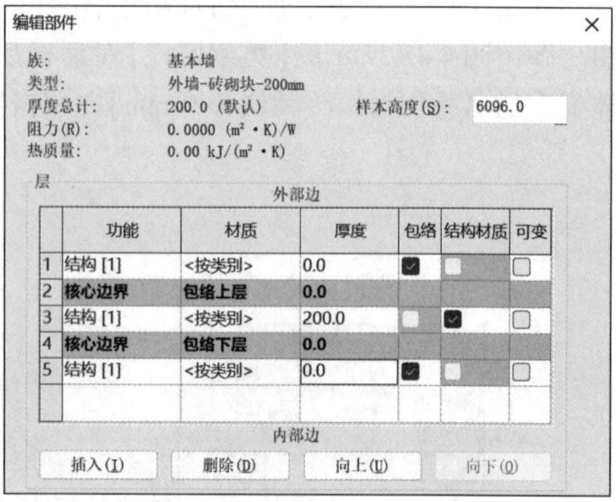

图 4-22　调整后的墙体结构

如图 4-23 所示，将外墙饰面砖的功能设置为【面层 1[4]】，厚度设为 30；将外墙抹灰层的功能设置为【面层 2[5]】，厚度设为 20。

注意：系统提供了 6 种墙体结构层功能：结构[1]、衬底[2]、保温层/空气层[3]、面层 1[4]、面层 2[5]和涂膜层。功能名称后面方括号中的数字越小，说明该层的优先级越大。即当墙体相互连接的时候，系统将试图连接功能相同的结构层。优先级越大，该结构层将越先被连接。

步骤 08　设置各个结构层的材质属性。

首先，设置外墙饰面砖的材质属性。如图 4-24 所示，单击【材质设置】按钮，弹出图 4-25 所示的【材质浏览器】对话框。

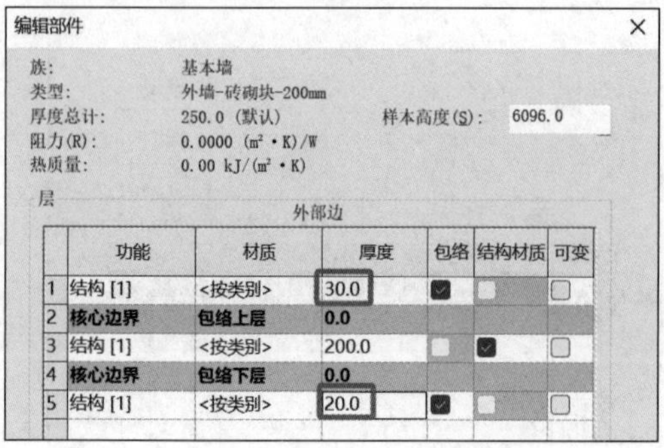

图 4-23　设置墙体功能层及其厚度

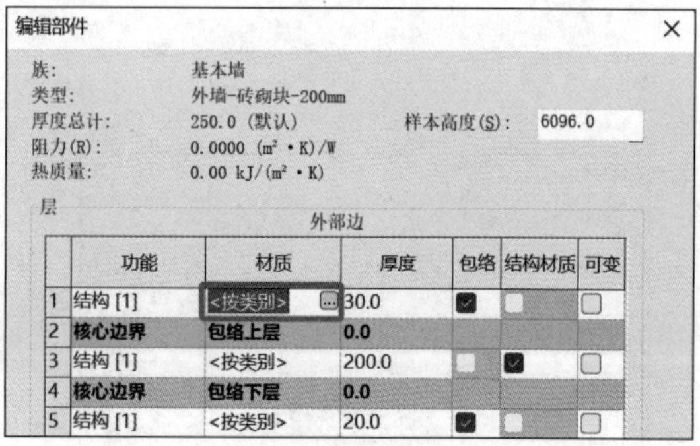

图 4-24　单击【材质设置】按钮

在该对话框中，首先单击【新建材质】选项，然后选择【标识】选项卡，在【名称】编辑框中键入新的材质名【饰面砖材质】。最后单击【确定】按钮，返回【材质浏览器】对话框。

图 4-25　单击【新建材质】按钮

创建材质并命名后，接着设置贴图。如图 4-26 所示，在【材质浏览器】对话框中，选中【饰面砖材质】按钮，然后单击【打开/关闭资源浏览器】按钮，在弹出的【资源浏览器】对话框中选择【外观库】选项，并在顶部的搜索框中输入大理石。当列表中显示各种大理石贴图时，双击选择【大理石-米色网格】并关闭【资源浏览器】对话框。

材质贴图设置结束后，结果如图 4-27 所示。

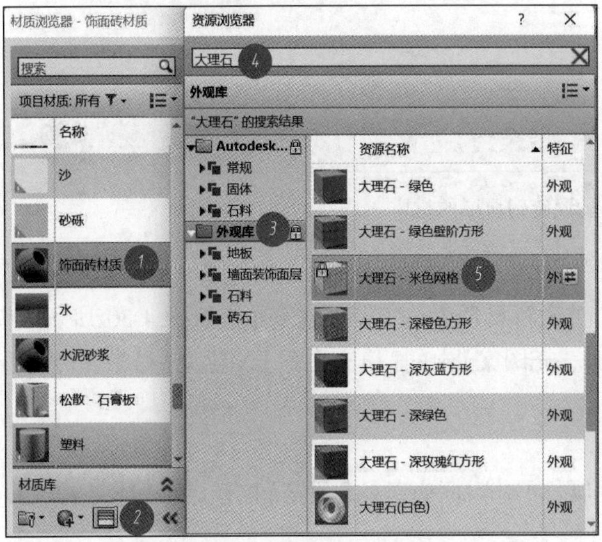

图 4-26　选择材质贴图

图 4-27　饰面砖的贴图设置

下面将设置外墙饰面砖的剖面填充图案。

如图 4-28 所示,单击选中【饰面砖材质】,在【截面填充图案】中,单击【填充图案】右侧的矩形区域。在弹出的【填充样式】对话框中,选中单选【绘图】按钮。在样式列表中,选中填充样式为【上对角线-1. 5mm】后,单击【确定】按钮,返回【材质浏览器】对话框并单击【确定】按钮,完成外墙饰面砖的材质设定。

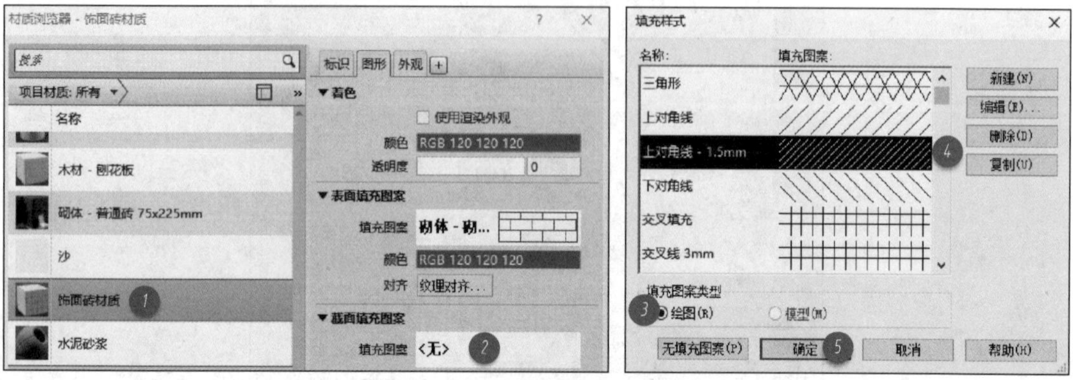

图 4-28 设置剖面填图案

接着,设置墙体核心层(砖砌块层)的材质属性。

如图 4-29 所示,单击【材质设置】按钮,弹出【材质浏览器】对话框,选中材质列表中的【砌体 - 普通转 75 ×225 mm】并单击【确定】按钮完成设置。

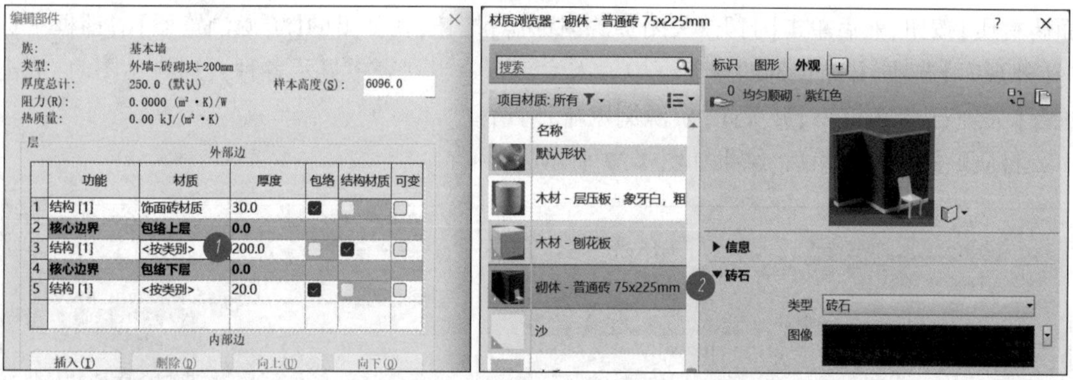

图 4-29 设置砖砌块层的材质

最后,设置外墙抹灰层的材质。

和饰面砖材质的设置方法相同,首先创建新材质并命名为【抹灰】。如图 4-30 所示,将【着色】栏的【颜色】设置为白色,并将【截面填充图案】中的【填充图案】设置为【松散-砂浆/粉刷】,如图 4-31 所示。

步骤 09 观察墙体结构大样图。

完成各个结构层的设置后,单击【类型属性】对话框底部的【预览】按钮,则墙体结构大样图如图 4-32 所示。

图 4-30　设置抹灰层的材质属性

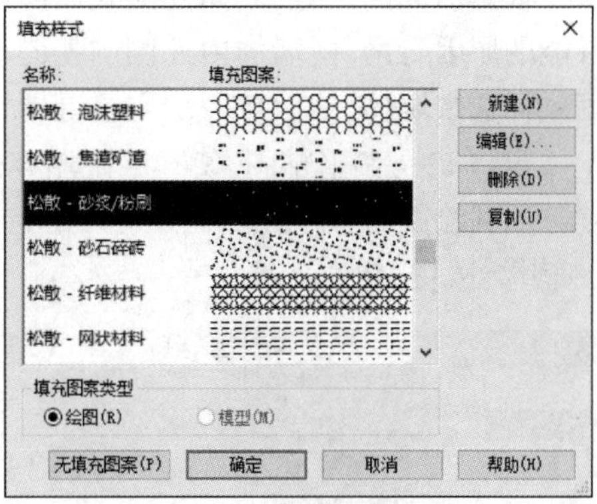

图 4-31　选择填充图案

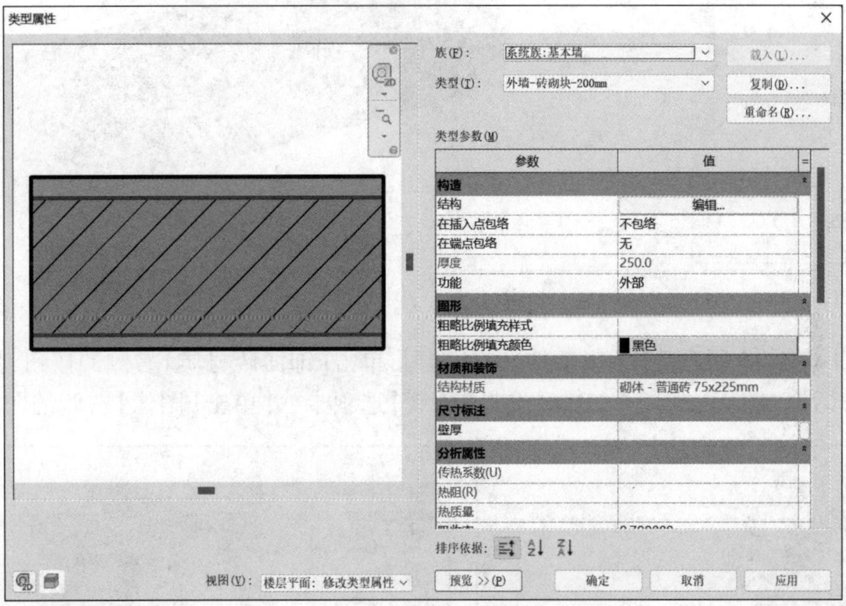

图 4-32　墙体结构大样

步骤 10　绘制墙体。

绘制一段墙体如图 4-33 所示。具体步骤不再列出，请读者自行完成。

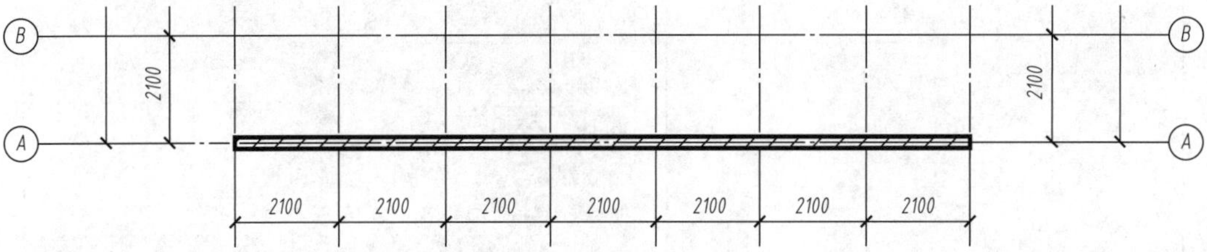

图 4-33　绘制墙体

步骤 11　观察墙体的三维效果图。

展开【项目浏览器】中的树形目录【三维视图】，双击【(三维)】，可观察到墙体的三维效果。

根据前面的设置，墙体外侧表面应该张贴有米色网格状的大理石。如果看不到墙面贴图，可能的原因有两种：墙体内外侧的朝向不正确、贴图大小不匹配。如果是第一种情况，只需要用鼠标选中墙体，然后按一次空格键即可；如果是第二种情况，则解决方法如下。

步骤 12　调整贴图，使其匹配墙体面积。

回到绘图区，单击墙体使其处于选中状态，如图 4-34 所示。然后单击【属性】面板中的【编辑类型】按钮。

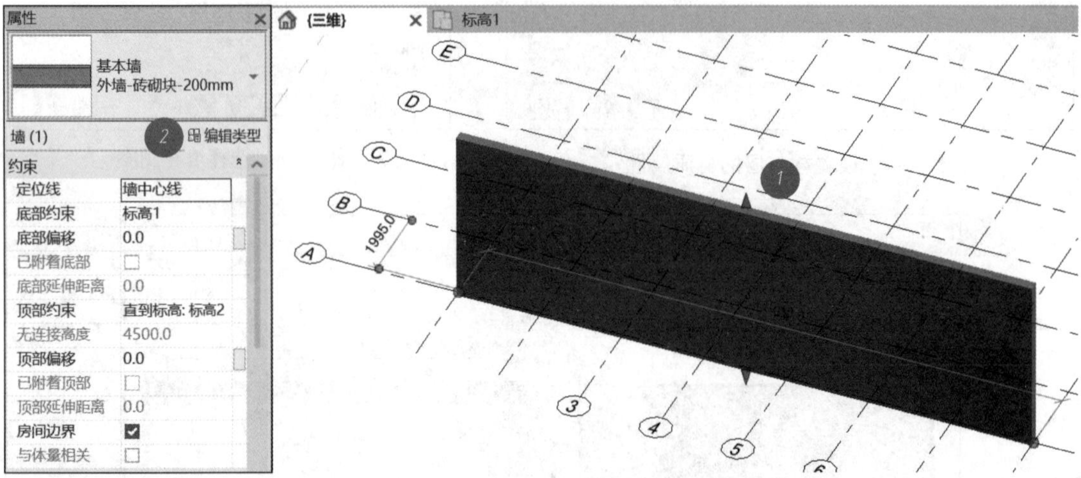

图 4-34　选中墙体

弹出图 4-35(a)所示的【编辑部件】对话框后，单击【饰面砖材质】右侧的按钮，弹出【材质浏览器】对话框[图 4-35(b)]。然后选择【外观】选项卡，并单击【图像】右侧的图片区域。

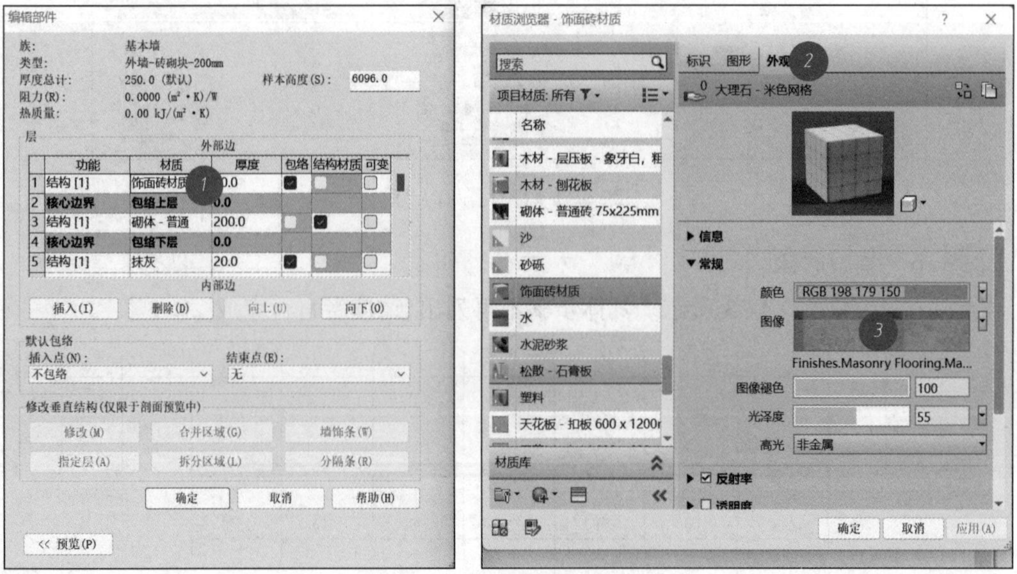

(a)　　　　　　　　　　　　(b)

图 4-35　打开纹理编辑器

在图 4-36 所示的【纹理编辑器】对话框中，将【样例尺寸】编辑框中的数字调大。然后退出所有对话框并返回绘图区，则调整后的墙体效果如图 4-37 所示。

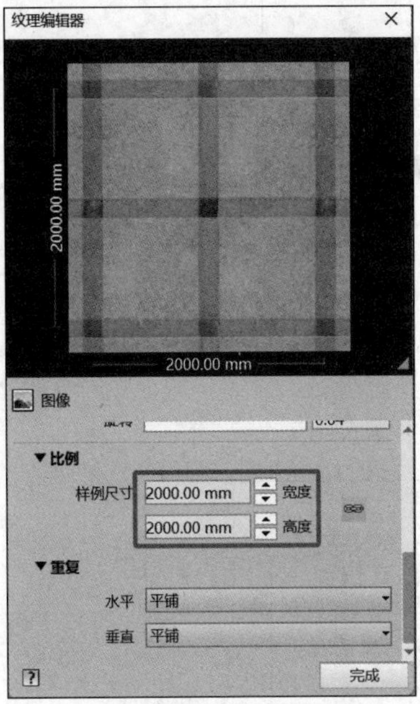

图 4-36　设置【样例尺寸】

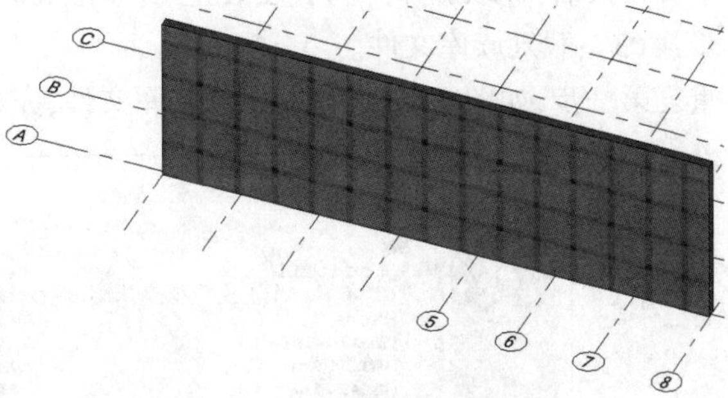

图 4-37　调整后墙体的三维效果

4.3　墙饰条和分隔缝

墙饰条和分隔缝用来装饰墙体，使墙体在观感上不再单一。

【例题 1】利用系统提供的轮廓族，为前面所创建的墙体添加墙饰条。利用轮廓族创建墙饰条时，首先应载入族，然后用墙饰条命令创建即可。

【绘图步骤】

步骤 01　打开【载入族】对话框。

如图 4-38 所示，依次单击【插入】选项卡→【从库中载入】面板→【载入族】按钮。在弹出的对话框中，按照图 4-39 所示的路径查询并导入族。

图 4-38　单击【载入族】按钮

如果图 4-39 所示的路径存在并能显示各种族，请读者直接跳至步骤 03。否则，请按照下面的步骤顺序执行相应的操作。

步骤 02　下载并安装系统族库。

如果图 4-39 所示的路径不存在，说明还未安装系统族库。

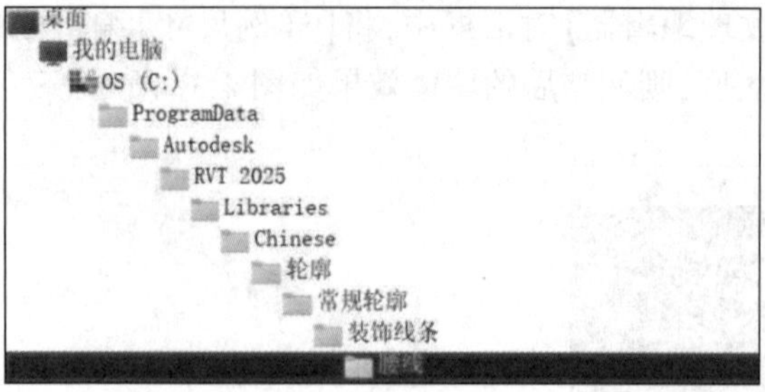

图 4-39　族载入路径

请读者打开 Autodesk 官方网址并下载族库安装包。

下载结束后,提取族库并将其安装至 C:\ProgramData\Autodesk\RVT 2025 路径中。

步骤 03　载入族库文件。

重复第一步,如图 4-40 选择并双击族库文件,完成文件导入。

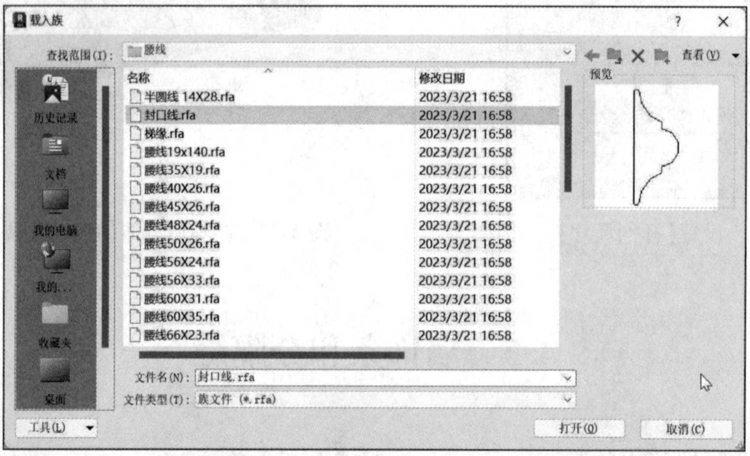

图 4-40　双击载入族的库族文件

步骤 04　启动创建墙饰条的命令。

如图 4-41 所示,依次单击【建筑】选项卡→【构件】面板→【墙】下拉列表中的【墙:饰条】按钮。

步骤 05　设置用于创建墙饰条的族属性。

如图 4-42 所示,在【属性】面板中单击【编辑类型】按钮,弹出图 4-43 所示的【类型属性】对话框。

图 4-41　选择【墙:饰条】

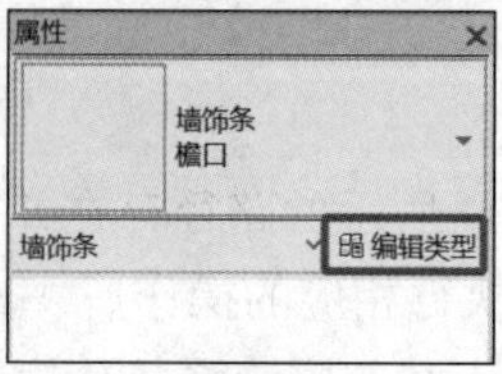

图 4-42　单击【编辑类型】按钮

在【轮廓】中选择【封口线:130×52】,同时用图 4-44 所示的方法将【材质】设置为【涂料-黄色】,最后请关闭所有对话框。

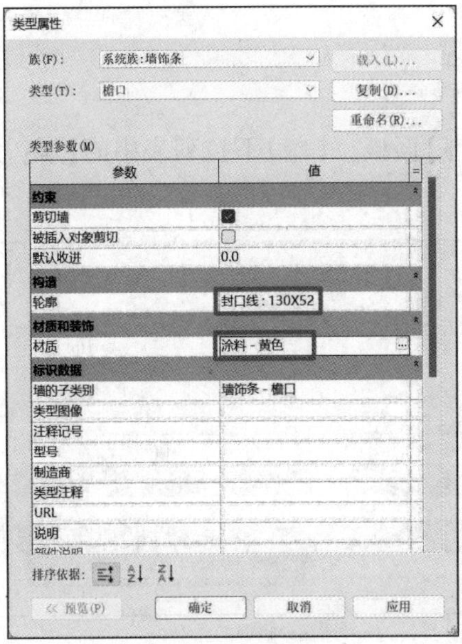

图 4-43　族属性设置

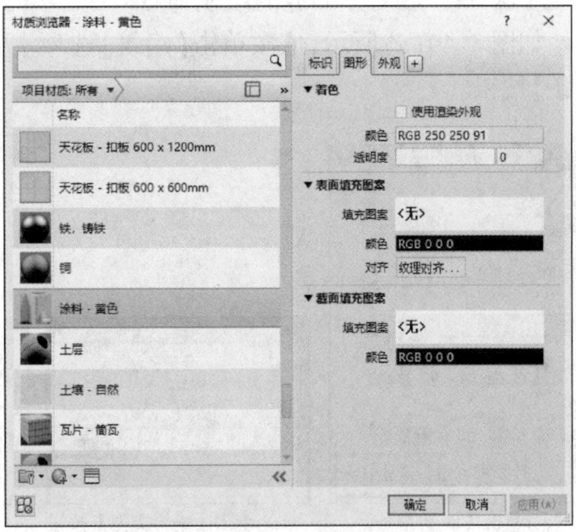

图 4-44　设置族的材质

步骤 06　为了更好地视觉效果,请将模型轮廓线设置为细线。方法如下:

如图 4-45 所示,依次单击【视图】选项卡→【图形】面板→【细线】按钮。

步骤 07　创建墙饰条。

将光标移至绘图区中的墙体顶部,当出现图 4-46 所示的墙饰条轮廓线时,单击完成创建。创建结束后,按两次【ESC】键退出创建命令,则墙饰条的三维效果如图 4-47 所示。

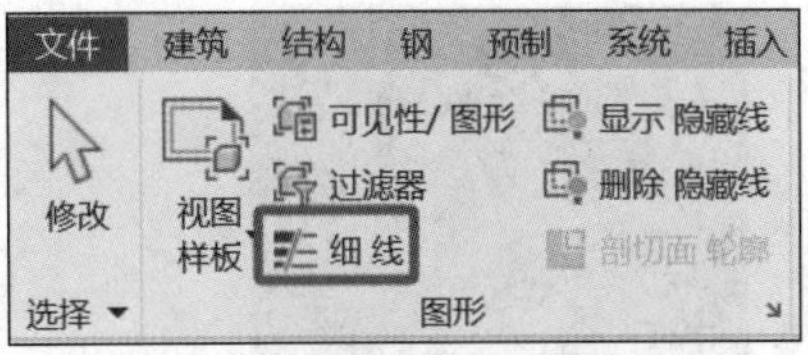

图 4-45　单击【细线】按钮

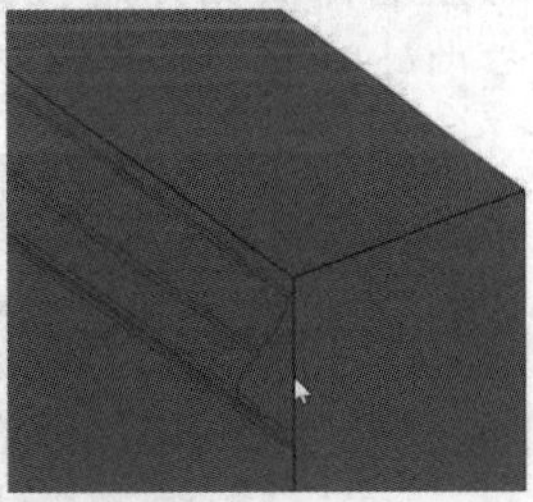

图 4-46　创建墙饰条

如果在有转角的墙体上创建墙饰条,则墙饰条在转角处将会自动连接,效果如图 4-48 所示。具体情况请读者自行尝试。

图 4-47　墙饰条的效果

图 4-48　墙饰条的连接

【例题 2】为前面所创建的墙体添加分隔缝。

分隔缝的做法和上述方法基本相同。首先应载入对应的族文件,然后启动命令完成绘制即可。

【绘图步骤】

步骤 01　载入对应的族文件。

步骤 02　启动分隔缝的绘制命令。

如图 4-49(a)所示,依次单击【建筑】选项卡→【构件】面板→【墙】下拉列表中的【墙:分隔条】按钮。

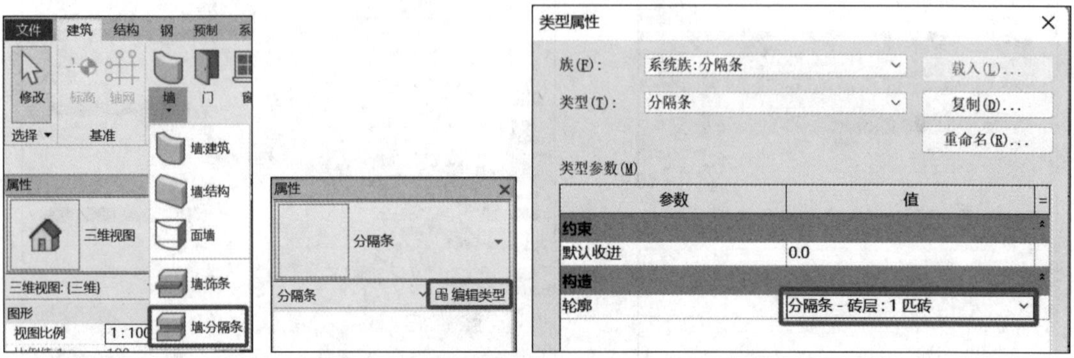

(a) 单击【墙:分隔条】　(b) 单击【编辑类型】按钮　(c) 选择分隔缝的类型

图 4-49　分隔缝的设置

如图 4-49(b)所示,在【属性】面板中,单击【编辑类型】按钮。弹出图 4-49(c)所示的对话框后,在【轮廓】右侧的下拉列表中选择需要的分隔缝族。

最后关闭所有对话框,返回绘图区。

步骤 03　绘制分隔缝。

将光标移至墙体表面并定位,当出现如图 4-50(a)所示的分隔缝轮廓线时,单击完成创建。最后在空白处单击,退出命令。分隔缝的三维效果如图 4-50(b)所示。

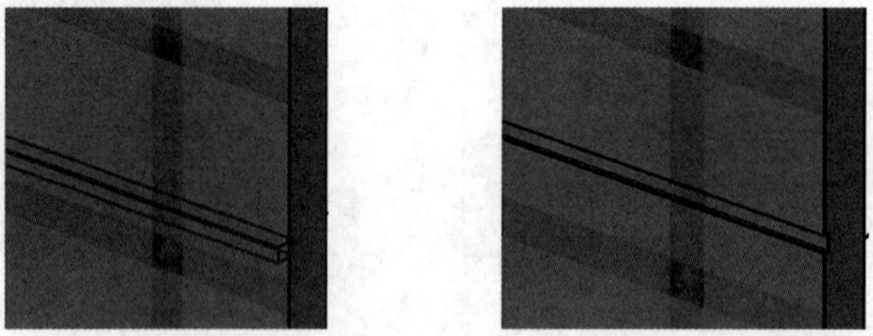

(a) 创建分隔缝　(b) 分隔缝的三维效果图

图 4-50　分隔缝的创建

4.4　散　　水

散水是用来排水的构件,可以减少墙身和基础被水浸泡的可能,进而保护墙身和基础,从而延长建筑物的寿命。

Revit 中,散水属于墙饰条。本质上讲,散水和墙饰条的创建方法相同。

这里将散水的创建独立出来,是为了说明如何利用自定义族来创建散水。

创建自定义散水时,首先要定义散水的横截面并将其保存为族文件,然后将其载入系统并完成散水实体模型的创建。步骤如下:步骤 01　打开族的创建环境。

如图 4-51 所示,依次单击系统菜单【文件】→【新建】→【族】选项,弹出图 4-52 所示的选择族样板文件对话框后,选择【公制轮廓】族样板文件并单击【打开】按钮。

图 4-51　单击【族】选项

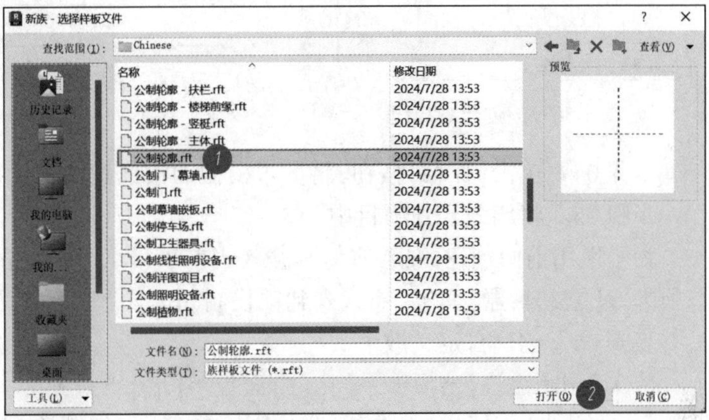

图 4-52　选择族样板文件

步骤 02　设置族类别。

如图 4-53 所示,单击【族类别和族参数】按钮,弹出图 4-54 所示的【族类别和族参数】对话框。将其中的【轮廓用途】设置为【墙饰条】。

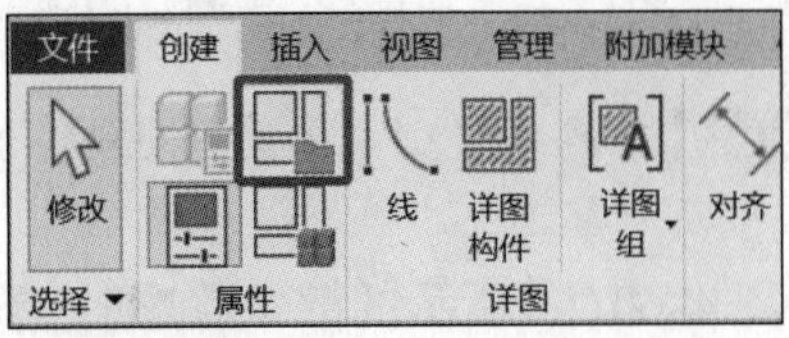

图 4-53　单击【族类别和族参数】按钮

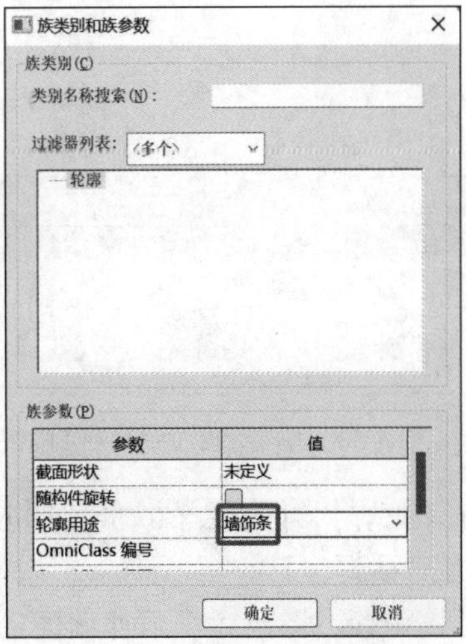

图 4-54　【族类别和族参数】对话框

注意:这样设置后,在创建散水时,应通过【墙饰条】命令完成散水建模。

步骤 03　绘制散水横截面。

回到绘图区,可以看到两条正交放置的虚线如图 4-55 所示。

注意:竖直的虚线代表所选墙面。实际建模时,系统将此处绘制的横截面轮廓沿竖向虚线跟所选墙面对齐后进行拉伸。

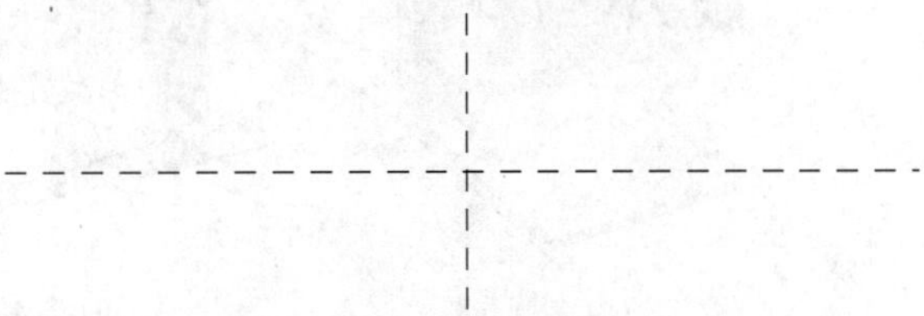

图 4-55　单击【线】按钮

绘制横截面时，如图 4-56 所示，依次单击【创建】选项卡→【详图】面板→【线】按钮，按照图 4-57 所示的尺寸绘制散水横截面。

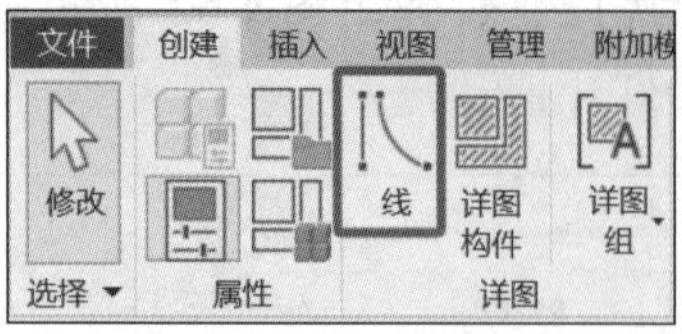

图 4-56 族创建基准线

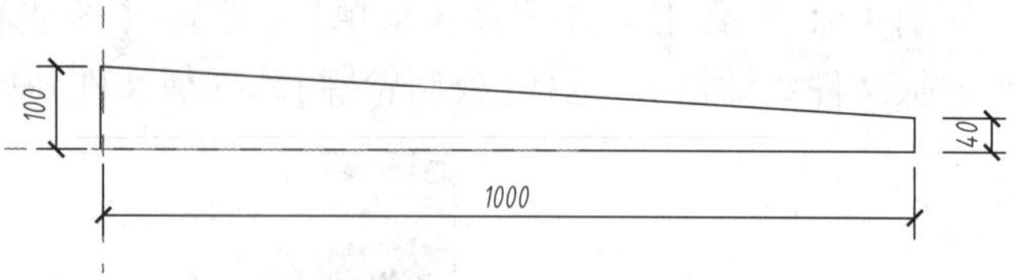

图 4-57 散水横截面

步骤 04 单击【保存】按钮，将散水横截面按任意路径保存为族文件。

步骤 05 将族载入到项目中。

为了使用前面创建的族，应将其载入当前项目。方法是：如图 4-58 所示，依次单击【修改】选项卡→【族编辑器】面板→【载入到项目】按钮。

步骤 06 创建自定义散水。

依次单击【建筑】选项卡→【构件】面板→【墙】下拉列表中的【墙：饰条】按钮。然后在【属性】面板中单击【编辑类型】按钮，弹出图 4-59 所示的【类型属性】对话框。

系统自动回到当前项目中时，在【项目浏览器】中展开【三维视图】并双击【（三维）】选项，将视图切换至三维视图。

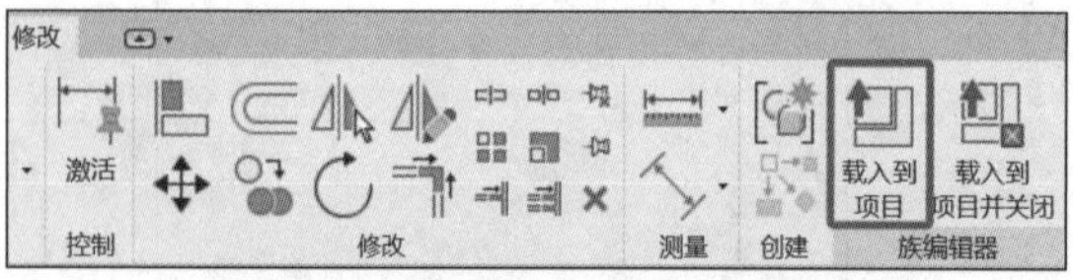

图 4-58 单击【载入到项目】按钮

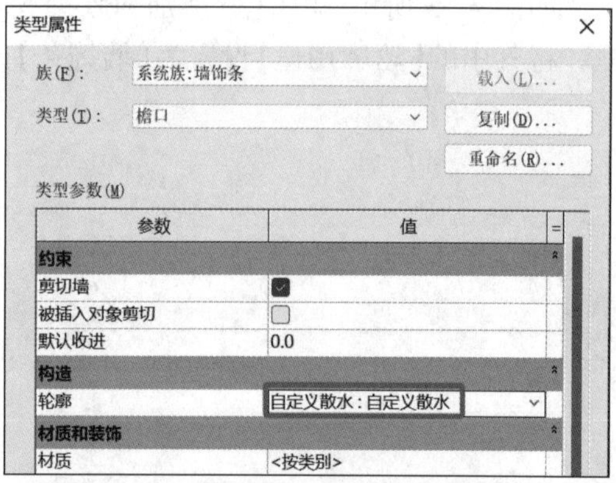

图 4-59 选择【自定义散水】选项

选择【轮廓】为【自定义散水】，同时将【材质】设置为【涂料-黄色】（为了方便观察）。最后关闭所有对话框。

回到绘图区，将光标移至外墙面的底部，当出现图 4-60（a）所示的散水轮廓时，单击完成创建，效果如图 4-60（b）所示。

如果连续在相邻墙面创建散水，则相邻墙面的转角处将自动连接，效果如图 4-60（c）所示。

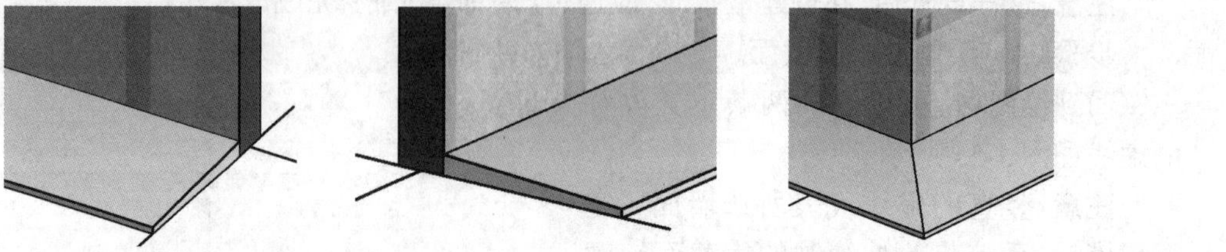

（a）绘制散水 （b）散水立体图 （c）转角连接

图 4-60 创建散水

步骤 07　转角处不能自动连接的情况。

在低版本的 Revit 软件中，如果散水不是在同一次命令下创建的，则相邻墙面的转角处将不会自动连接。可能会出现如图 4-61 所示的错误结果。

为了解决这个问题，需要对转角处进行修改。方法如下：

如图 4-62 所示，依次单击【修改 | 墙饰条】选项卡→【墙饰条】面板→【修改转角】按钮。然后用光标拾取要编辑的散水横截面，如图 4-63（a）所示。修改后的散水如图 4-63（b）所示。而在 Revit 2025 中，即便不是同一次命中创建的散水，也可自动连接。

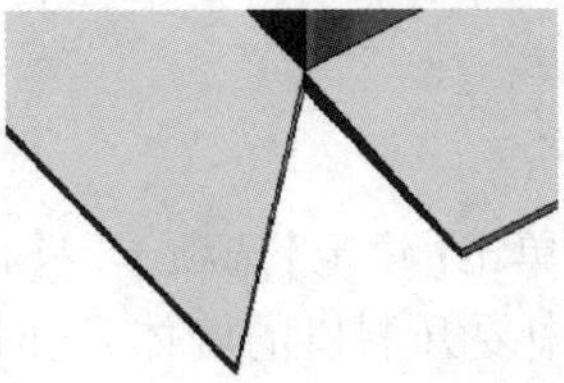

图 4-61　转角未连接

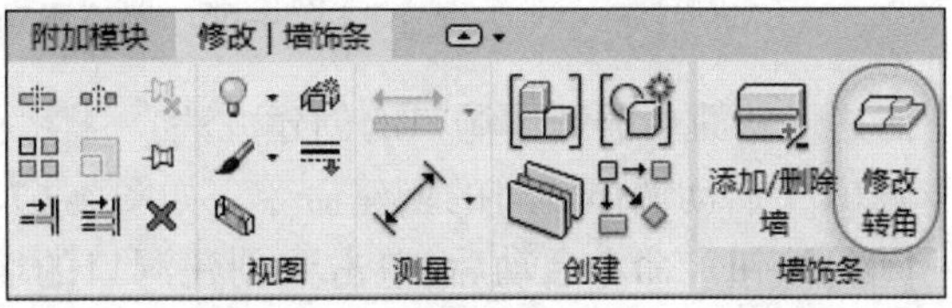

图 4-62　单击【修改转角】按钮

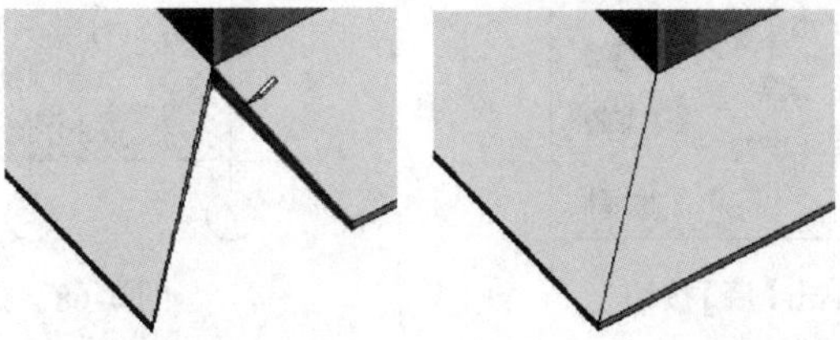

（a）选择散水端面　　（b）转角连接

图 4-63　创建散水

4.5　墙洞的创建

4.5.1　简单墙洞的创建

为了有较好的可视效果，首先在一楼绘制一段东立面墙，如图 4-64 所示。

当墙体上需要开洞口时，可采用以下两种方法来实现。

如图 4-65 所示，在【项目浏览器】中，展开树形目录【立面（建筑立面）】并双击【东】，则墙体的东立面图如图 4-66 所示。

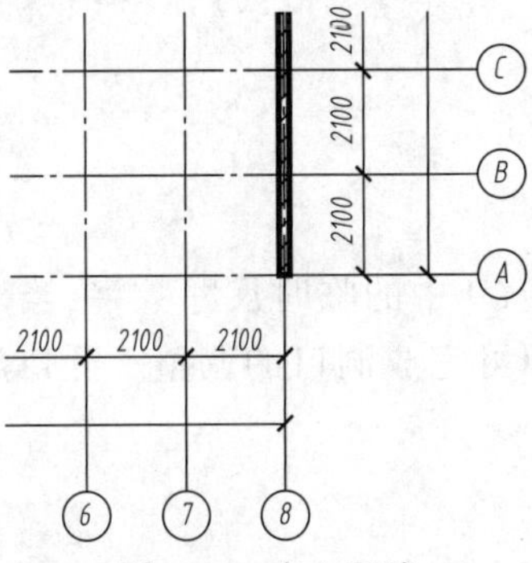

图 4-64　东立面墙

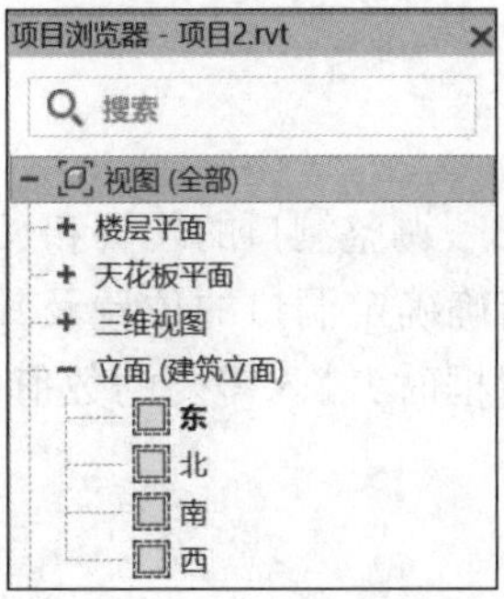

图 4-65　双击【东】

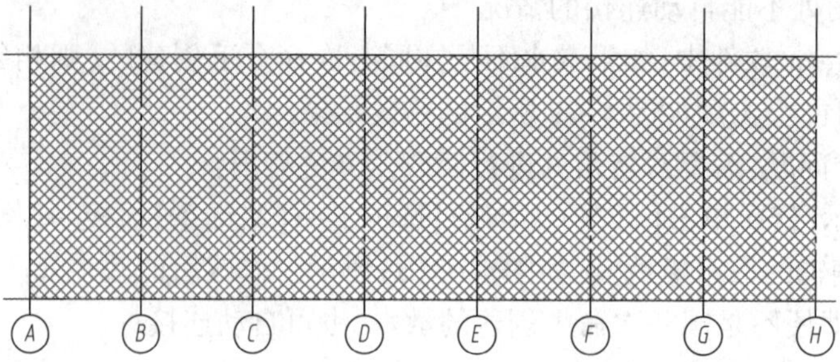

图4-66 墙体东立面图

下面是形状简单的墙体洞口的创建方法：

步骤01 启动墙体洞口的创建命令。如图4-67所示，依次单击【建筑】选项卡→【洞口】面板→【墙】按钮。命令启动后，单击要创建洞口的墙体边缘选中要开洞口的墙体，这时光标附近出现小矩形框，如图4-68所示。

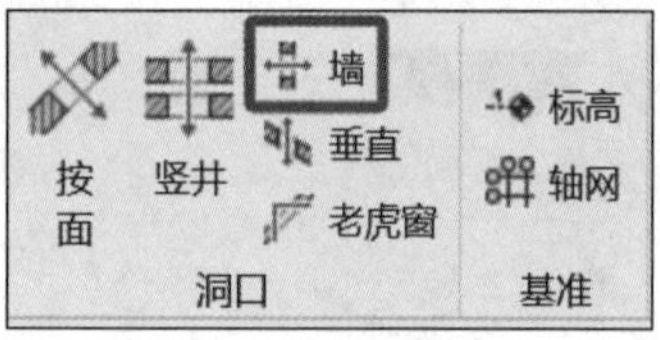

图4-67 单击【墙】按钮

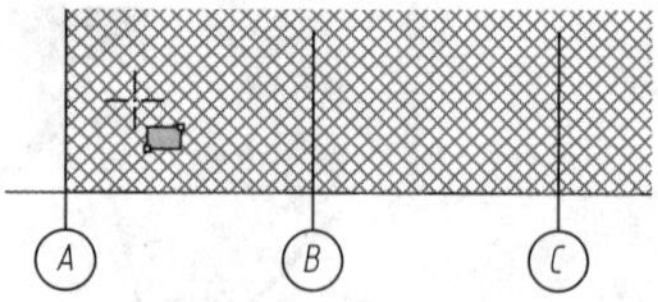

图4-68 选中墙体

步骤02 创建洞口。

将光标移至墙体上，单击输入洞口的第一个角点，然后移动光标并在适当的位置再次单击，输入洞口的第二个角点，创建完毕，结果如图4-69所示。

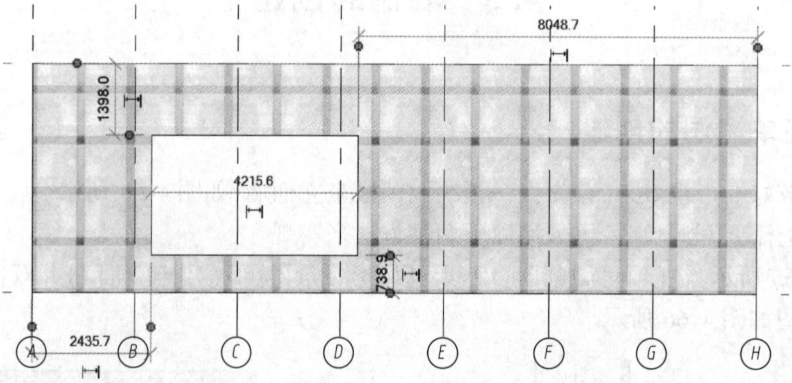

图4-69 创建洞口

步骤03 调整洞口的位置和尺寸。

为了精确确定洞口的位置及其尺寸，可单击图4-69中的临时尺寸数字，当出现图4-70所示的编辑框时，输入需要的数值并按【Enter】键，即可完成洞口的调整。开口后的墙体如图4-71所示。

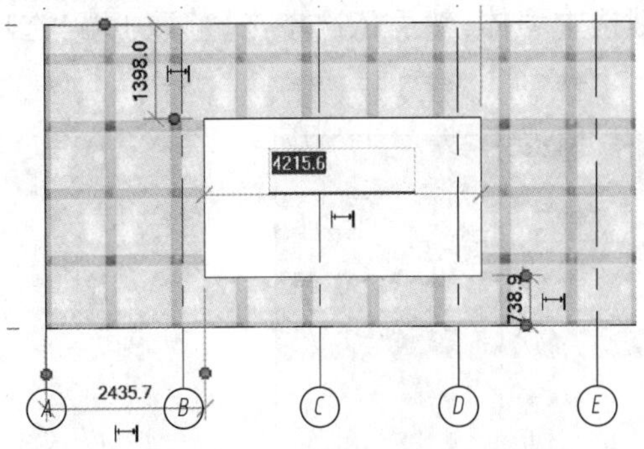

图 4-70　编辑洞口尺寸

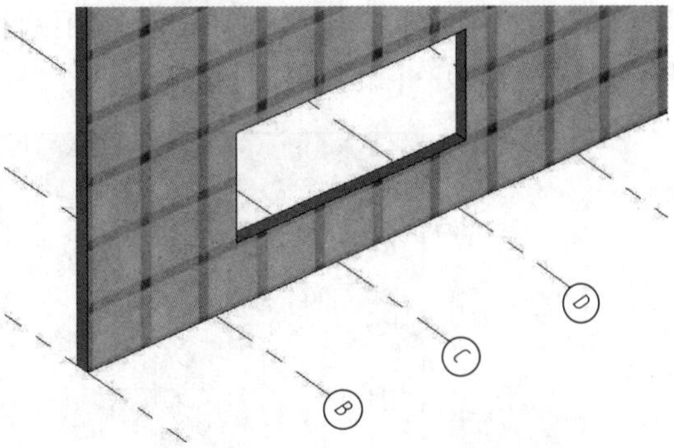

图 4-71　洞口立体图

步骤 04　复制洞口。

如果需要相同大小的洞口,可用【复制】命令进行创建。启动【复制】命令后,如图 4-72(a)所示,选择洞口并按【Enter】键。在洞口上单击拾取一个基准点后,如图 4-72(b)所示,向右移动光标并在合适的位置单击完成复制。

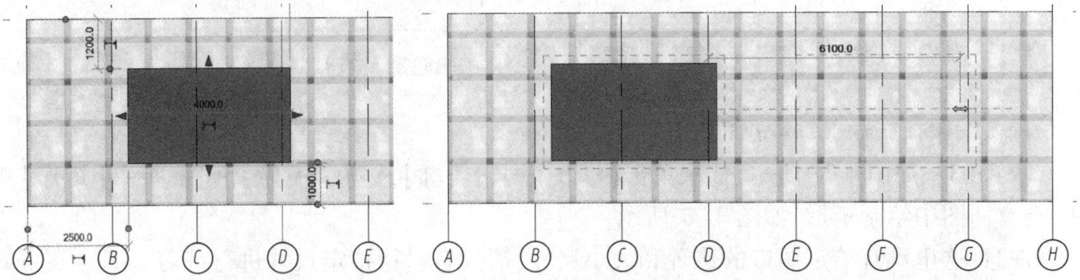

(a) 选中洞口　　(b) 复制洞口

图 4-72　复制洞口

切换视图进行观察,结果如图 4-73 所示。

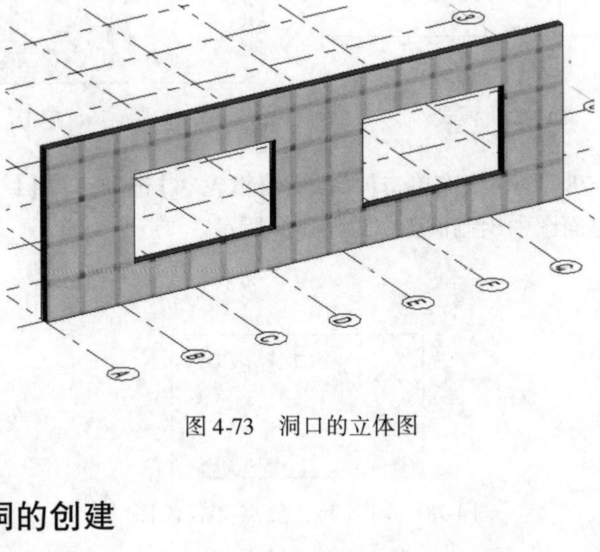

图 4-73　洞口的立体图

4.5.2　复杂墙洞的创建

当墙体洞口的形状较复杂时,可用下面的方法完成洞口创建。

步骤 01　将视图切换到东立面图。

步骤 02　如图 4-74 所示，在绘图区用鼠标左键选中墙体，然后依次单击【修改 | 墙】选项卡→【模式】面板→【编辑轮廓】按钮。

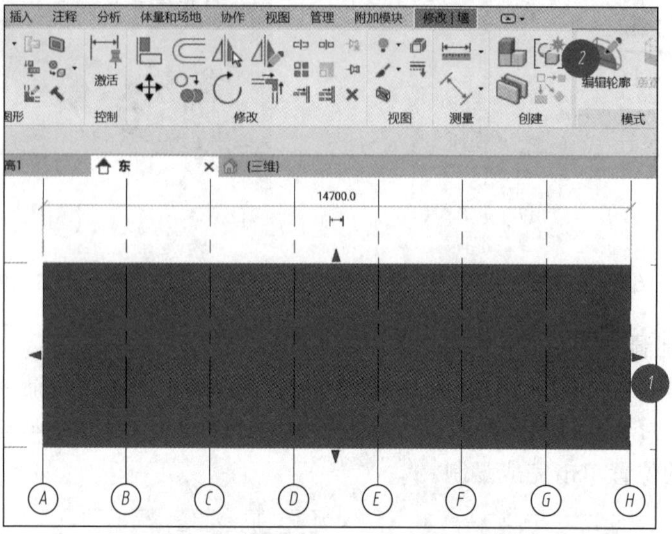

图 4-74　选中墙体并单击【编辑轮廓】按钮

进入编辑模式后，墙体立面如图 4-75 所示。

步骤 03　如图 4-76 所示，依次单击【修改 | 编辑轮廓】选项卡→【绘制】面板→【矩形】按钮，在立面图中绘制矩形，如图 4-77 所示。

注意：这里没有给定洞口的位置和大小尺寸，请读者自行拟定尺寸进行练习。

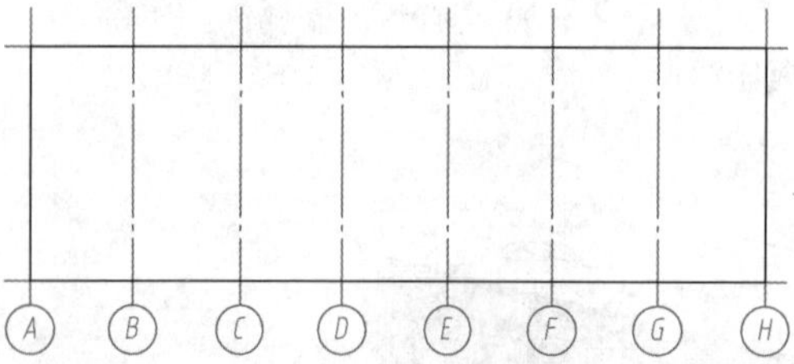

图 4-75　墙体编辑模式

图 4-76　单击【矩形】命令

步骤 04　如图 4-78 所示，依次单击【修改 | 编辑轮廓】选项卡→【绘制】面板→【起点-终点-半径弧】按钮，在立面图中绘制圆弧，如图 4-79 所示。

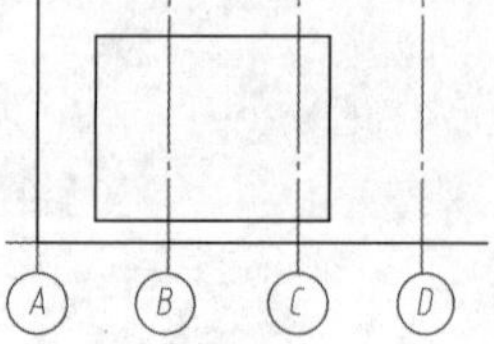

图 4-77　绘制矩形

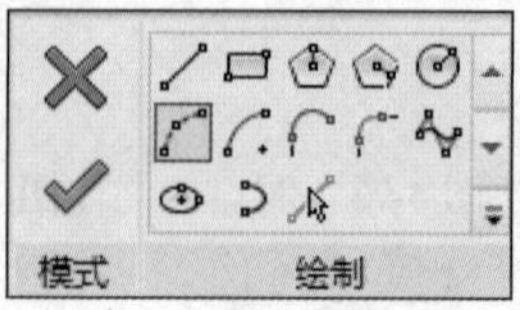

图 4-78　单击【起点-终点-半径弧】命令

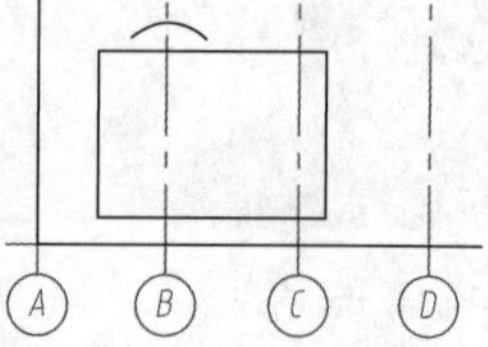

图 4-79　绘制圆弧

步骤 05　用同样的方法启动【线】命令，拾取矩形左上角点后，移动鼠标到圆弧左端并捕捉切点。切线绘制结束后，结果如图 4-80 所示。

步骤 06　修剪切线。

如图 4-81 所示,依次单击【修改 | 编辑轮廓】选项卡→【修改】面板→【修剪/延伸单个图元】按钮。

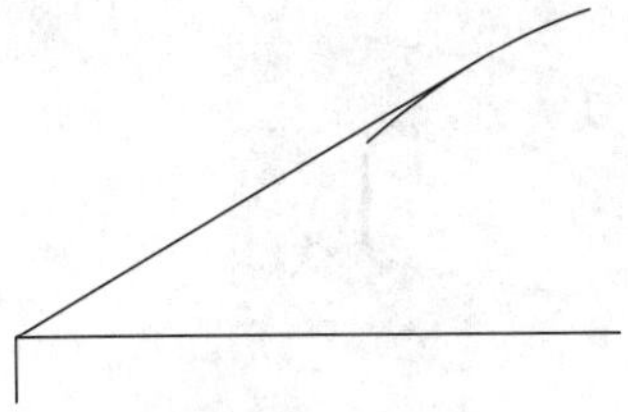

图 4-80　绘制切线

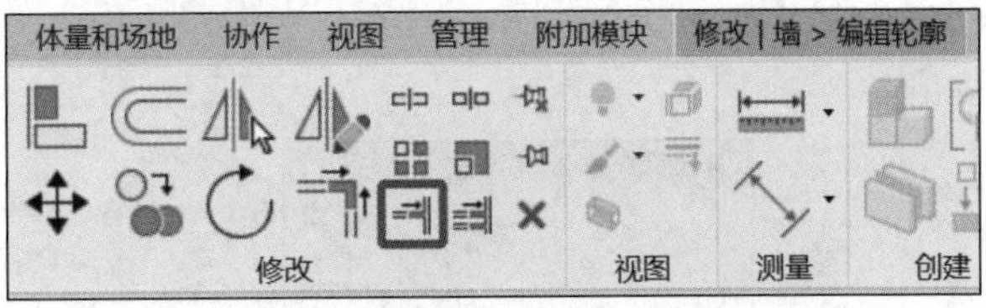

图 4-81　单击【修剪/延伸单个图元】按钮

启动命令后,首先选择剪切边界,如图 4-82(a)所示,然后选择要保留的圆弧段,如图 4-82(b)所示,修剪之后的结果如图 4-82(c)所示。

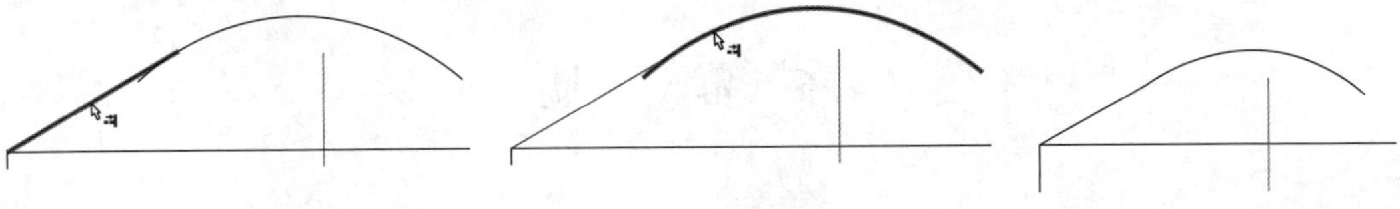

(a) 单击拾取切线　(b) 单击拾取圆弧　(c) 修剪结果

图 4-82　修剪切线

步骤 07　镜像图元。

如图 4-83 所示,用窗口的方式选择直线段和圆弧,然后依次单击【修改 | 编辑轮廓】选项卡→【修改】面板→【镜像-绘制轴】按钮,如图 4-84 所示。

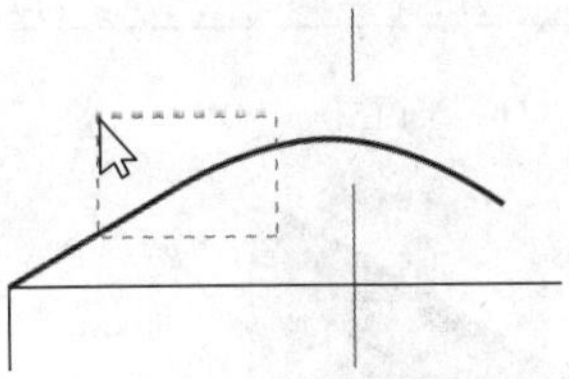

图 4-83　选择对象

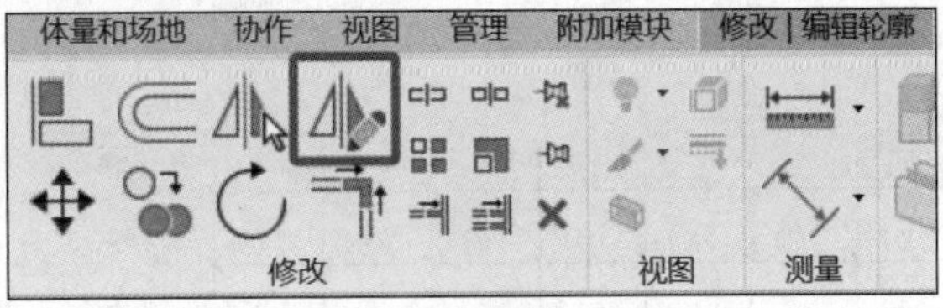

图 4-84　单击【镜像 - 绘制轴】按钮

以这种方式镜像图形时需绘制镜像线,如图 4-85(a)所示,依次单击矩形上、下边的中点。镜像结束后,结果如图 4-85(b)所示。

步骤 08　添加和删除图线,完成洞口绘制。

用直线连接圆弧的端点,结果如图 4-85(c)所示。最后删除矩形的上边线,形成洞口的最终形状如图 4-85(d)所示。

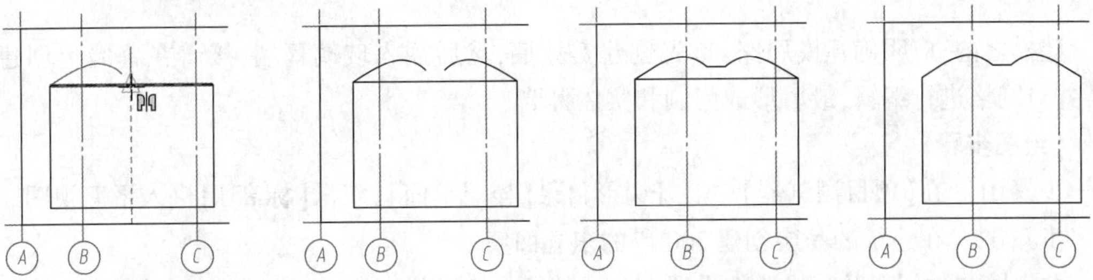

(a) 指定镜像线　(b) 镜像结果　(c) 连接圆弧　(d) 删除直线

图 4-85　绘制洞口

步骤 09　如图 4-86 所示,依次单击【修改 | 编辑轮廓】选项卡→【模式】面板→【完成编辑模式】按钮,完成墙体轮廓编辑。

步骤 10　将视图切换到三维空间,则墙体洞口的效果如图 4-87 所示。

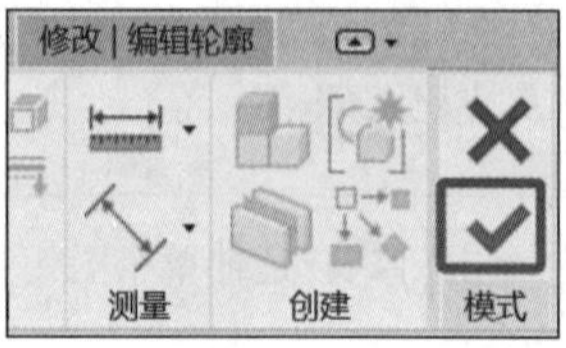

图 4-86　单击【完成编辑模式】按钮

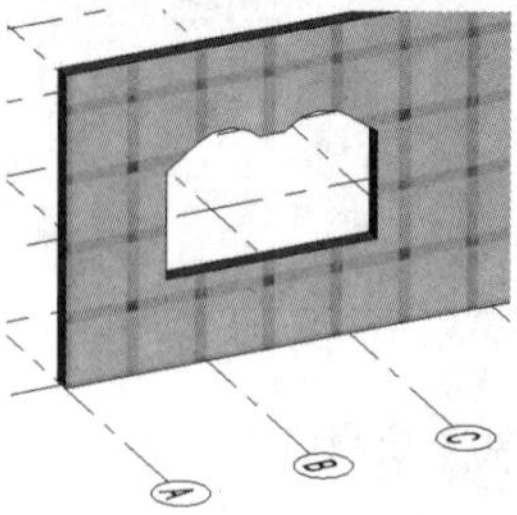

图 4-87　洞口立体图

4.6 幕　　墙

幕墙是建筑物的外墙围护,不承受主体结构荷载。由于其像幕布一样挂上去,也称为悬挂墙、幕墙,常在大型或高层建筑起装饰效果。

【例题 1】在建筑东立面图中创建图 4-88 所示的幕墙(网格尺寸自拟)。

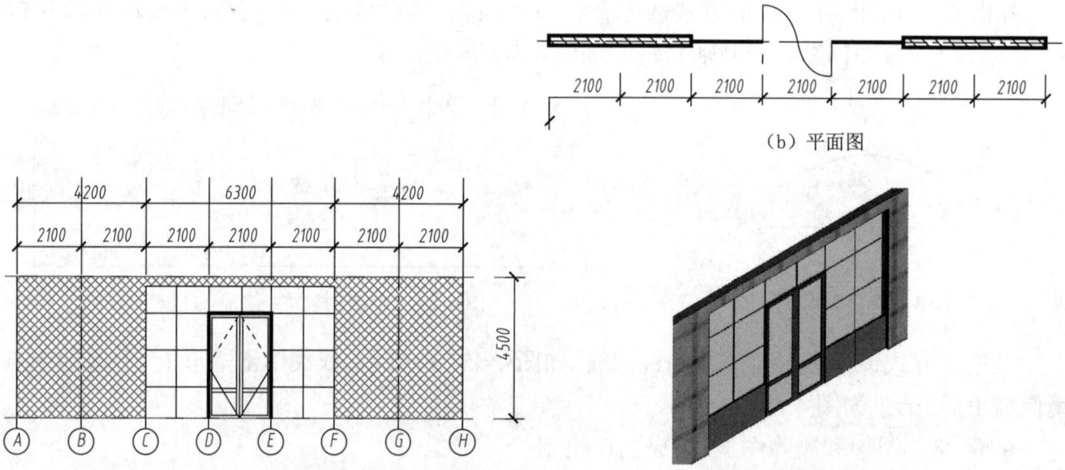

(b) 平面图

(a) 东立面图

(c) 幕墙立体图

图 4-88　幕墙示例

建模之前,应明确建模思路:首先创建实体墙,然后插入玻璃幕墙,接着在幕墙上创建网格,并对网格进行编辑,最后形成门洞和实体幕墙。

【绘图步骤】

步骤 01　在【项目浏览器】中展开树形目录【楼层平面】,双击【标高 1】进入平面视图。

步骤 02　在建筑的一层创建 200 厚的东立面墙。

关于墙体的创建及其材质的设置在前面的篇幅中已经有所讲述,请读者自行参阅,此处不再详述。下面开始创建幕墙。

步骤 03　创建幕墙。

如图 4-89 所示，依次单击【建筑】选项卡→【构建】面板→【墙】下拉列表中的【墙：建筑】按钮，然后在【属性】面板中选择【幕墙】选项，如图 4-90 所示。

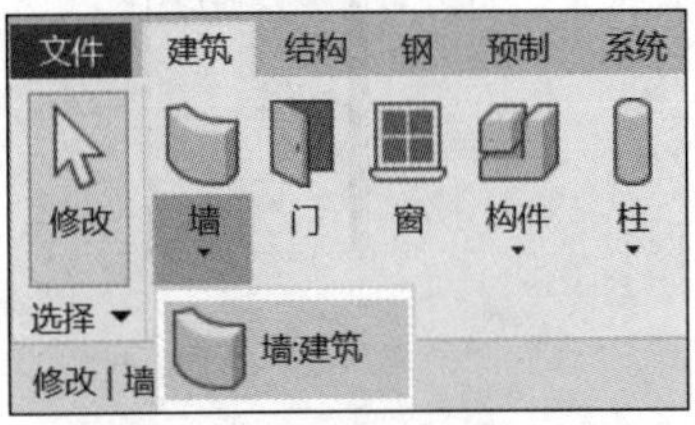

图 4-89　单击【墙：建筑】按钮

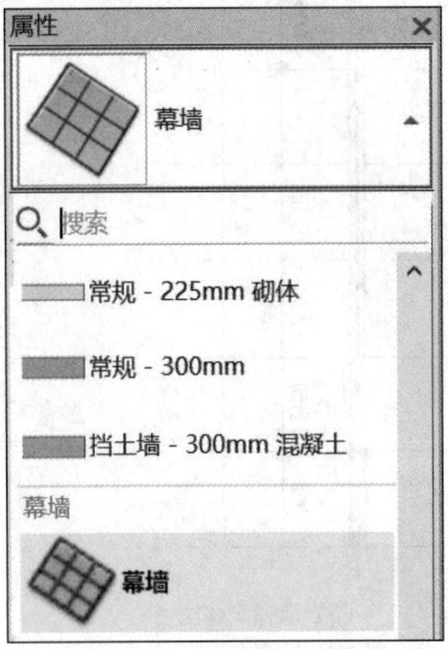

图 4-90　选择【幕墙】

回到绘图区，在 C ~ F 轴线之间绘制幕墙，如图 4-91 所示。绘制结束后，系统弹出一个警告窗口，通知用户有两面墙处于重叠状态。

为了处理幕墙所在位置的实体墙，应用剪切命令进行修剪。

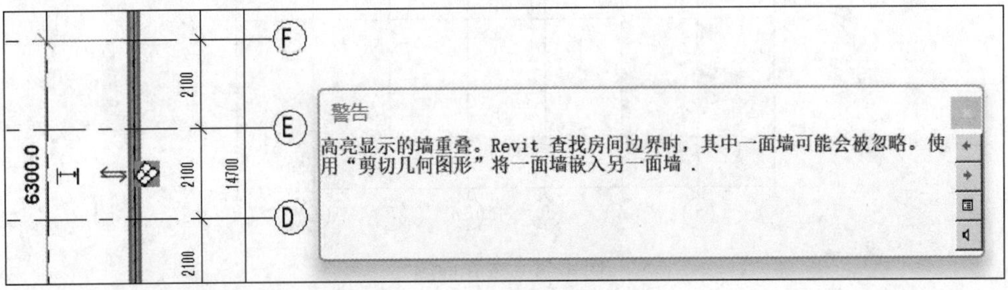

图 4-91　创建幕墙

步骤 04　修剪实体墙。

如图 4-92 所示，依次单击【修改】选项卡→【几何图形】面板→【剪切】按钮。

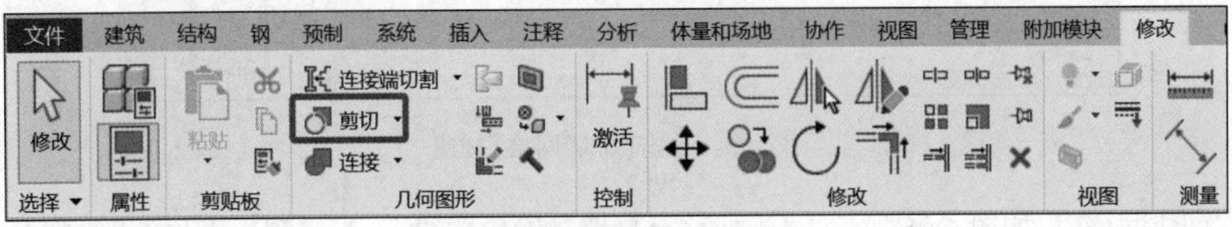

图 4-92　单击【剪切】按钮

命令启动后，首先如图 4-93(a)所示选择实体墙，然后如图 4-93(b)所示选择幕墙，修剪结果如图 4-93(c)所示。

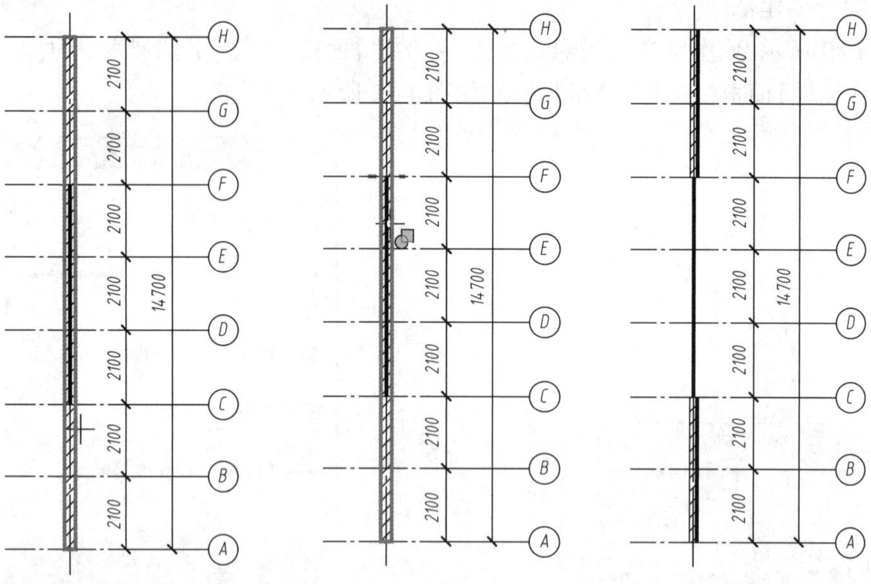

（a）选择实体墙　（b）选择幕墙　（c）修剪结束

图 4-93　修剪实体墙

步骤 05　创建幕墙网格。

在【项目浏览器】中展开【立面(建筑立面)】,双击【东】按钮,则东立面图如图 4-94 所示,中间空白部分为幕墙。读者可切换至三维空间查看效果。

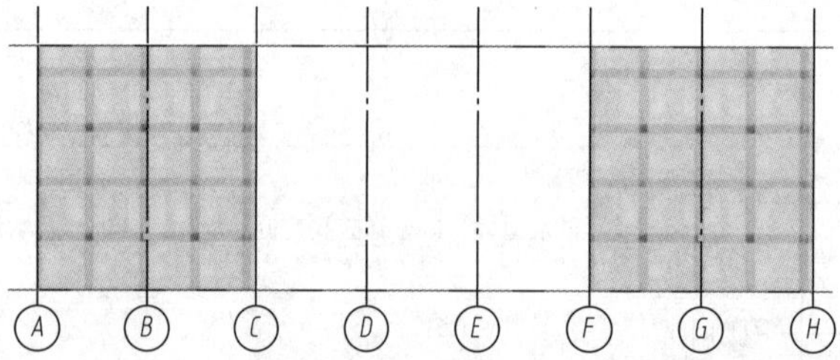

图 4-94　东立面图

如图 4-95 所示,依次单击【修改】选项卡→【构建】面板→【幕墙网格】按钮。

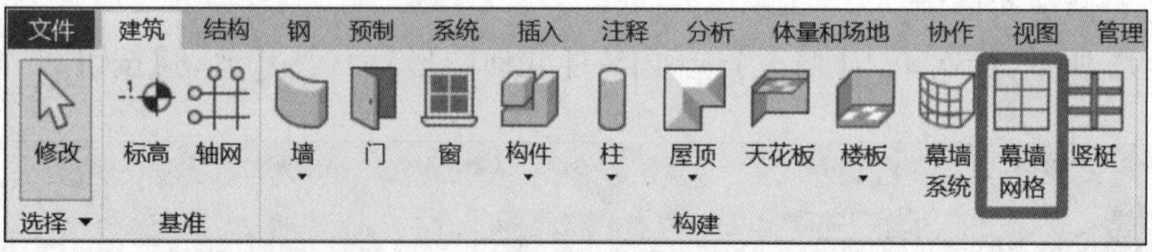

图 4-95　单击【幕墙网格】按钮

创建网格时,如图 4-96 所示,将光标移至幕墙边缘轮廓线上,当出现一条虚线时,单击,则系统将创建垂直于该边缘轮廓线的网格线。

其他网格线的创建方法相同。请读者按照图 4-97 中的编号顺序完成其他网格线的创建。

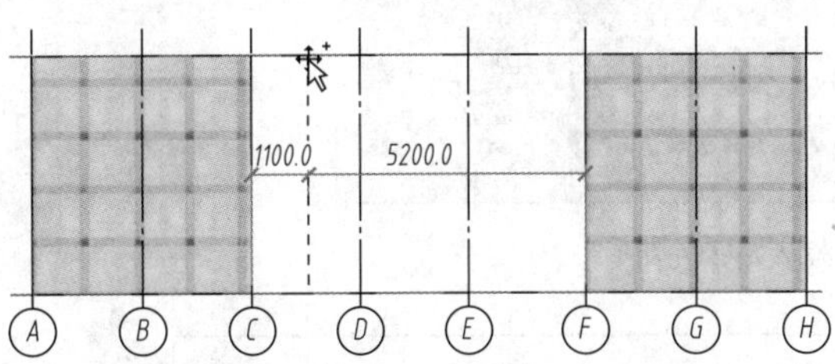

图 4-96　创建幕墙网格线

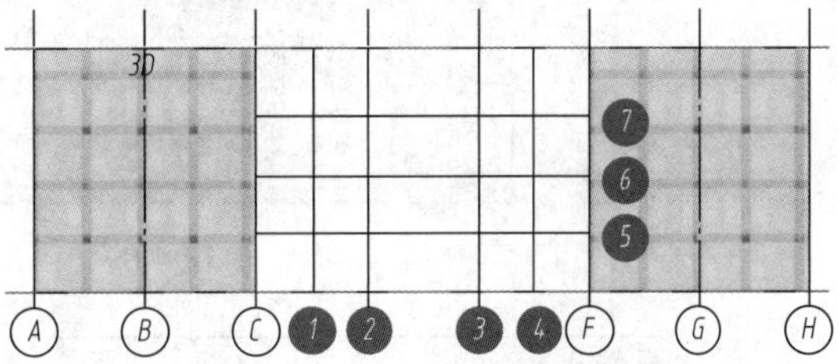

图 4-97　按顺序创建幕墙网格

步骤 06　修改幕墙网格,形成门洞外轮廓。

在幕墙中间创建门洞时,应将门洞范围内的两段网格线删除。

如图 4-98(a)所示,单击第三条水平方向的网格线;然后依次单击【修改 | 幕墙网格】选项卡→【幕墙网格】面板→【添加/删除线段】按钮,如图 4-98(b)所示;接着单击所选网格线上要删除的线段,结果如图 4-98(c)所示。完成修剪后的结果如图 4-98(d)所示。

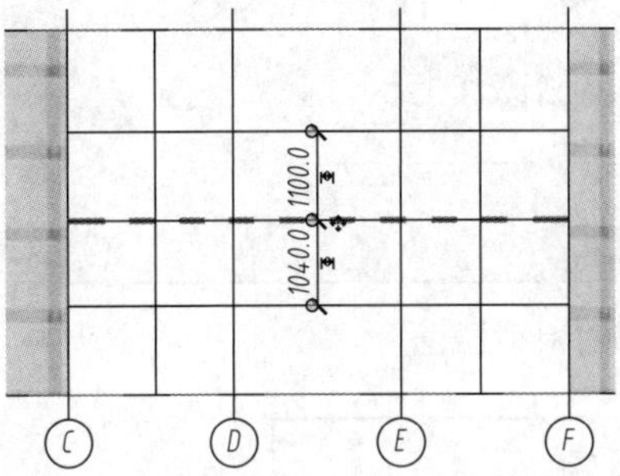

(a) 选择网格线

(b) 单击【添加/删除线段】按钮

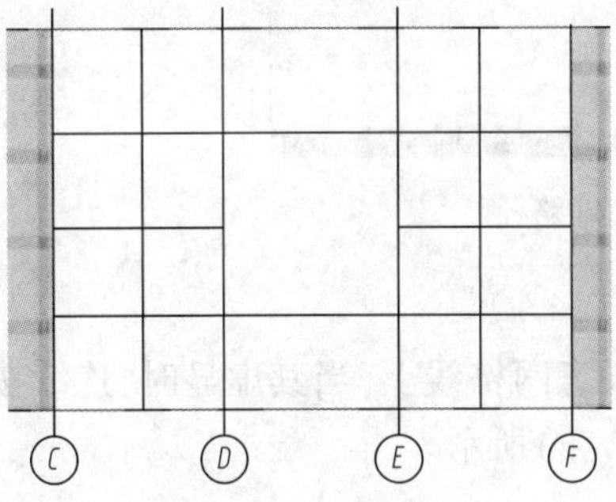

(c) 删除线段

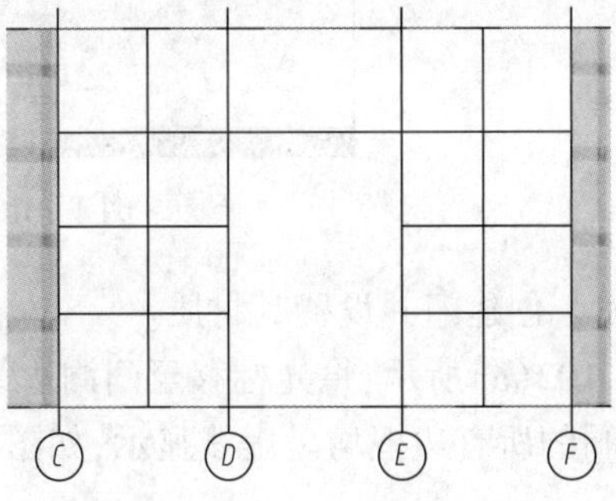

(d) 最终结果

图 4-98　修改幕墙网格线

步骤 07　载入幕墙门窗嵌板族文件。

在幕墙中创建门窗时,可通过载入幕墙门窗嵌板族文件的方法来实现。首先应载入族文件,方法如下:如图 4-99 所示,依次单击【插入】选项卡→【从库中载入】面板→【载入族】按钮,弹出图 4-100 所示的【载入族】对话框后,按照图 4-101 所示的路径选择【门嵌板_70－100 系列双扇地弹铝门】并双击载入。

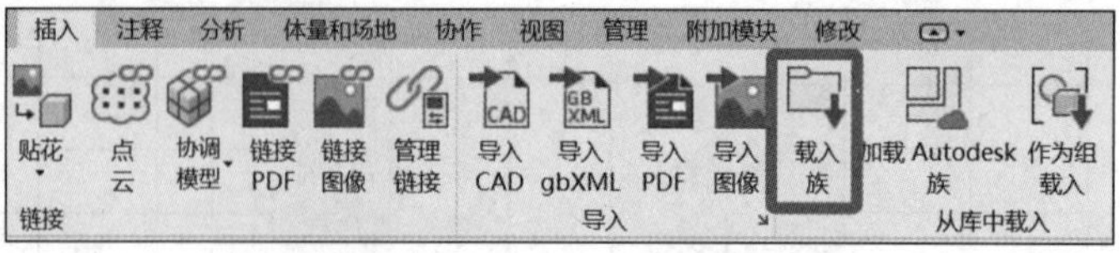

图 4-99　单击【载入族】按钮

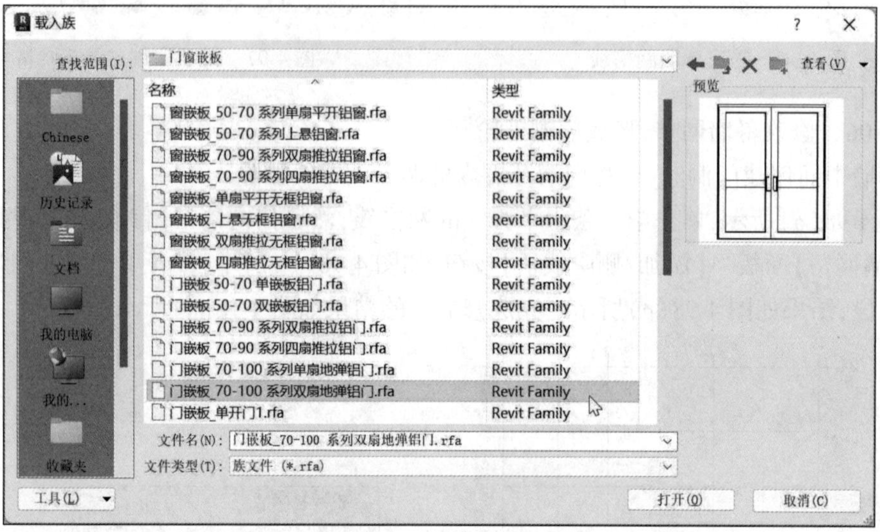

图 4-100　【载入族】对话框

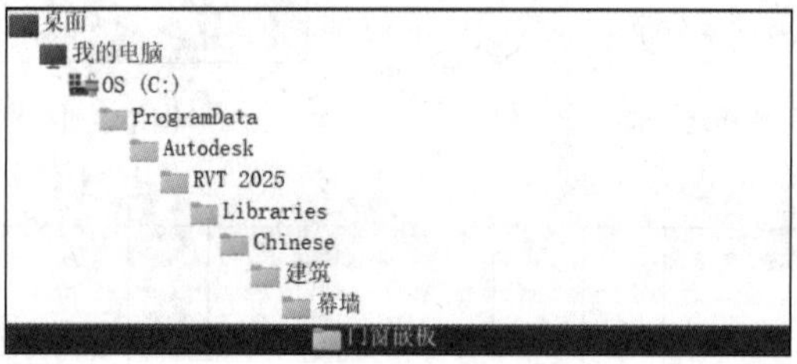

图 4-101　族文件路径

步骤 08　创建门并设置其材质。

如图 4-102(a)所示,将光标移至门洞边缘的任意网格线上,当其虚显时,连续按下【TAB】键,直到门洞的所有边框均呈虚线显示,如图 4-102(b)所示。

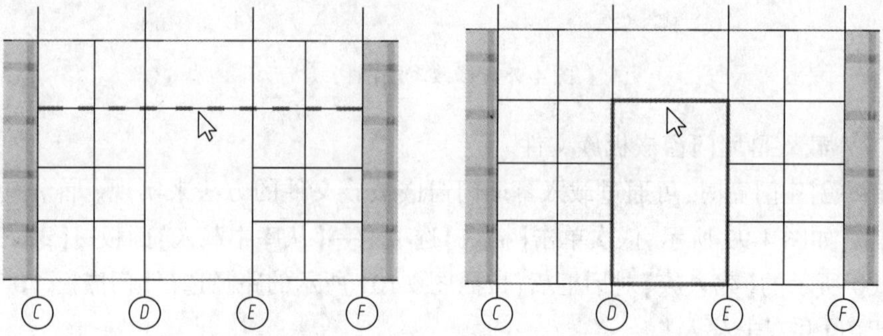

(a) 选择网格线　　(b) 选择门洞

图 4-102　选择门洞

然后单击选中门洞，将【属性】面板中的类型名设置为【门嵌板_70-100 系列双扇地弹铝门 70 系列有横档】，如图 4-103 所示。之后单击【编辑类型】按钮，在弹出的对话框中将【门嵌板框架材质】设置为【窗扇】，单击【确定】按钮关闭对话框。

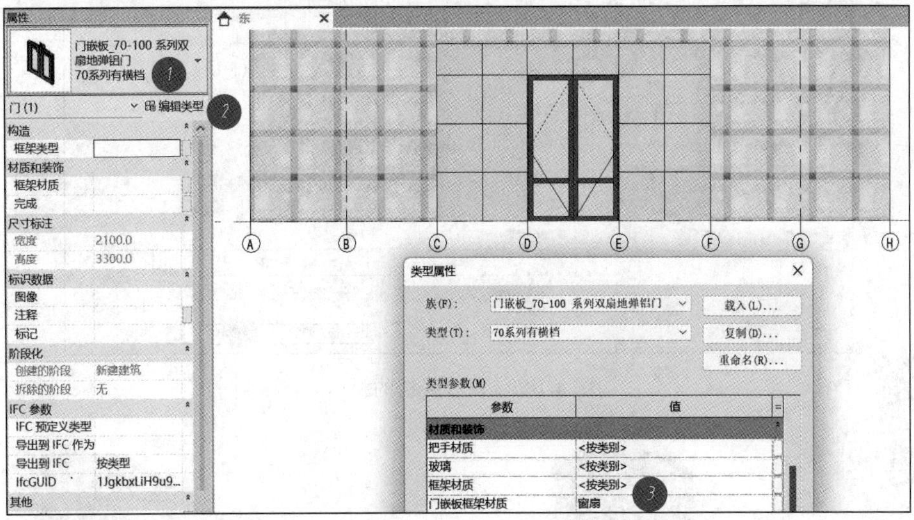

图 4-103　设置门的参数

步骤 09　设置幕墙嵌板的材质。

选择幕墙下边缘的四块嵌板，然后设置其材质。将光标移至嵌板的任意一条边缘线上，当其虚显时，连续按下【TAB】键，直到该嵌板的所有边框均呈虚线显示。此时，右击，弹出图 4-104 所示的快捷菜单时，依次选择【选择嵌板】→【沿着水平网格】选项，则选择结果如图 4-105 所示。

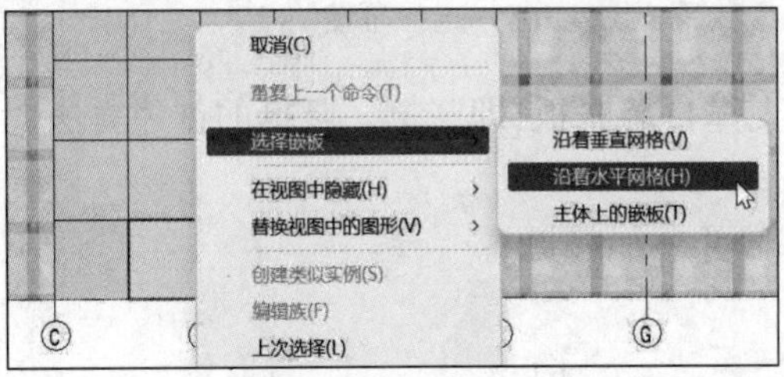

图 4-104　选择嵌板

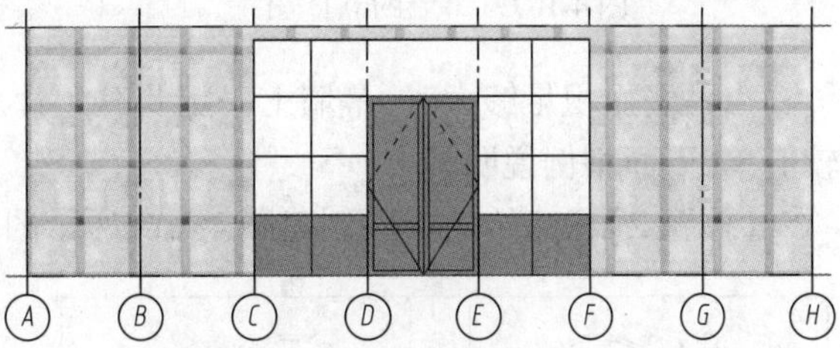

图 4-105　选择所有水平网格

为了从选择集中去掉门洞网格，请按下【shift】键的同时单击门洞。

选择结束后，在【属性】面板中将类型名称设置为【系统嵌板实体】，然后单击【编辑类型】按钮，在弹出的对话框中将【材质】设置为【胶合板面层】，如图 4-106 所示。最后单击【确定】按钮关闭对话框，完成幕墙嵌板的设置。

切换到三维视图，幕墙如图 4-107 所示。

步骤 10　调整幕墙的尺寸。

如图 4-108 所示，单击幕墙，在幕墙的四周将出现 4 个箭头。单击箭头并向下拖动一段距离完成幕墙尺寸调整，结果如图 4-88(c)所示。

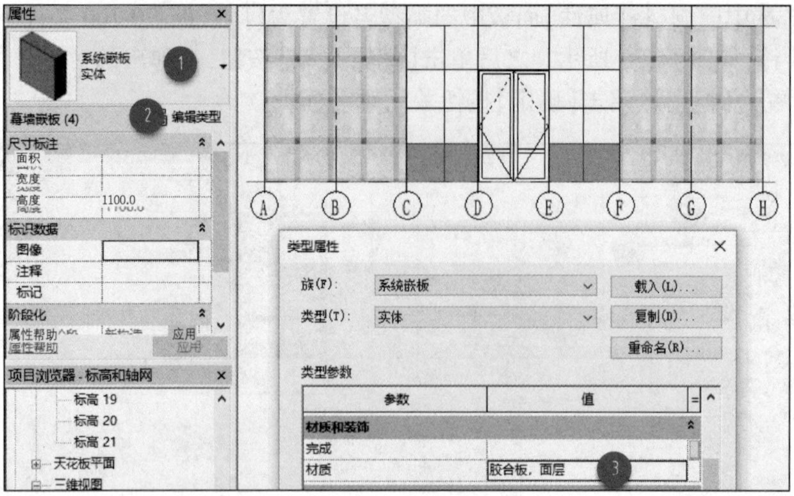

图 4-106　设置嵌板的材质

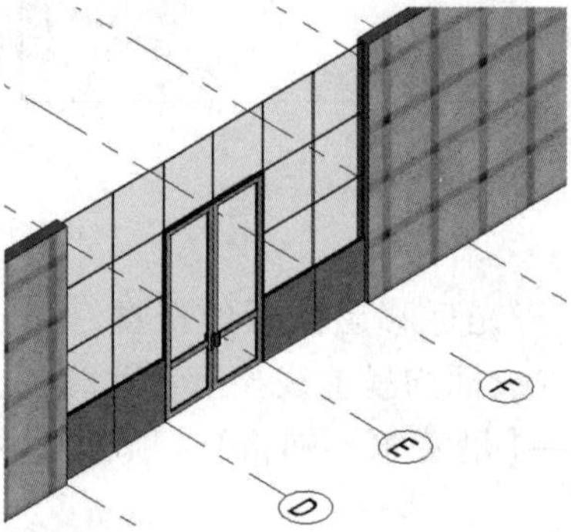

图 4-107　幕墙的立体图

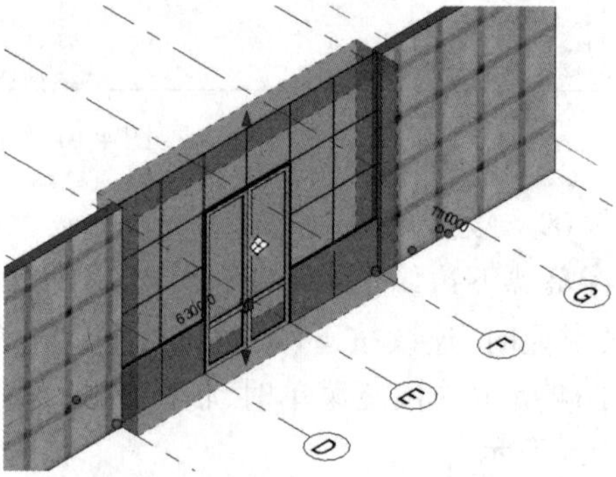

图 4-108　选择幕墙

当幕墙面积足够大时，幕墙上一定要有龙骨来支撑幕墙嵌板，即竖挺。竖挺的创建方法比较简单，下面举例说明。

【例题 2】在建筑的一层创建图 4-109 所示的幕墙并添加竖挺。

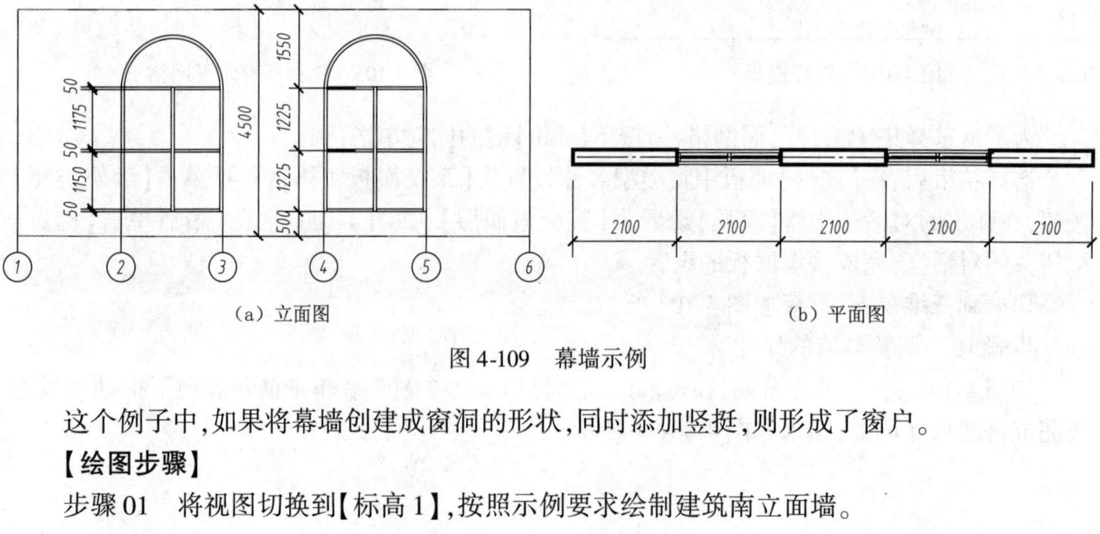

（a）立面图　　（b）平面图

图 4-109　幕墙示例

这个例子中，如果将幕墙创建成窗洞的形状，同时添加竖挺，则形成了窗户。

【绘图步骤】

步骤 01　将视图切换到【标高 1】，按照示例要求绘制建筑南立面墙。

步骤 02　在南立面墙内创建两个 2100 × 2450 的幕墙。

启动墙体创建命令并在属性类型中选择【幕墙】。

如图 4-110 所示，在选项栏中设定幕墙的【高度】状态为【未连接】、高度值为 2450。

在【属性】面板中，将【底部约束】设为【标高 1】，【底部偏移】设置为 500，使幕墙在离标高 1 平面以上 500 处开始绘制。

设置结束后，在平面图中创建两块幕墙，如图 4-110 所示。图 4-111 所示为幕墙的立面图。

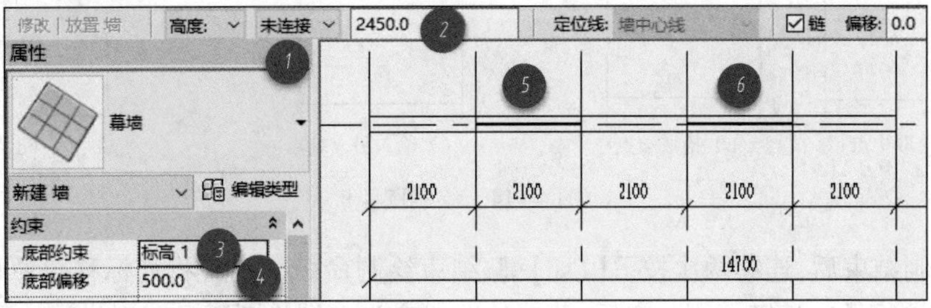

图 4-110　创建幕墙

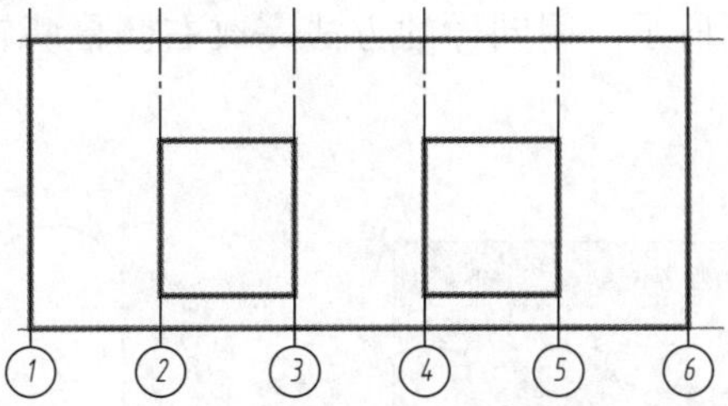

图 4-111　幕墙立面图

步骤 03　修改幕墙立面图。

如图 4-112 所示，选中幕墙后，依次单击【修改 | 墙】选项卡→【模式】面板→【编辑轮廓】按钮。进入轮廓编辑模式后，依次单击【修改 | 墙 > 编辑轮廓】选项卡→【绘制】面板→【圆心 - 端点弧】按钮，如图 4-113 所示。

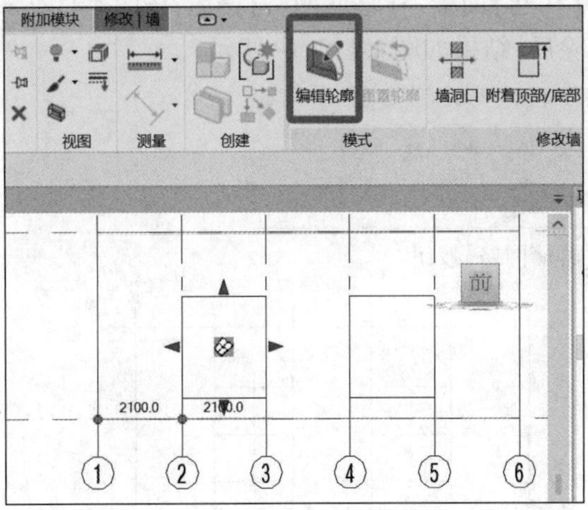

图 4-112　单击【编辑轮廓】按钮

图 4-113　单击【圆心-端点弧】按钮

如图 4-114(a)所示，首先拾取幕墙上边线的中点并单击以确定圆心；然后如图 4-114(b)所示，拾取端点并单击；最后如图 4-114(c)所示，拾取并输入另一个端点。

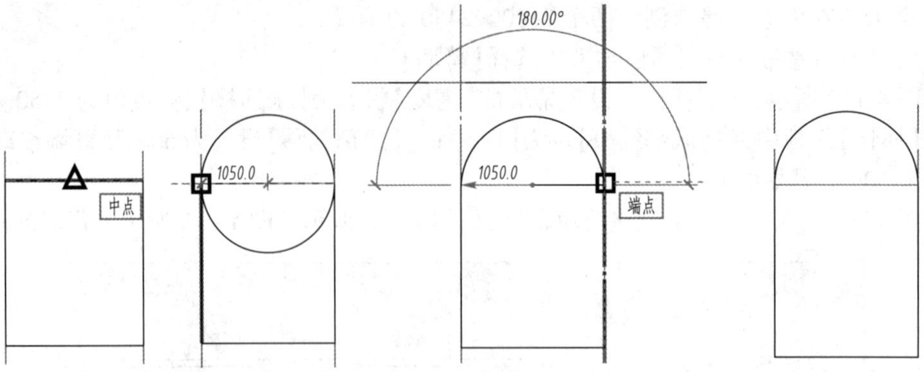

（a）拾取中点　（b）拾取端点　（c）输入另一端点　（d）

图 4-114　绘制圆弧

圆弧绘制结束后，连续两次按下【Esc】键，结束绘制命令。接着将光标移至原幕墙上边线并单击，然后按下【Del】键。删除之后，幕墙轮廓线变为上端为圆弧且四周封闭的形状。

最后，依次单击【修改 | 编辑轮廓】选项卡→【模式】面板→【完成编辑模式】按钮完成左侧幕墙的轮廓编辑，如图 4-115 所示。用同样的方法完成右侧幕墙轮廓的编辑，结果如图 4-116 所示。

图 4-115　单击【完成编辑模式】按钮

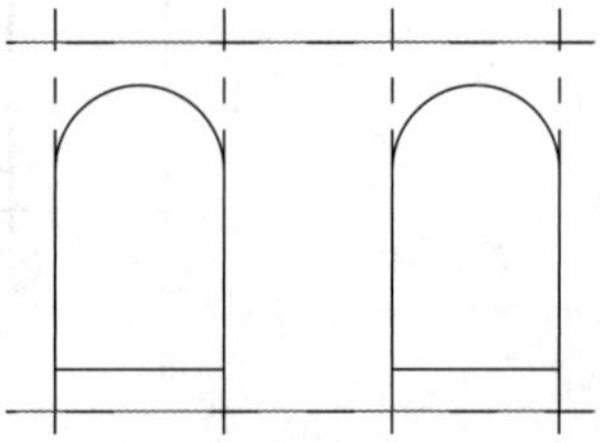

图 4-116　修改后的幕墙轮廓

当然，读者也可利用【复制】命令进行快速创建，详细步骤从略。

步骤 04　添加幕墙网格。

如图 4-117 所示，依次单击【建筑】选项卡→【构建】面板→【幕墙网格】按钮，按图 4-118（a）所示创建幕墙网格。将幕墙顶部两段网格线删除后，结果如图 4-118（b）所示。

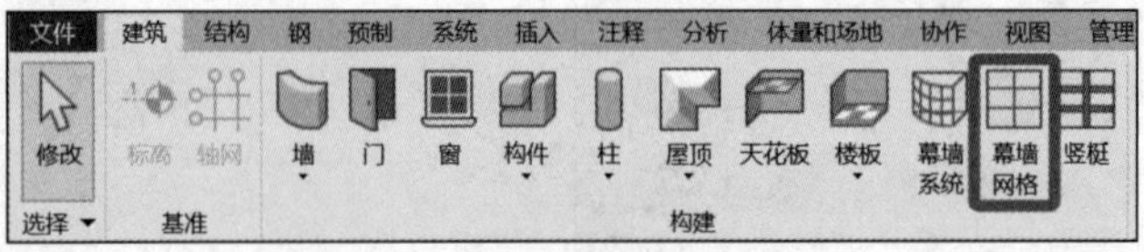

图 4-117　单击【幕墙网格】按钮

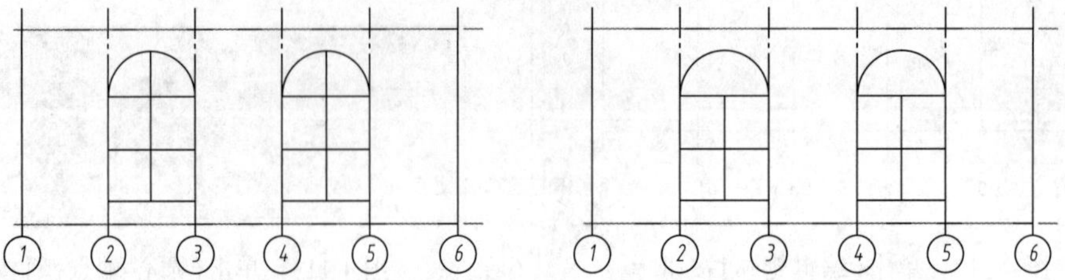

（a）创建网格　（b）编辑后的网格

图 4-118　绘制圆弧

详细步骤从略，读者可参阅[例题 1]中的方法。

步骤 05　添加竖挺。

如图 4-119 所示，依次单击【建筑】选项卡→【构建】面板→【竖挺】按钮；接着如图 4-120所示，依次单击【修改 | 放置 竖梃】选项卡→【放置】面板 →【全部网格线】按钮。

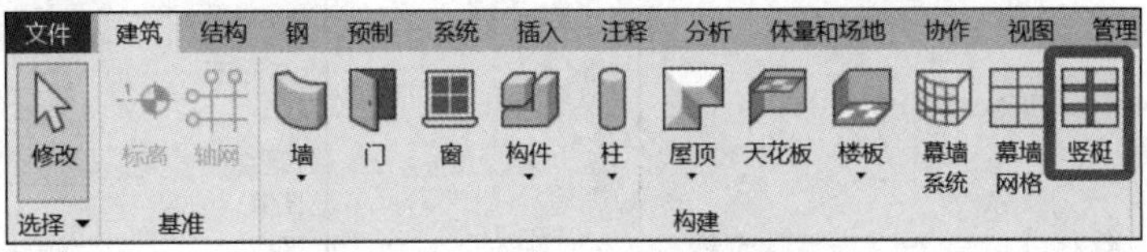

图 4-119　单击【竖梃】按钮

返回绘图区，单击选中所有网格，如图 4-121（a）所示。这时，系统将在所有网格处自动创建竖梃如图 4-121（b）所示。

图 4-120　单击【全部网格线】

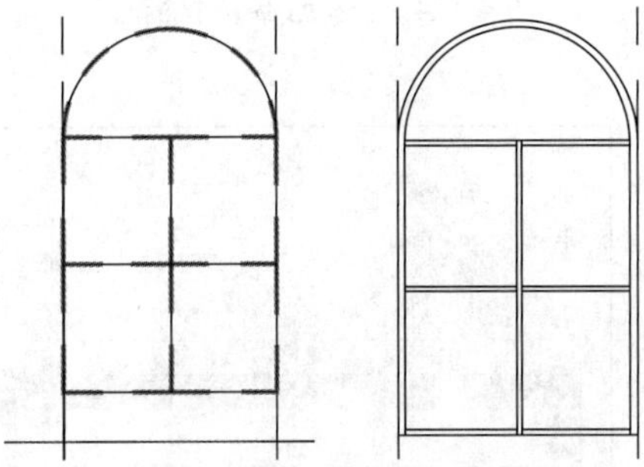

（a）选中网格　（b）创建竖梃

图 4-121　创建竖梃

右侧幕墙竖梃的创建方法是相同的，请读者自行完成。

步骤 06　设置竖挺的材质。

如图 4-122 所示，框选绘图区的幕墙，然后如图 4-123 所示依次单击【修改 | 选择多个】选项卡→【选择】面板→【过滤器】按钮。

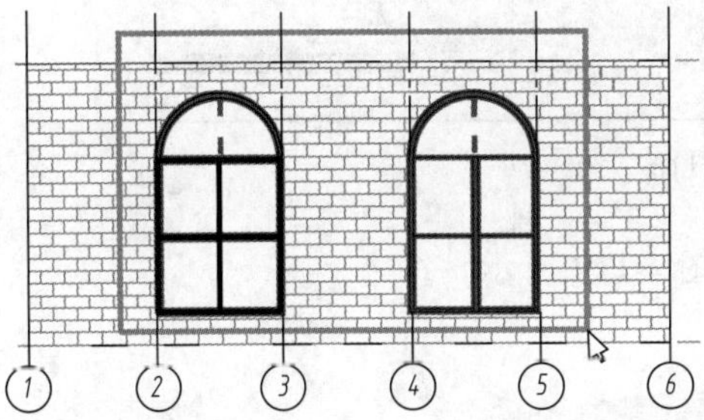

图 4-122　框选对象

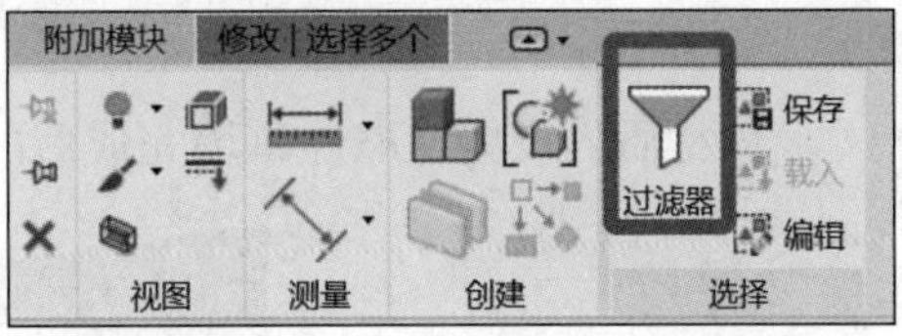

图 4-123　单击【过滤器】按钮

弹出图 4-124 所示的【过滤器】对话框后，选中【幕墙竖梃】前的复选框并单击【确定】按钮。

接着单击【属性】面板中的【编辑类型】按钮，如图 4-125 所示，弹出图 4-126 所示的对话框。将【材质】设置为【门-嵌板】并关闭所有对话框。

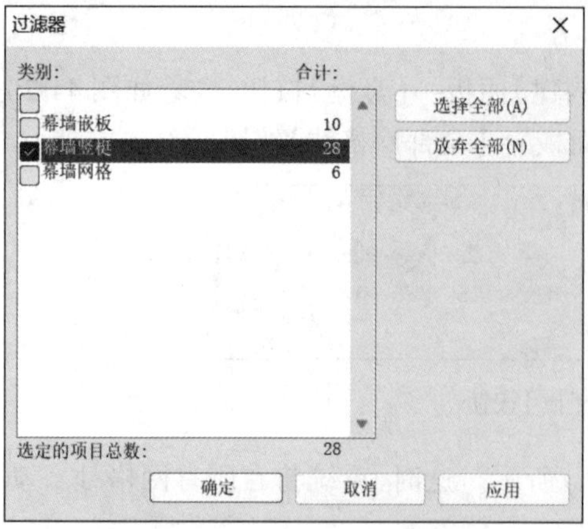

图 4-124 【过滤器】对话框

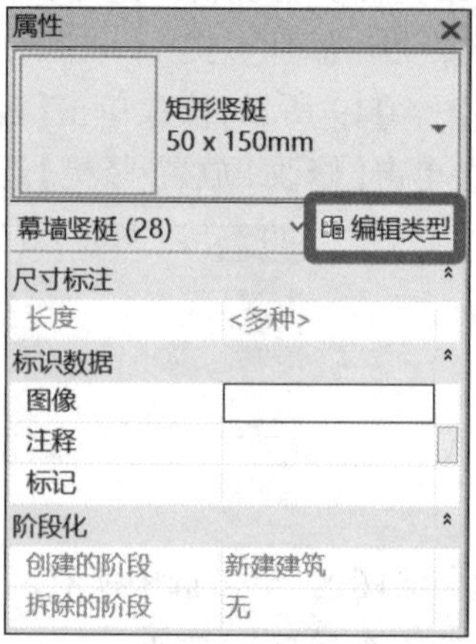

图 4-125 单击【编辑类型】对话框

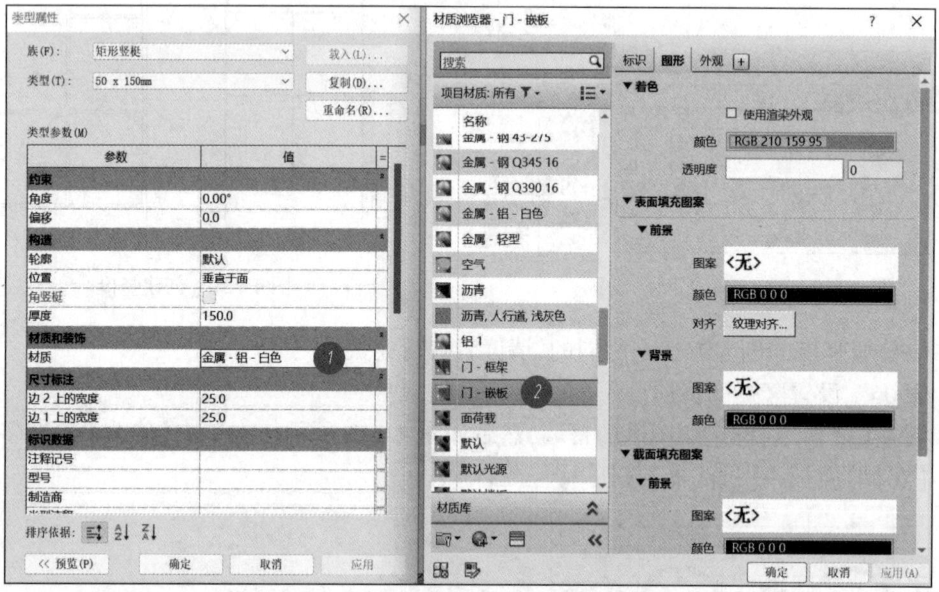

图 4-126 设置材质

墙体材质的设置从略。幕墙完成后的立体图如图 4-127 所示。

图 4-127 幕墙立体图

4.7　墙体的编辑

4.7.1　墙体连接

如图4-128所示,墙体转角为尖角,这在施工或使用中都不合理。为了使其变得更加平滑,应利用【墙连接】命令进行修改,方法如下:

如图4-129所示,依次单击【修改】选项卡→【图形】面板→【墙连接】按钮。

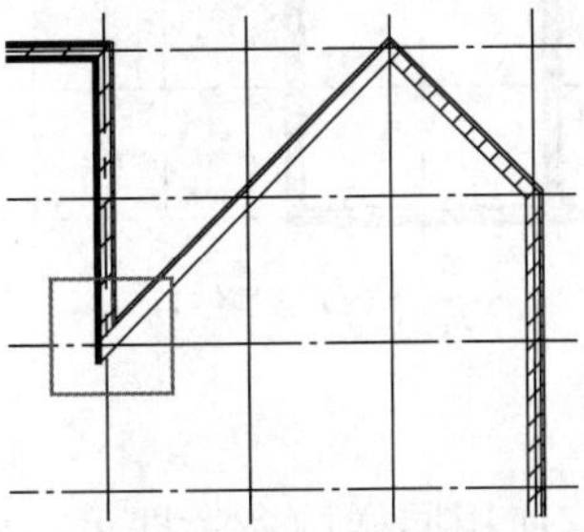

图4-128　墙体转角

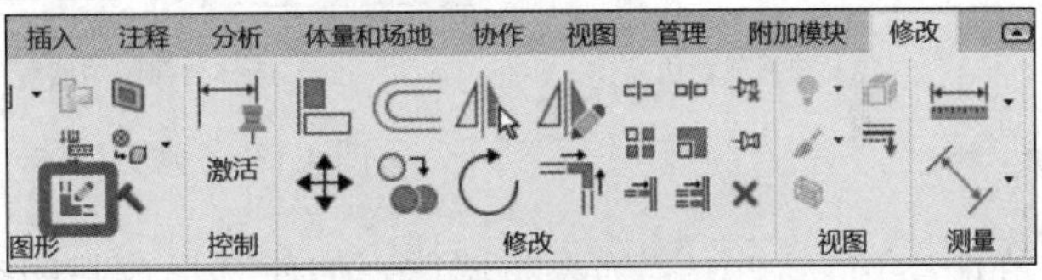

图4-129　单击【墙连接】按钮

返回绘图区,如图4-130所示,将光标移至墙体转角处,当出现方框时单击,这时在选项栏中出现了墙体转角连接方式。选择【方接】单选按钮后,可单击【上一个】或【下一个】按钮进一步设置转角形式。设置完成后,按下两次【Esc】键即可。

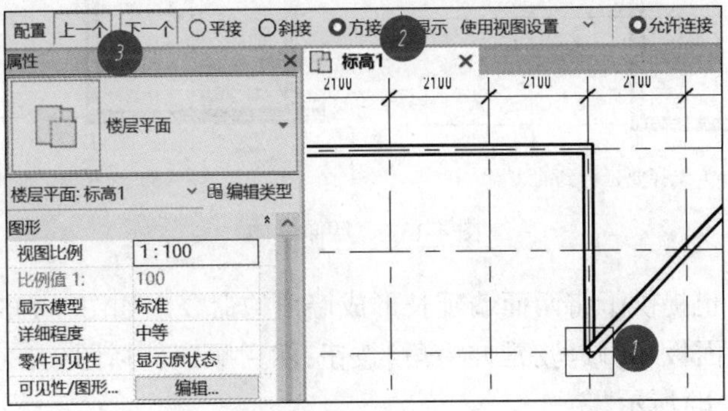

图4-130　转角编辑

4.7.2　墙体的修剪与延伸

类似于AutoCAD中二维编辑命令中的修剪和延伸命令,在Revit中,系统也提供了修剪和延伸命令,这些命令同样适用于三维墙体的编辑。

图4-131中标识的是一段需要修剪的墙体。为了完成剪切删除,请依次单击【修改】选项卡→【修改】面板→【修剪/延伸单个图元】按钮,如图4-132所示。

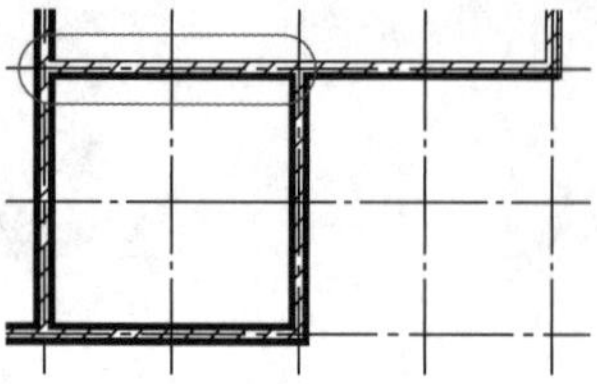

图 4-131　需要修剪的墙段

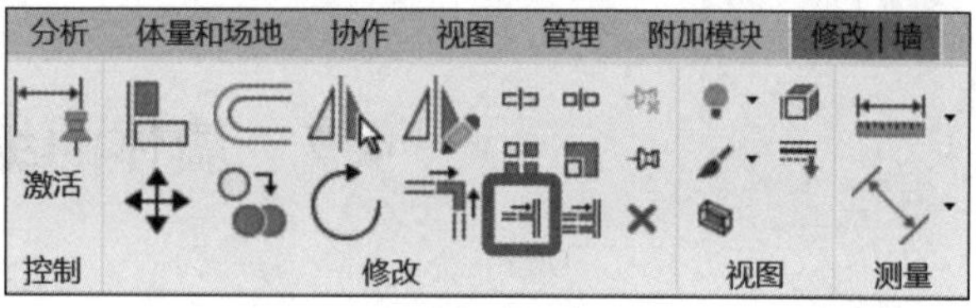

图 4-132　单击【修剪/延伸单个图元】按钮

命令启动后，首先选择剪切边界如图 4-133（a）所示，然后选择要保留的墙段，如图 4-133（b）所示。修剪结束后，结果如图 4-133（c）所示。

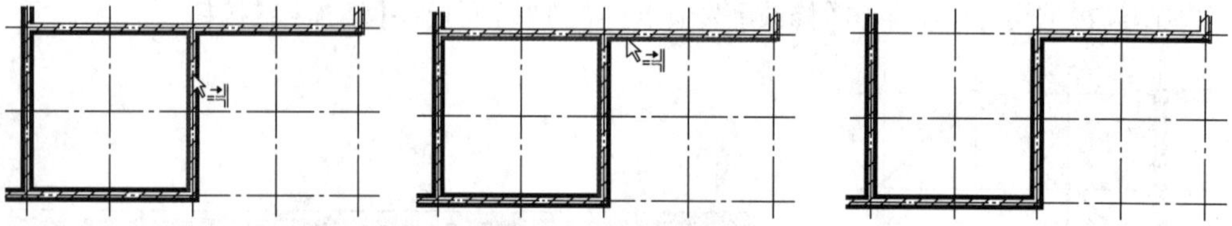

（a）选择剪切边界　（b）选择要保留的墙段　（c）修剪结果

图 4-133　修剪墙体

在图 4-134（a）中，当需要将墙体延伸使其形成封闭空间时，使用同样的命令即可。单击【修剪/延伸单个图元】按钮，如图 4-134（a）所示选择要延伸到的边界，然后选择要延伸的墙段，如图 4-134（b）所示；最后的结果如图 4-131 所示。

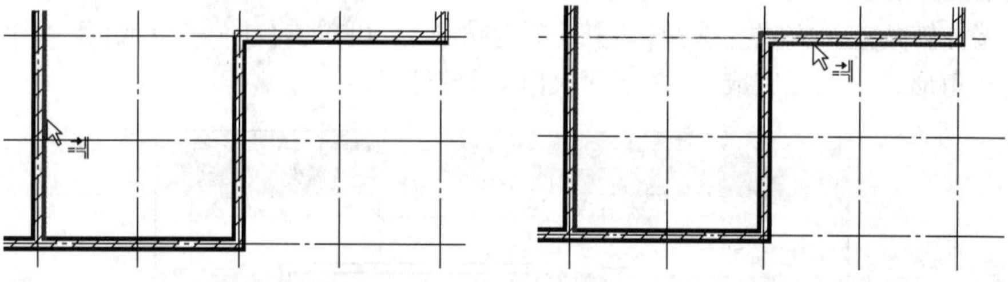

（a）选择要延伸到的边界　（b）选择要延伸的墙段

图 4-134　延伸墙体

除此之外，Revit 也提供了将两面墙延长形成墙角的命令。如图 4-135 所示，依次单击【修改】选项卡→【修改】面板→【修剪/延伸为角】按钮，然后顺序选择图 4-136（a）中的两面墙，则修改结果如图 4-136（b）所示。

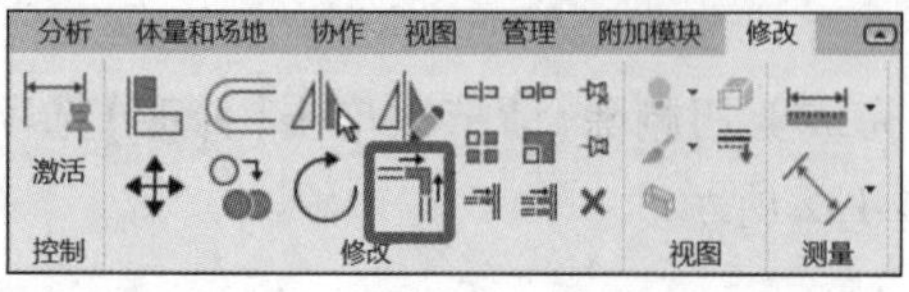

图 4-135　单击【修剪/延伸为角】按钮

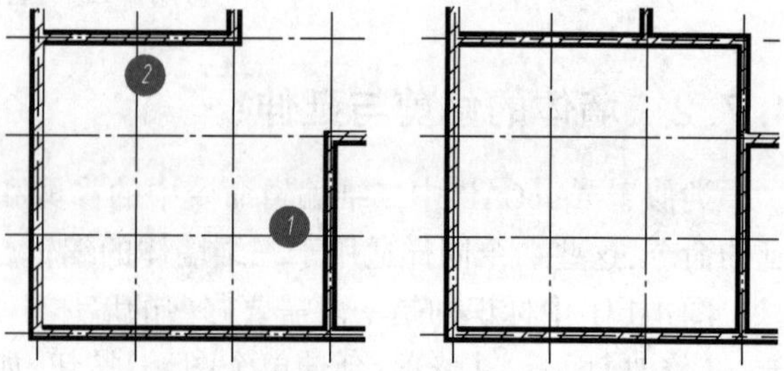

（a）选择要延伸的墙段　（b）延伸后的结果

图 4-136　延伸墙体为墙角

4.7.3　墙体的复制、平移和打断

以下是复制、平移和打断命令的用法。

复制图 4-137(a)中的墙体时，请先单击选中，如图 4-137(b)所示。然后依次单击【修改】选项卡→【修改】面板→【复制】按钮，如图 4-137(c)所示。

命令启动后，再次单击要复制的墙体并向左拖动，如图 4-137(d)所示。当给出复制的方向后，输入位移大小并按【Enter】键，则结果如图 4-137(e)所示。

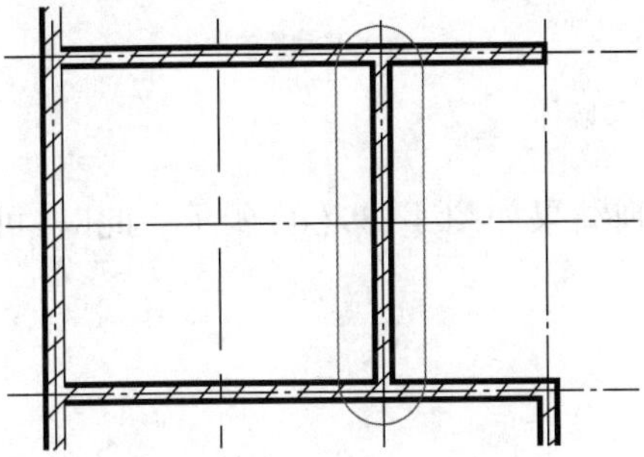

(a) 复制对象

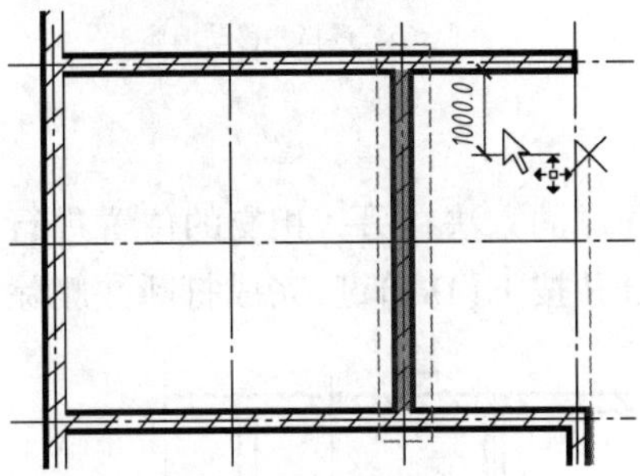

(b) 选择要复制的墙体

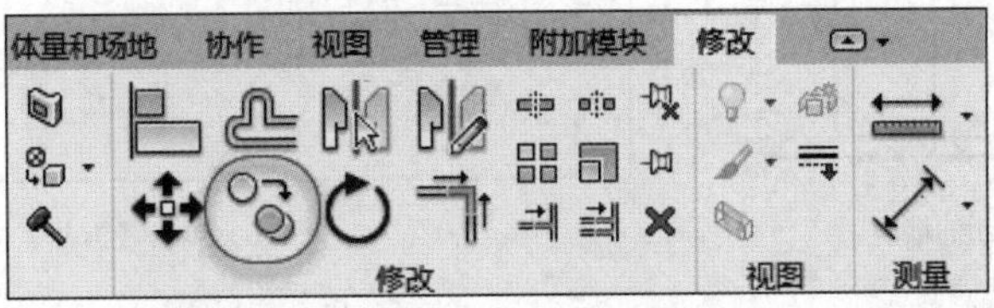

(c) 单击【复制】按钮

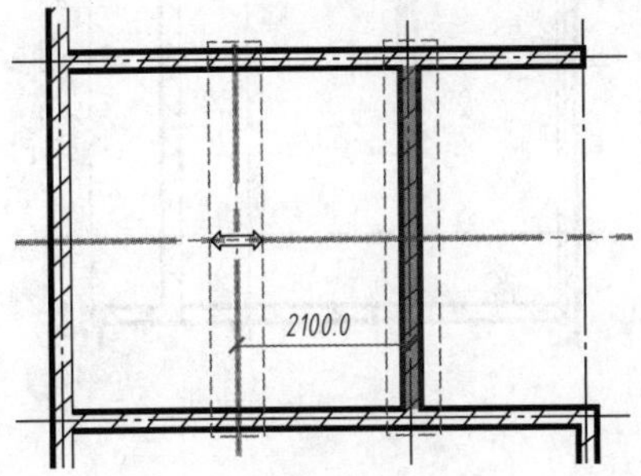

(d) 输入距离

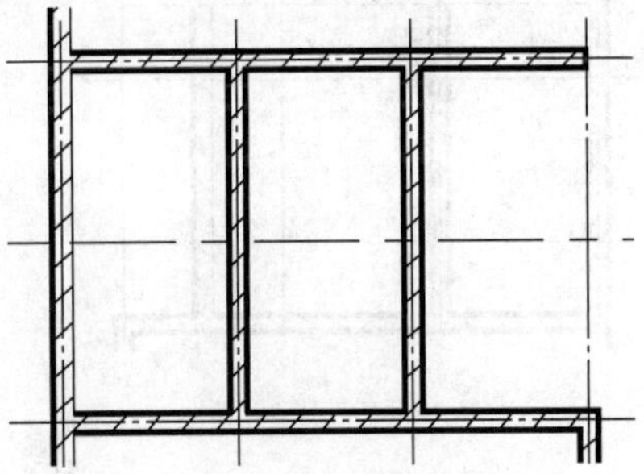

(e) 复制结果

图 4-137　复制墙体

平移命令的用法和复制是一样的，只要给出方向并输入移动距离即可，如图 4-138 所示。此处不再详述，请读者自行尝试。

打断命令用于将两段墙体之间的墙体断开。如图 4-139(a)所示，为了断开图中的一段墙体，应依次单击【修改】选项卡→【修改】面板→【拆分】按钮，启动断开命令，如图 4-139(b)所示。

然后将光标移至墙体相交处，当光标变为一把刻刀且出现断开符号时，单击，如图 4-139(c)所示。

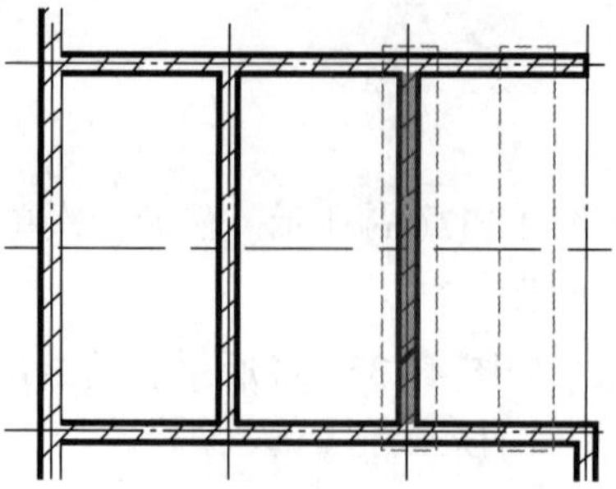

（a）选择并移动墙体

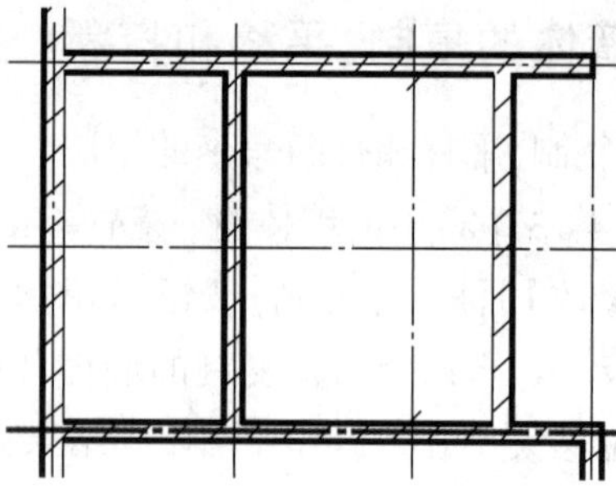

（b）移动后的墙体

图 4-138　平移墙体

用同样的方法在另一相交的位置进行打断，则结果如图 4-139（d）所示。此时，可单击断开的部分并按下【Del】键，完成打断并删除。

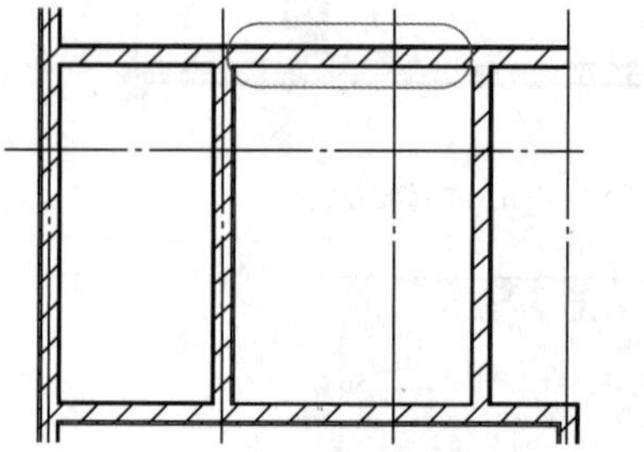

（a）要打断的墙段

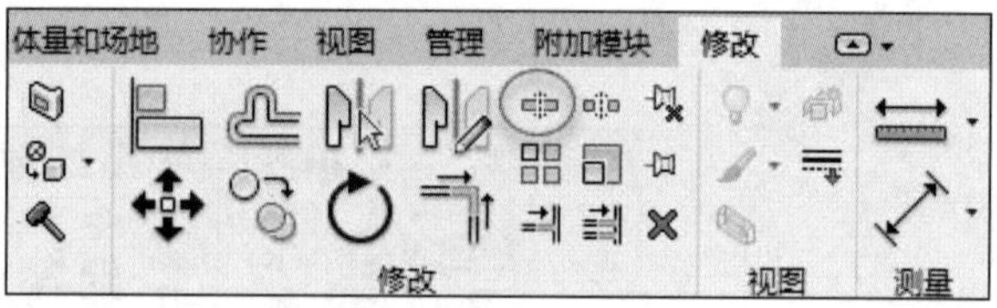

（b）单击【拆分】按钮

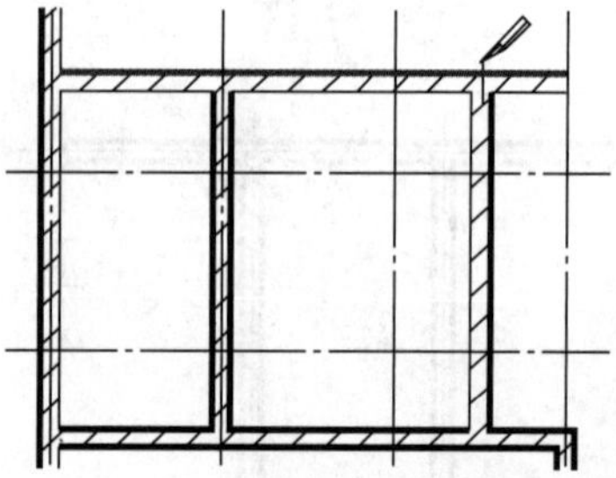

（c）选择第一个断开点

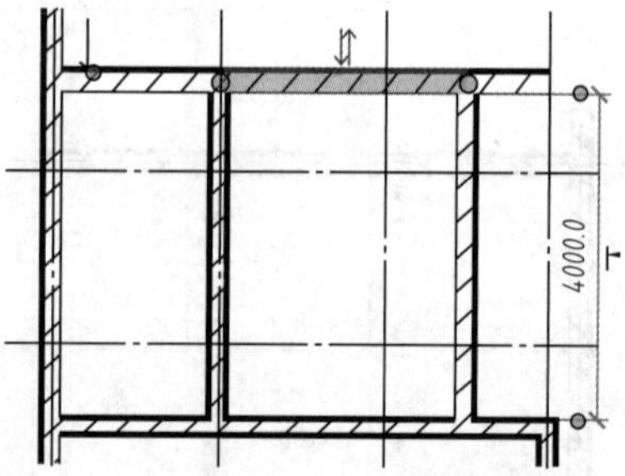

（d）打断后的结果

图 4-139　打断墙体

4.7.4　利用临时尺寸调整墙体位置

本节的最后讨论如何通过临时尺寸调正墙体的位置。

如图 4-140（a）所示，如果需要调整该墙体的空间位置，可用调整临时尺寸值的方法来实现。

首先选中该墙体，如图 4-140（b）所示，当出现临时尺寸标注时，在尺寸界限上出现了一个实心小圆点。单击该原点，可将尺寸界限重新定位。

单击尺寸界限上的实心小圆点，将两条尺寸界限定位于墙体内侧面，如图 4-140（c）所示。然后单击尺寸数字，当其处于可编辑状态时，输入新的数值并按【Enter】键，调整后的结果如图 4-140（d）所示。

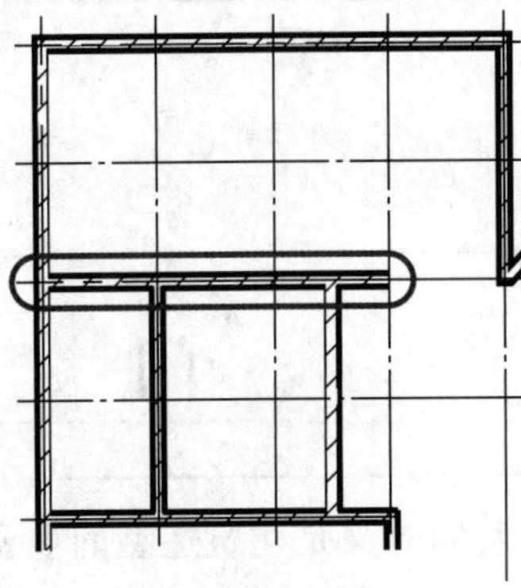

（a）要调整的墙段

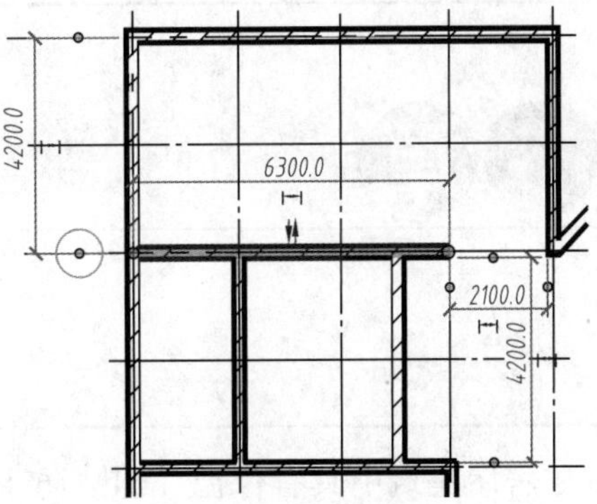

（b）选中墙体

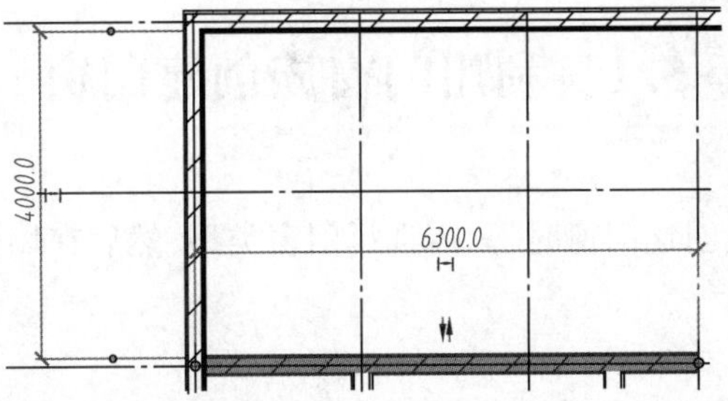

（c）定位尺寸界限

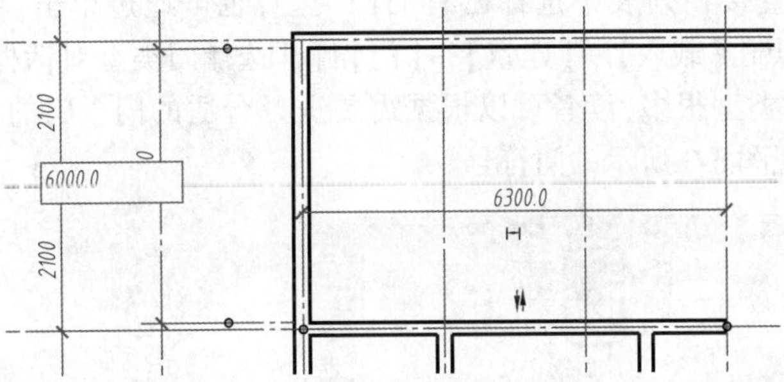

（d）

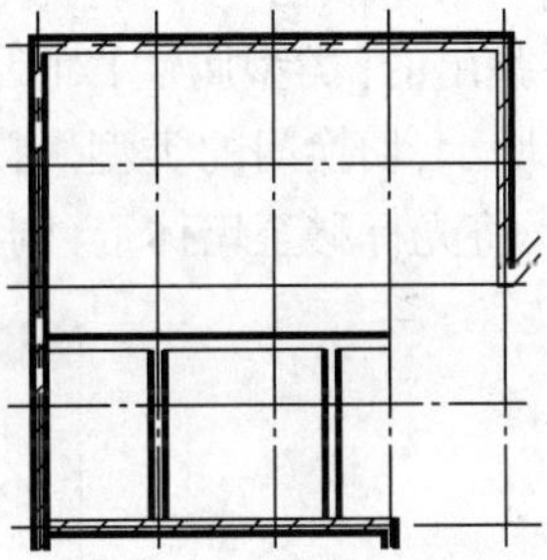

（e）调整结束

图 4-140　调整墙体的位置

第5章 门　窗

门窗在房屋建筑中具有保温、隔热、防水、防火等功能，同时又是建筑造型的重要组成部分。本章将讨论如何创建门窗。

5.1　利用门窗族创建门窗

利用系统自带的样式创建门窗时，只需选择门窗类型，然后在墙体的合适位置插入即可。

5.1.1　门的创建

如图 5-1 所示，依次单击【建筑】选项卡→【构建】面板→【门】按钮，在图 5-2（a）所示的【属性】面板中点击“▼”符号，可直接在列表中选择已有的门类型，也可通过单击【编辑类型】，在弹出的【类型属性】对话框点击【载入】→【建筑】→【门】打开选择门类型对话框，如图 5-2（b）所示，切换门的类型。门的类型很多，读者可以根据需要选择合适的门。门的类型选择好后，将光标移至墙体上，则出现图 5-3 所示的门符号。

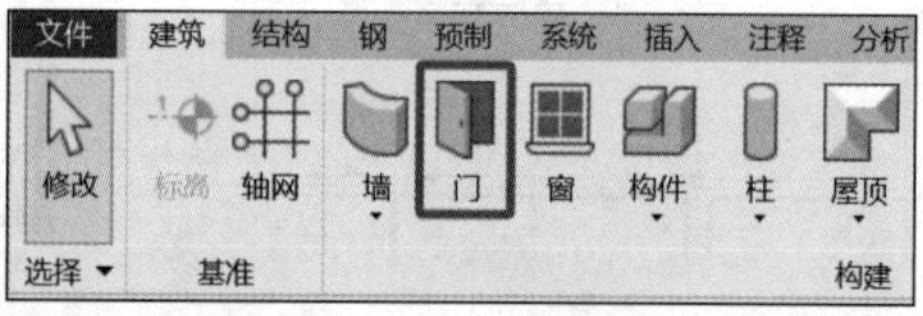

图 5-1　单击【门】按钮

当确定门的位置后，单击即可完成门的创建，结果如图 5-4 所示。

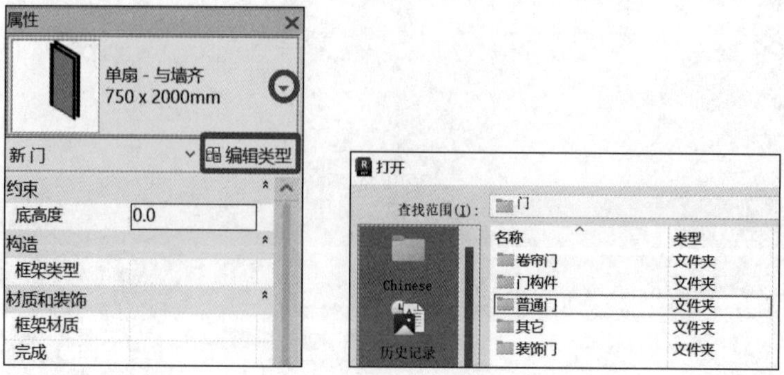

（a）属性区域　　（b）门类型

图 5-2　选择门类型

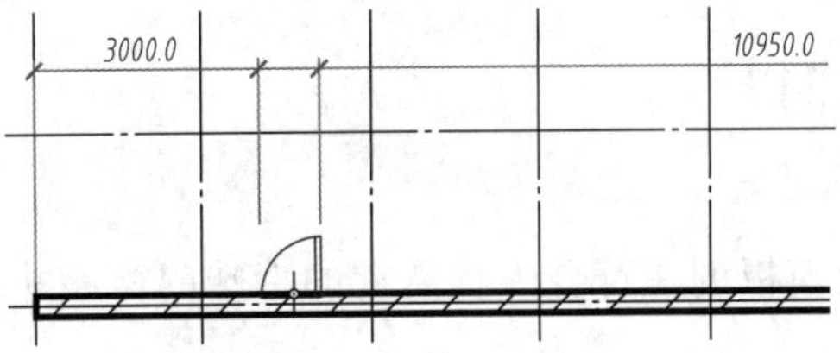

图 5-3　创建门

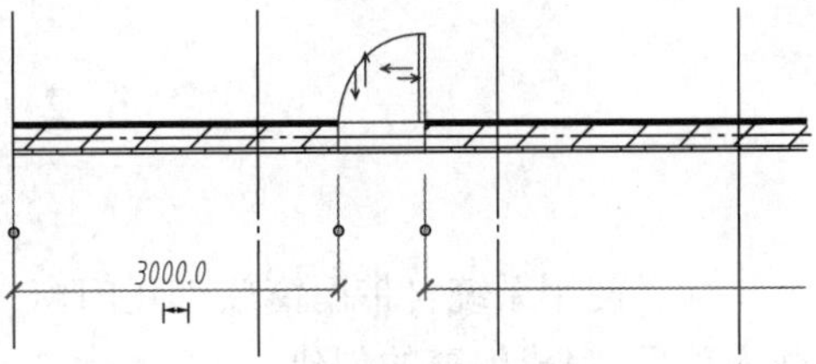

图 5-4　门的平面图

将视图切换到三维，则门的三维效果如图 5-5 所示。门创建完成后，用户还能调整其安放位置和开启方向。如图 5-6 所示，单击选中已经创建的门，则门附近出现了临时尺寸标注和开启方向的控制按钮（方向相反的一对箭头）。

图 5-5　门的立体图

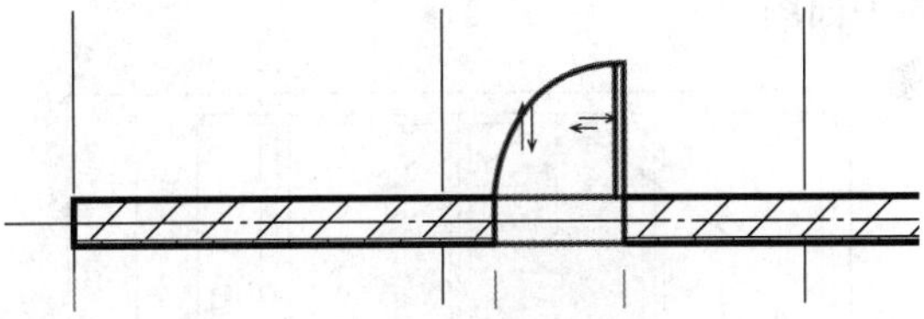

图 5-6　门的编辑

单击临时尺寸标注中的尺寸数字，然后输入新值并按【Enter】键，可实现门安放位置的调整。单击门开启方向的控制按钮，可实现门开启方向的调整。

5.1.2　窗的创建

窗户的创建方法和门的创建是类似的。如图 5-7 所示，依次单击【建筑】选项卡→【构建】面板→【窗】按钮，在图 5-8 所示的【属性】面板中选择窗的类型并将【底高度】（窗户底部相对于楼层平面的高度）设置为 800，然后将光标移至墙体上并单击，完成窗户的创建，其立体图如图 5-9 所示。

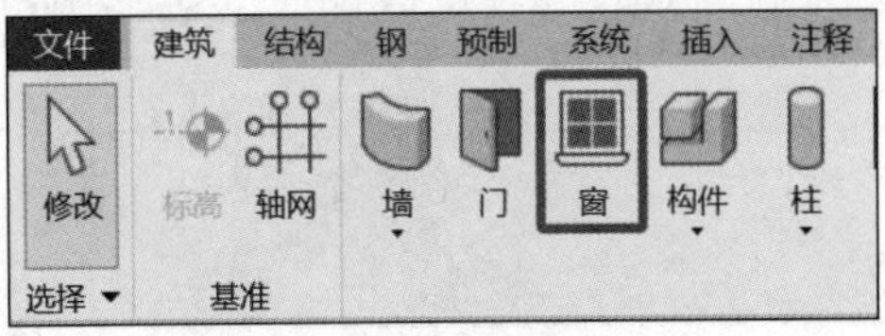

图 5-7　单击【窗】按钮

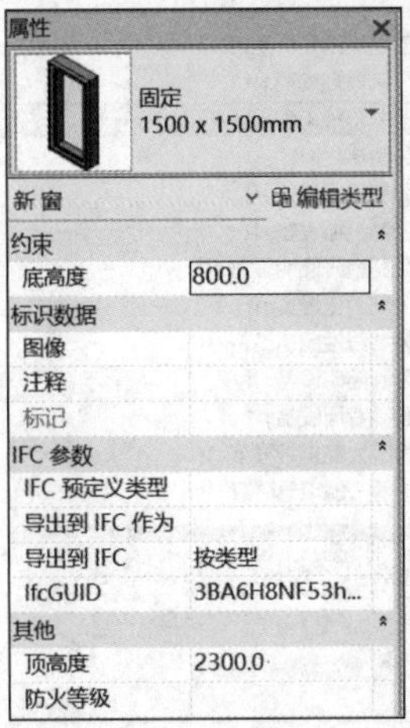

图 5-8　选择窗户类型

图 5-9　窗户的立体图

5.2　自定义窗户

除了使用系统自带门窗族创建门窗，还可利用族模板创建符合工程需求的特殊门窗族并载入项目，完成门窗的创建。

下面以一个三扇窗为例，介绍窗户族的创建和使用。

【例题】创建图 5-10 所示的三扇窗的族文件并在项目中创建该类型的窗户。其中，窗户的窗框断面尺寸为 60×60，窗扇的边框断面尺寸为 40×40，玻璃厚度为 6。

【绘图步骤】

步骤 01　选择族样板文件。

如图 5-11 所示，依次单击【文件】→【新建】→【族】按钮，在图 5-12 所示的对话框中选择【基于墙的公制常规模型】选项并单击【打开】按钮。这时，绘图区将出现图 5-13 所示族样板的平面图。

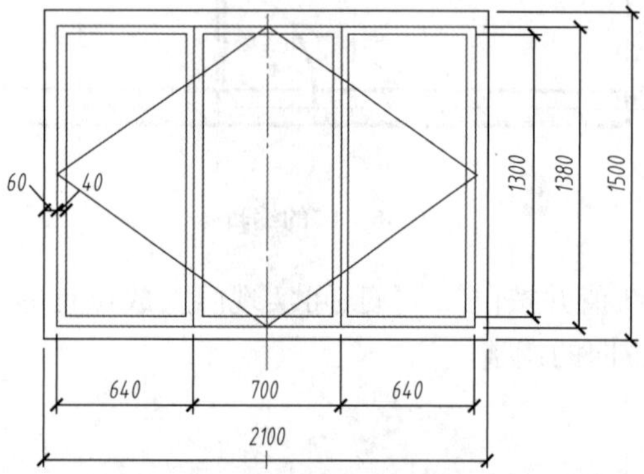

图 5-10　窗户立面图

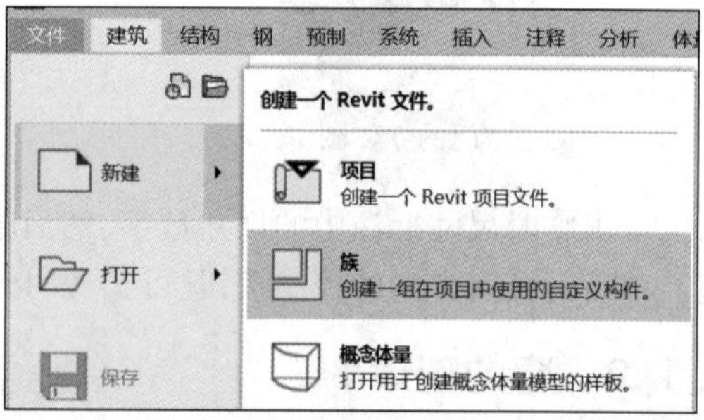

图 5-11　选择【族】选项

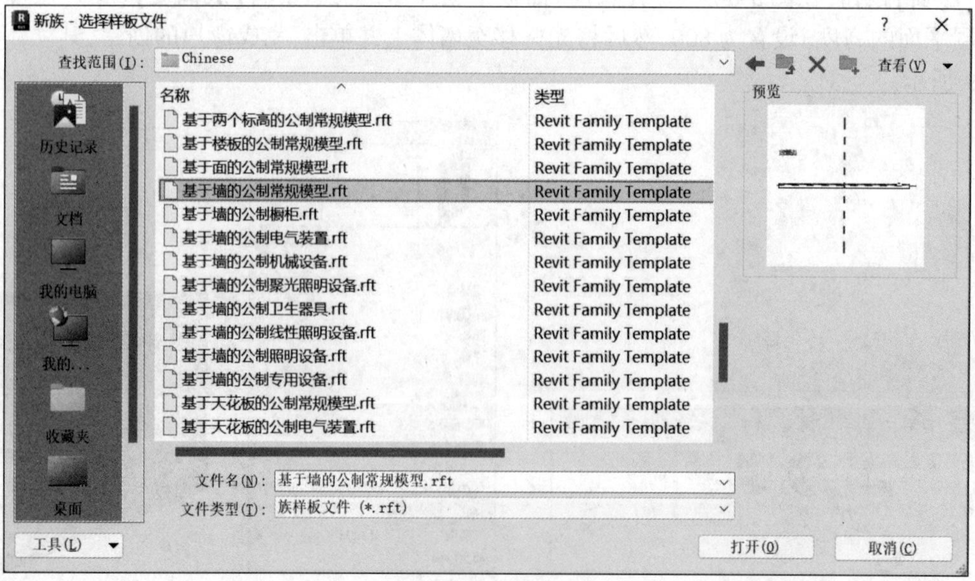

图 5-12　选择样板文件

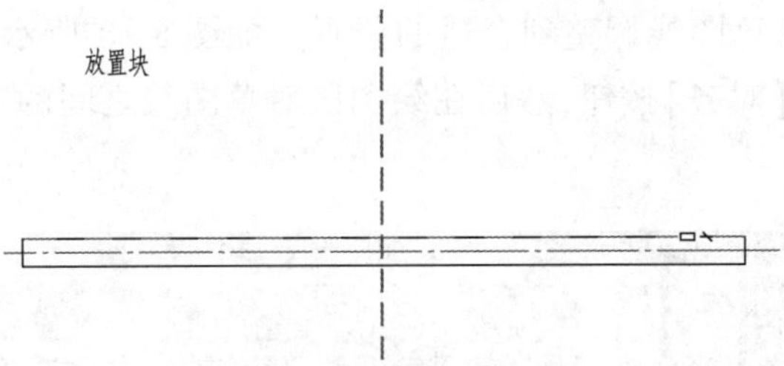

图 5-13　族样板的平面图

步骤 02　切换视图，准备绘制辅助线。

由于创建过程中的大部分工作都在立面图中完成，所以首先将其切换到立面视图。如图 5-14 所示，在【项目浏览器】中，展开树形目录【立面（立面 1）】并双击【放置边】，则绘图区如图 5-15 所示。其中长方形代表墙基准，虚线代表左右位置的基准。

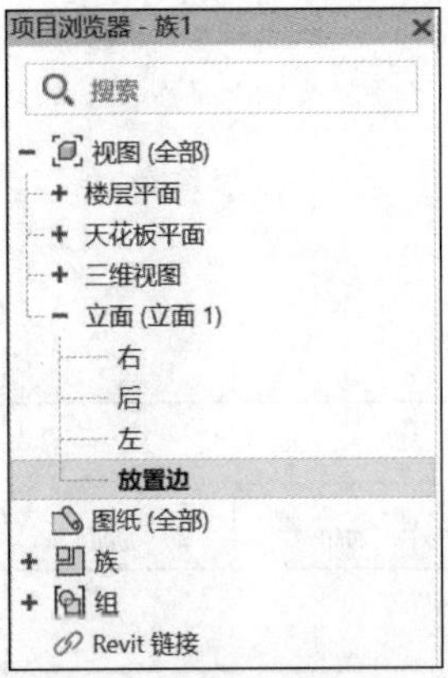

图 5-14　双击【放置边】

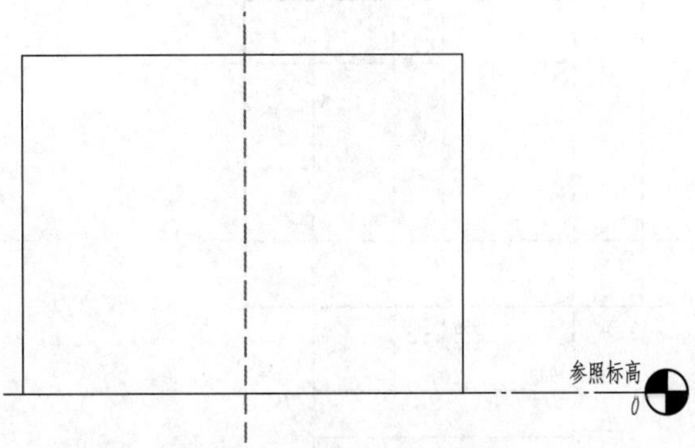

图 5-15　族样板的立面图

步骤 03　绘制草图线。

为了方便窗户的创建，应在立面图中绘制足够多的辅助线，使其能表达出窗户的大概轮廓。如图 5-16 所示，依次单击【创建】选项卡→【基准】面板→【参照平面】按钮，然后在绘图区绘制图 5-17 所示的草图线。其中外部的 4 条虚线代表窗户外轮廓，内部的 2 条虚线是窗户分割线。

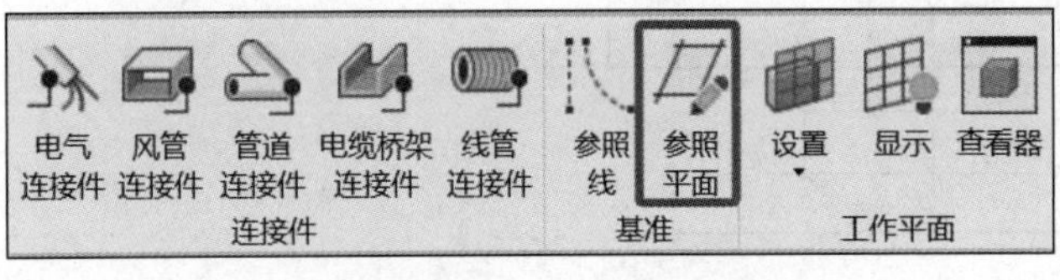

图 5-16　单击【参照平面】按钮

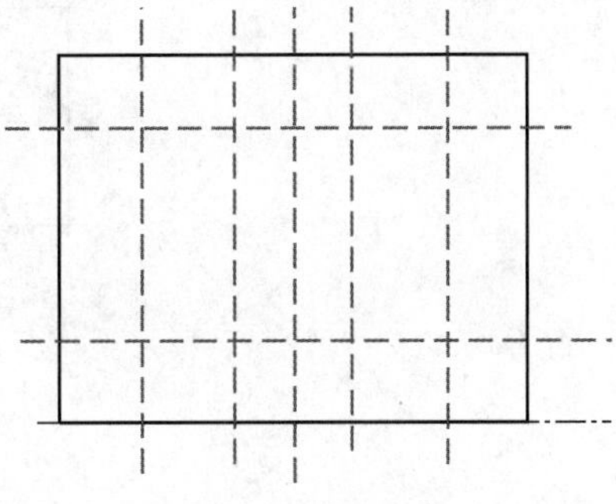

图 5-17　草图线

步骤 04　调整草图线的位置并进行约束。

为按要求作图,应将草图线调整到合适的位置。如图 5-18 所示,依次单击【注释】选项卡→【尺寸标注】面板→【对齐】按钮,然后在绘图区对草图线之间的距离进行图 5-19 所示的标注。

图 5-18　单击【对齐】按钮

由于草图线的位置是大约指定的,所以标注中的尺寸数字也是任意的。读者可选中要调整的尺寸标注,然后单击尺寸数字,输入新值完成调整。最终的结果如图 5-20 所示。

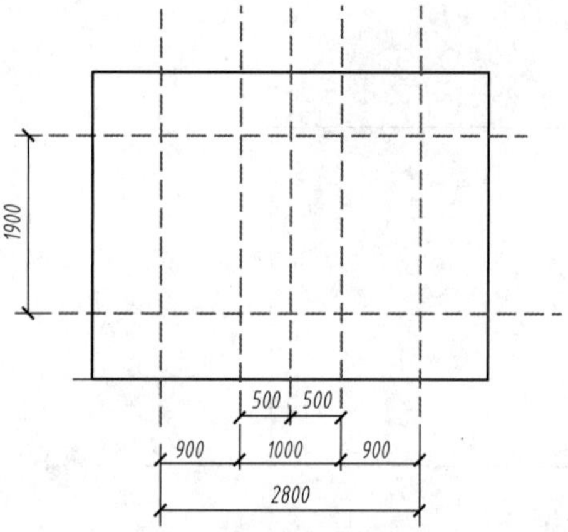

图 5-19　标注草图线

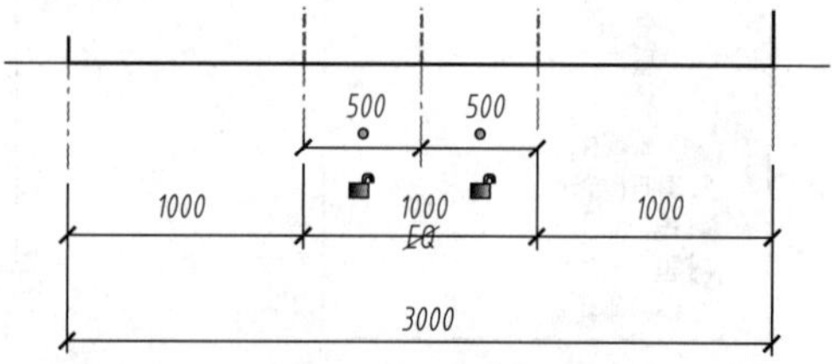

图 5-20　选中标注

为了保证窗扇的宽度总是相等的,还需对标注进行约束。如图 5-20 所示,选中需要约束的尺寸,然后单击尺寸附近的【EQ】按钮,当尺寸数字变为 EQ 时,说明约束成功。

按照同样的方法完成其他尺寸的约束,结果如图 5-21 所示。

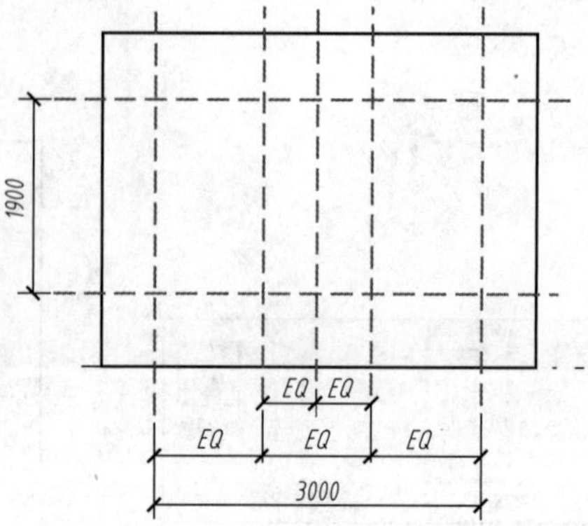

图 5-21　标注约束

步骤 05 指定族的类别及类型参数。

族相当于 AutoCAD 中制作的图块。在用户利用族创建门窗时,系统可根据用户新指定的参数值调整门窗的尺寸大小。

为了能正确地载入和使用族文件,在族创建时,必须指定其类别:门族或者窗族。

首先设置窗户的宽度和高度为窗户族的类型参数。

如图 5-22 所示,选中窗户的宽度尺寸,然后依次单击【修改 | 尺寸标注】选项卡→【标签尺寸标注】面板→【创建参数】按钮,如图 5-23 所示。

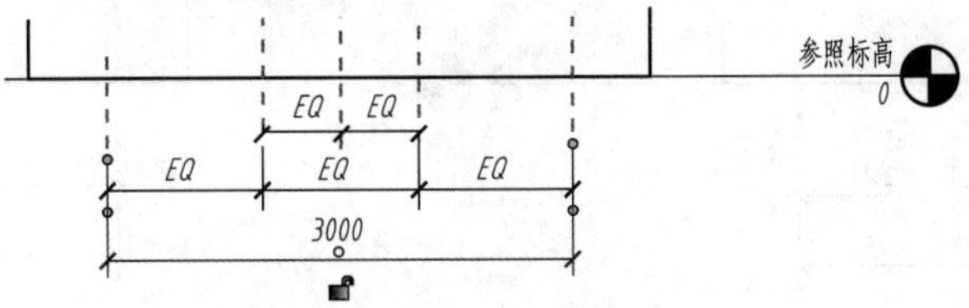

图 5-22 选中窗户的宽度尺寸

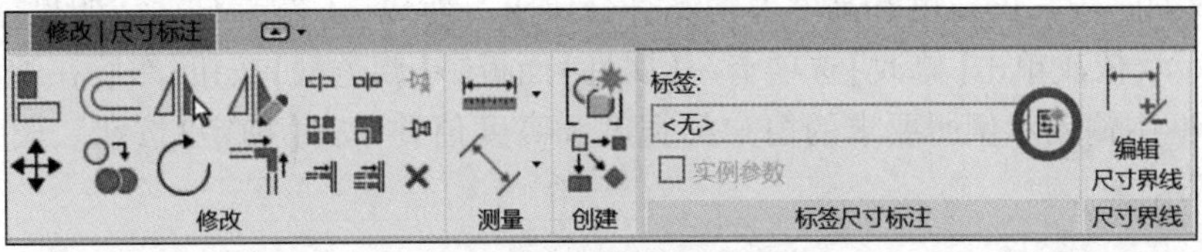

图 5-23 单击【创建参数】按钮

当出现图 5-24 所示的【参数属性】对话框时,在【名称】编辑框中输入参数名【窗户宽度】并单击【确定】按钮。这时,绘图区中参数的设置结果如图 5-25 所示。

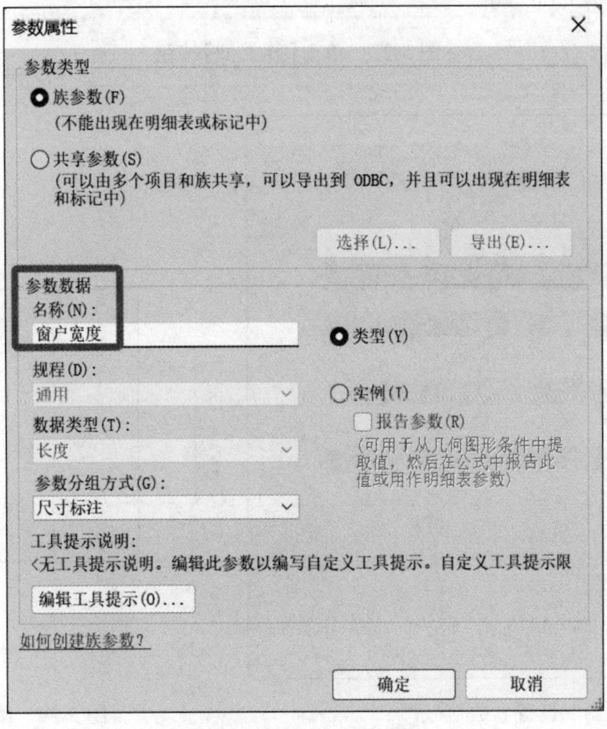

图 5-24 输入参数名称

用同样的方法完成窗户高度参数的设置,结果如图 5-26 所示。

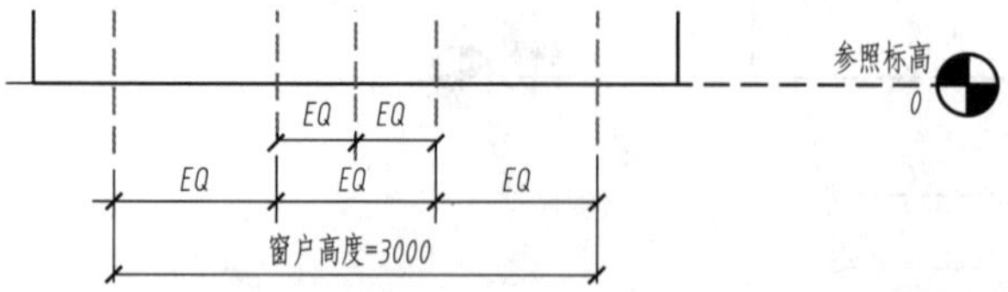

图 5-25　参数设置结果

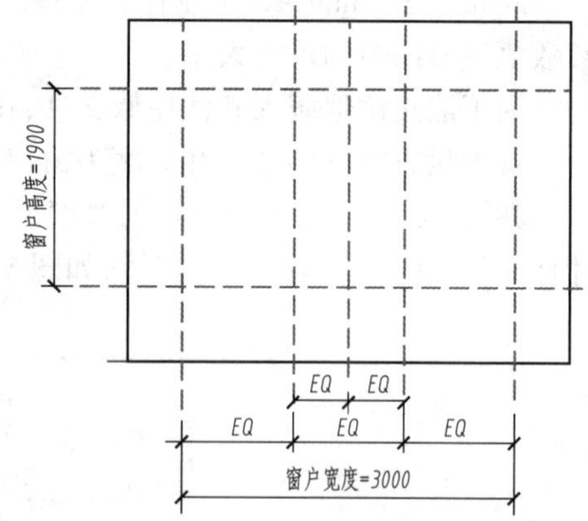

图 5-26　高度参数

到目前为止,窗户的宽度和高度值均不符合要求。所以,还需要对默认的尺寸进行调整。如图 5-27 所示,依次单击【修改】选项卡→【属性】面板→【族类型】按钮,然后在弹出的图 5-28 所示的对话框中输入示例所要求的窗户的宽度和高度值并单击【确定】按钮。调整后的结果如图 5-29 所示。

图 5-27　单击【族类型】按钮

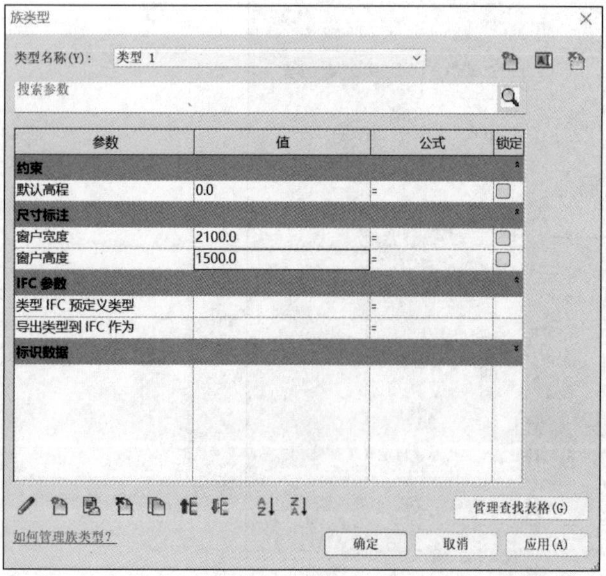

图 5-28　设置参数值

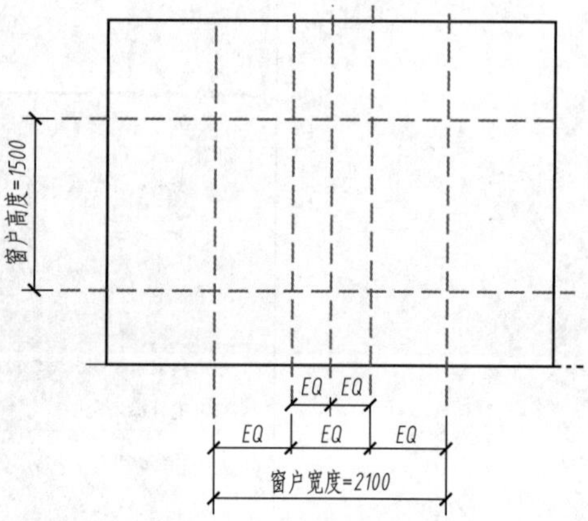

图 5-29　调整后的结果

参数设置后，还需要指定族的类别。如图5-30所示，依次单击【修改】选项卡→【属性】面板→【族类别和族参数】按钮，弹出图5-31所示的【族类别和族参数】对话框，选中【族类别】列表中的【窗】选项并单击【确定】按钮。

图5-30　单击【族类别和族参数】按钮

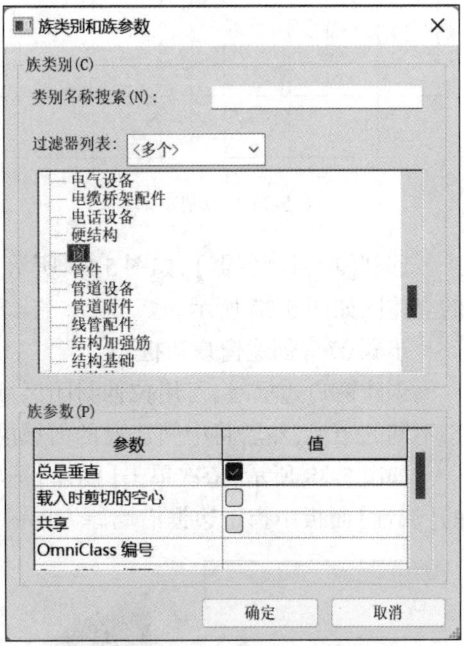

图5-31　指定族类别

步骤06　创建窗户洞口。

创建窗户模型前，先在墙上创建窗户洞口。如图5-32所示，依次单击【创建】选项卡→【模型】面板→【洞口】按钮，然后选择【绘制】面板中的【矩形】按钮，如图5-33所示。

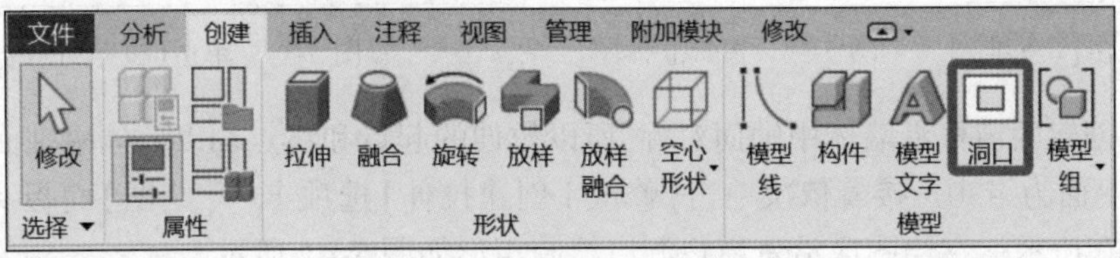

图5-32　选择【洞口】按钮

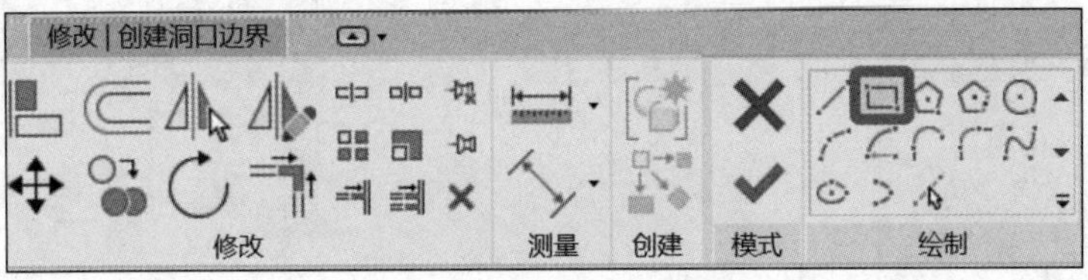

图5-33　选择【矩形】按钮

启动【矩形】命令后，在绘图区沿着草图线绘制窗洞轮廓线，如图5-34所示。

绘图结束后，如图5-35所示，依次单击【修改 | 创建洞口边界】选项卡→【模式】面板→【完成编辑模式】按钮，完成洞口创建。

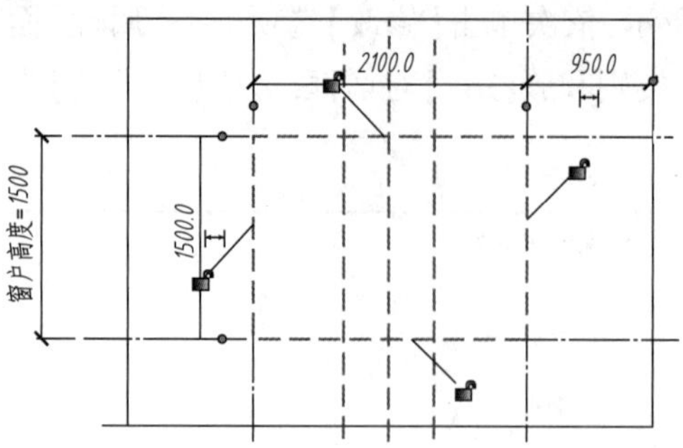

图 5-34 绘制矩形

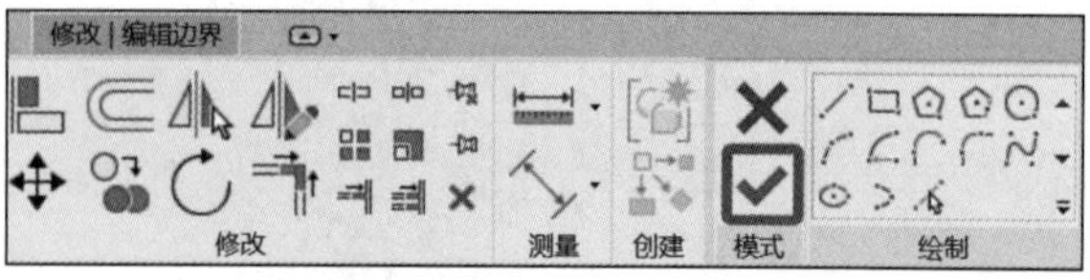

图 5-35 单击【完成编辑模式】按钮

回到【项目浏览器】,如图 5-36 所示,展开【三维视图】并双击【(三维)】选项,则窗户洞口的立体图如图 5-37 所示。

步骤 07 创建窗户边框。

创建窗户边框时,可用拉伸封闭区域的方式实现。也就是说,首先在立面图中绘制两个大小不同的矩形,然后将中间连通的面域沿垂直于墙面的方向拉伸即可。

如图 5-38 所示,依次单击【创建】选项卡→【形状】面板→【拉伸】按钮,然后在图 5-39所示的【属性】面板中指定边框沿墙厚方向的距离为 60。

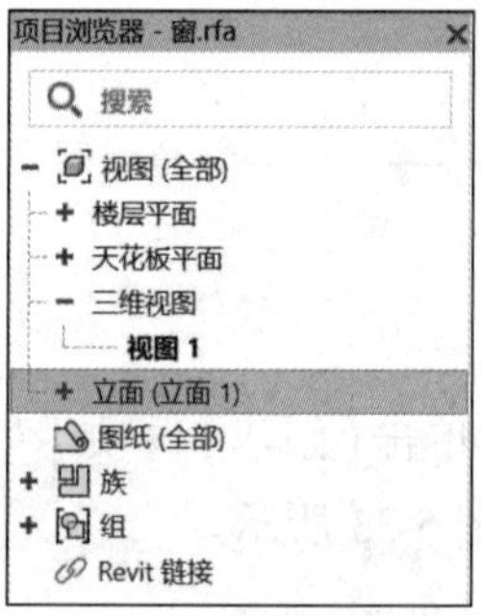

图 5-36 双击【(三维)】

图 5-37 窗户立体图

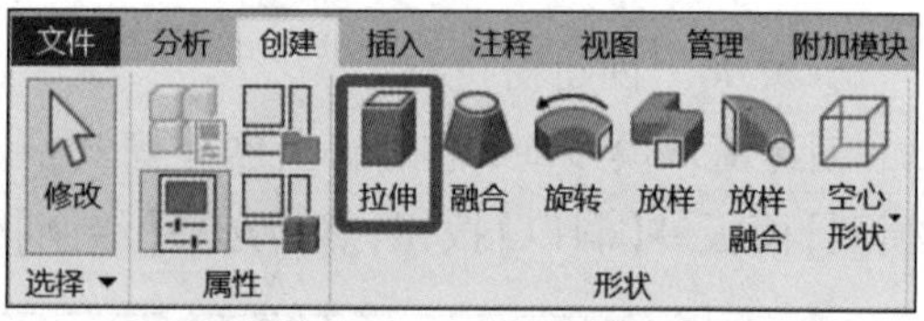

图 5-38 单击【拉伸】按钮

由于要创建的窗框沿墙体中轴面对称,所以拉伸的起点和终点均以墙体中轴面为基准,一面为 30,另一面为 -30。接着依次单击【修改 | 创建拉伸】选项卡→【绘图】面板→【矩形】按钮,如图 5-40 所示。在绘图区沿着窗户洞口绘制矩形如图 5-41 所示。

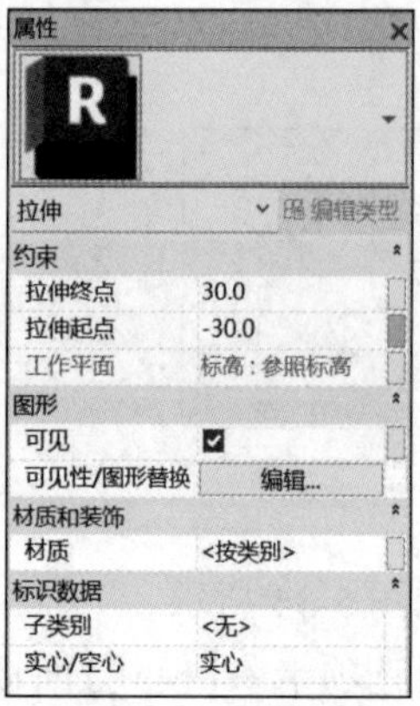

图 5-39 设置窗户边框横截面尺寸

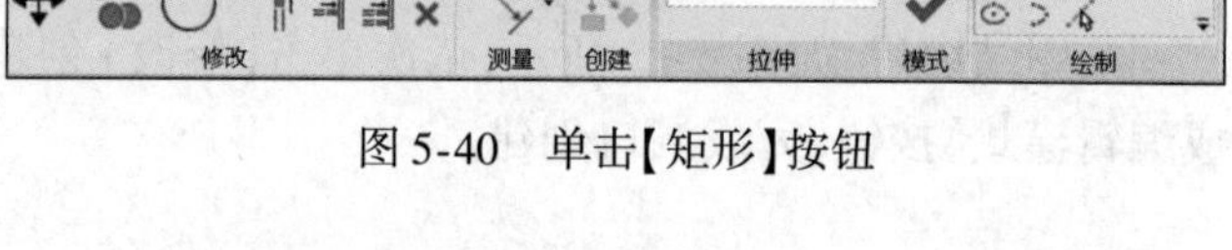

图 5-40 单击【矩形】按钮

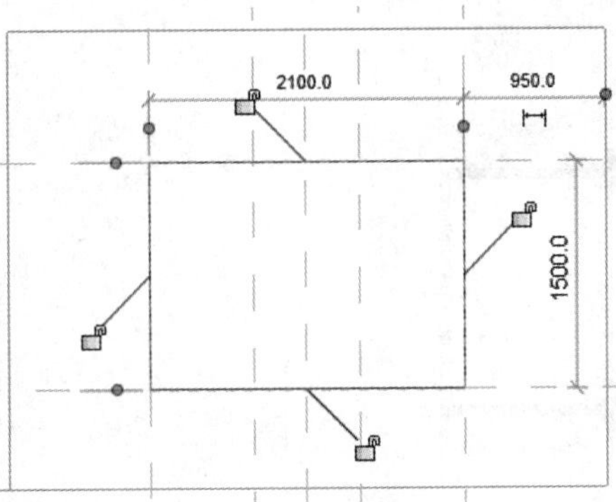

图 5-41　绘制矩形

为了形成窗框形状的封闭区域，还应在矩形内部绘制一个稍小的矩形。如图 5-42 所示，将选项栏中的【偏移】设置为 –60 并按【Enter】键，然后捕捉绘图区矩形的对角点再次绘制矩形，如图 5-43 所示。

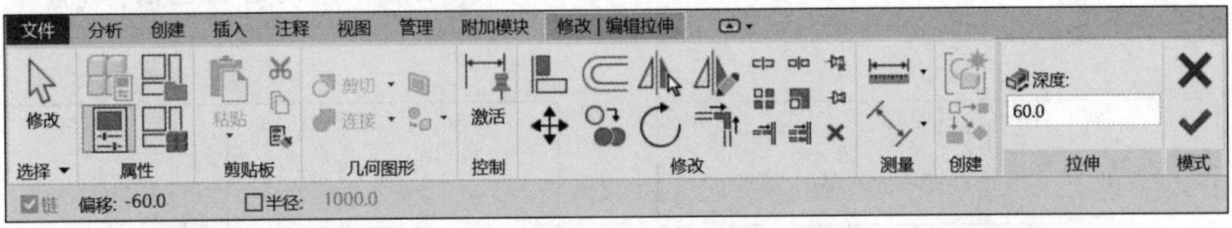

图 5-42　窗户边框横截面

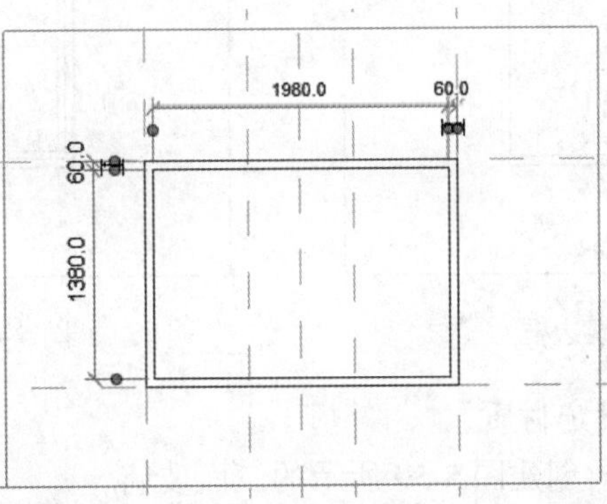

图 5-43　绘制矩形

绘制结束后，如图 5-44 所示，依次单击【修改 | 编辑拉伸】选项卡→【模式】面板→【完成编辑模式】按钮，完成窗框的创建。此时，窗框立面图如图 5-45 所示，其立体图如图 5-46 所示。

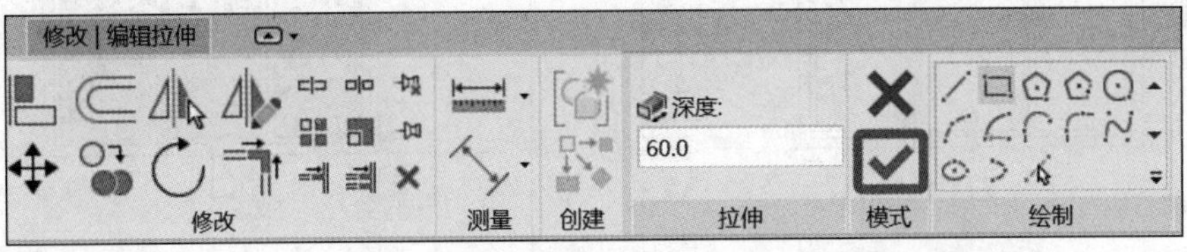

图 5-44　单击【完成编辑模式】按钮

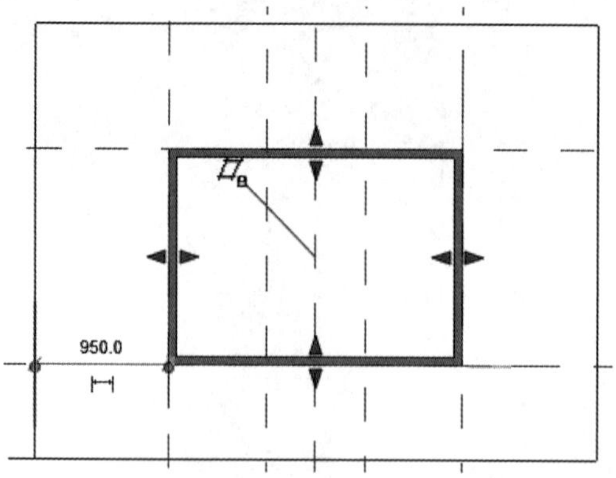

图 5-45　窗框立面图

图 5-46　窗框立体图

步骤 08　创建窗扇边框。

用同样的方法创建左侧窗扇边框，如图 5-47 所示。接着选中左侧窗扇边框，用【镜像】命令完成右侧窗扇边框的复制，结果如图 5-48 所示。最后绘制中间的窗扇边框，如图 5-49 所示。

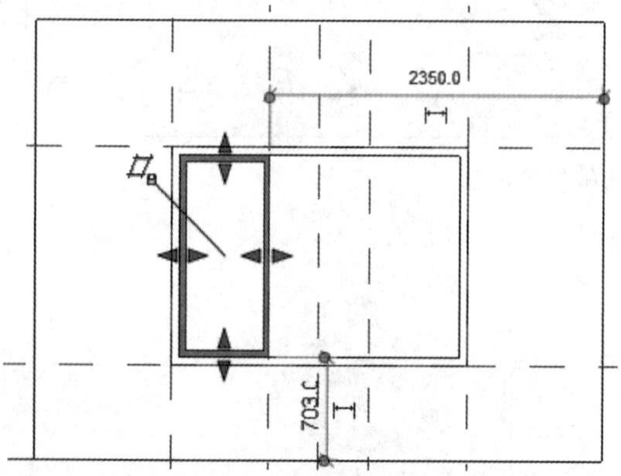

图 5-47　左侧窗扇边框

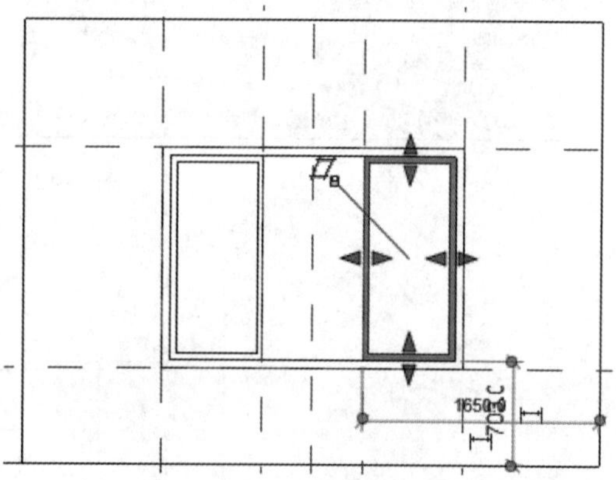

图 5-48　右侧窗扇边框

步骤 09　创建玻璃并设定材质。

和创建边框的方法一样，创建图 5-50 所示的三面玻璃。

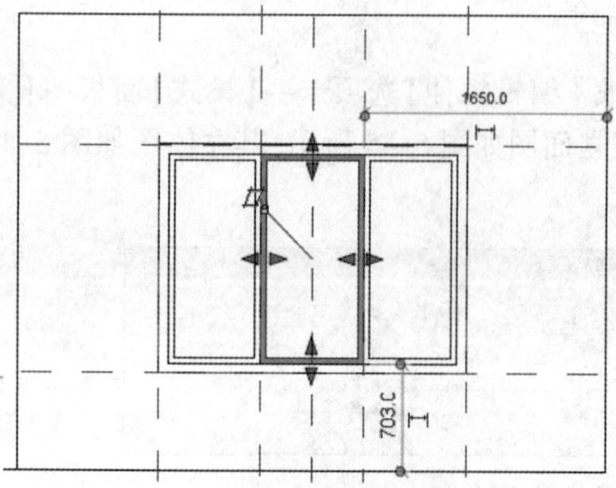

图 5-49　中间窗扇边框

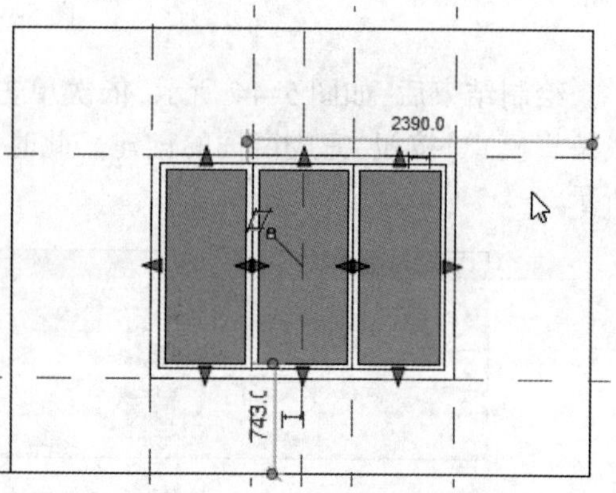

图 5-50　创建玻璃

如图 5-51 所示,可在【属性】面板中指定玻璃的材质,切换到三维视图,窗户的立体效果如图 5-52 所示。

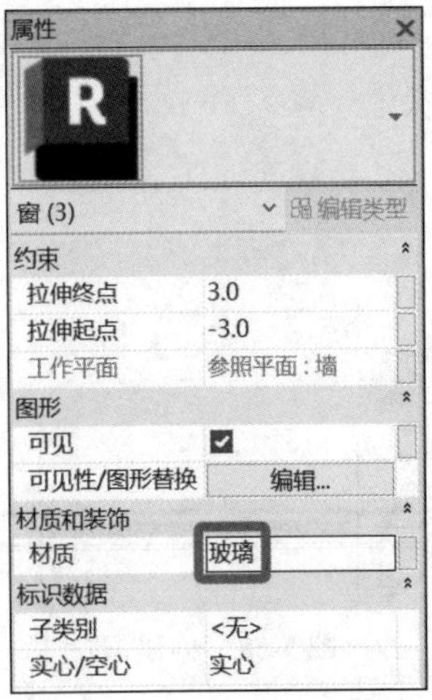

图 5-51　指定玻璃材质

图 5-52　窗户的立体图

步骤 10　绘制窗户开启线。

如果需要在立面图中表达窗户的开启方式,在族文件定义时,应在其立面图中绘制窗户开启线。如图 5-53 所示,依次单击【注释】选项卡→【详图】面板→【符号线】按钮,在窗户立面图中绘制图 5-54 所示的窗户开启线。

图 5-53　单击【符号线】按钮

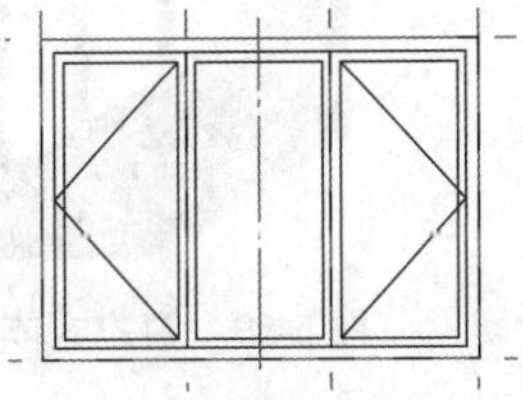

图 5-54　窗户开启线

步骤 11　保存族文件并载入项目。

完成族文件的创建后,将其命名为【自定义窗户】并保存到自定义族文件路径下,如图 5-55所示。然后依次单击【修改 | 放置 符号线】选项卡→【族编辑器】面板→【载入到项目】按钮,如图 5-56 所示。

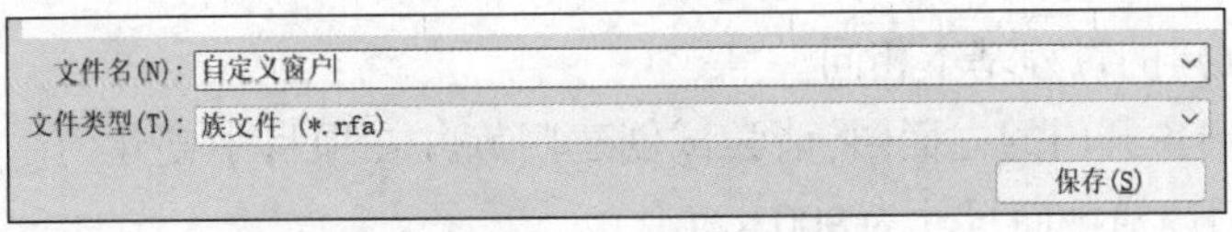

图 5-55　保存族文件

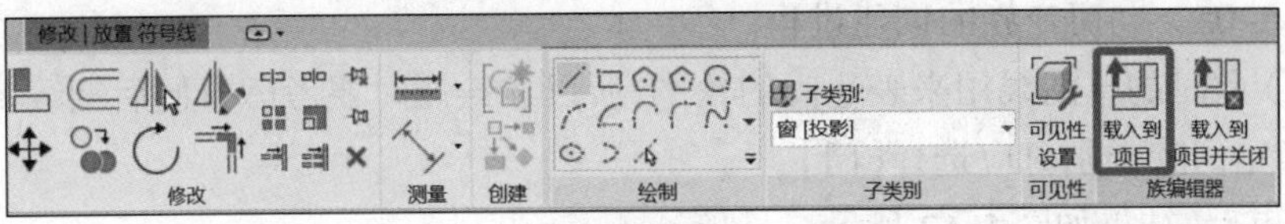

图 5-56　单击【载入到项目】按钮

步骤 12　在项目中创建窗户。

回到项目中,在【属性】对话框中指定窗户底部边缘到参考标高的距离后,如图 5-57 所示,将光标移至墙体并单击,创建图 5-58 所示的窗户。

图 5-57　设置窗户的位置高度

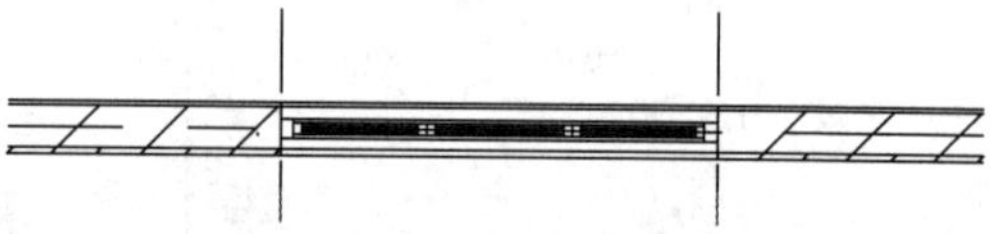

图 5-58　创建窗户

切换到三维视图,窗户的立体效果如图 5-59 所示。切换到南立面图,窗户的立面效果如图 5-60 所示。

图 5-59　窗户立体图

图 5-60　窗户立面图

后面几步中,由于相关操作已经在前面做过多次,所以省略详细的描述。如果必要,请参阅前面的相关章节。

5.3 自定义门

门族和窗族创建的过程基本相同。

图 5-61 是单扇单开门的立面图,请尝试创建门族并在项目中创建门。其中:门框横截面尺寸为 100 × 25,门扇横截面尺寸为 900 × 30。

下面是创建过程。

步骤 01 ~ 05　同窗户族的创建过程。

注意:① 此时的草图线用来表达门的轮廓,所以在绘制时要考虑方便后期绘图;

② 在指定门族类别时应选择【门】。

操作结束后,结果如图 5-62 所示。

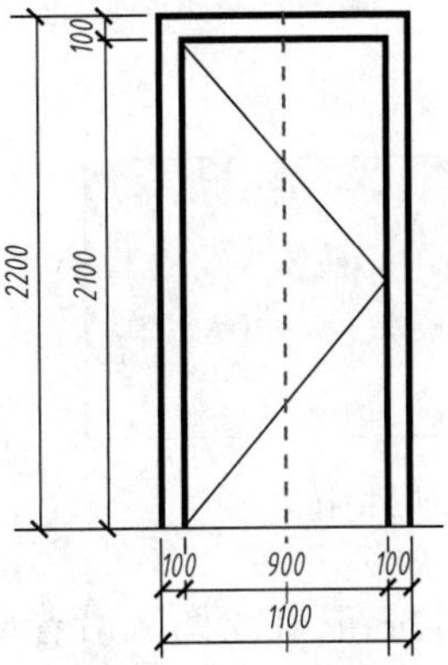

图 5-61　门的立面图

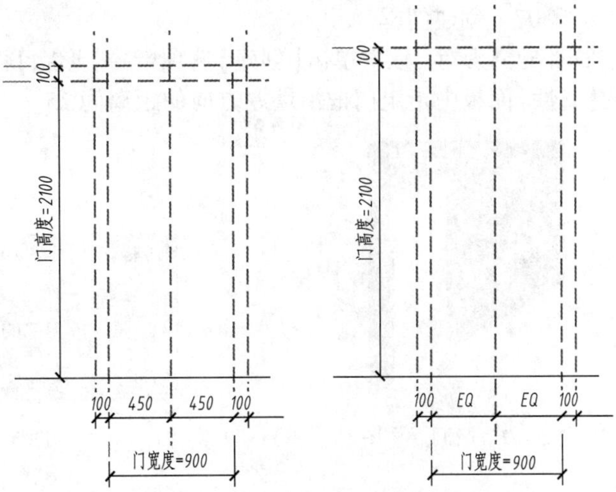

(a) 设置参数　(b) 尺寸约束

图 5-62　设置类型参数

步骤 06　创建门洞口。

如图 5-63 所示,依次单击【创建】选项卡→【模型】面板→【洞口】按钮,然后选择【绘制】面板中的【矩形】按钮,如图 5-64 所示。

图 5-63　单击【洞口】按钮

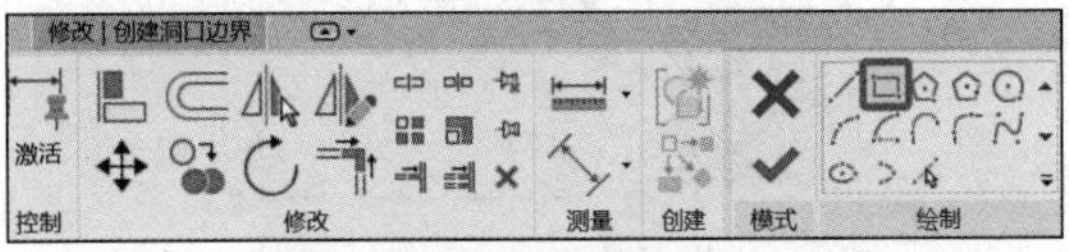

图 5-64　单击【矩形】按钮

启动【矩形】命令后,在绘图区沿着草图线绘制门洞轮廓线,如图 5-65 所示。绘图结束后,如图 5-66 所示,依次单击【修改 | 创建洞口边界】选项卡→【模式】面板→【完成编辑模式】按钮,完成洞口创建,结果如图 5-67 所示。

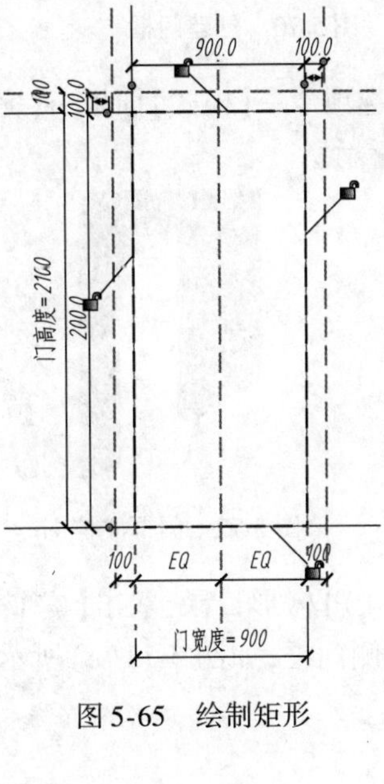

图 5-65　绘制矩形

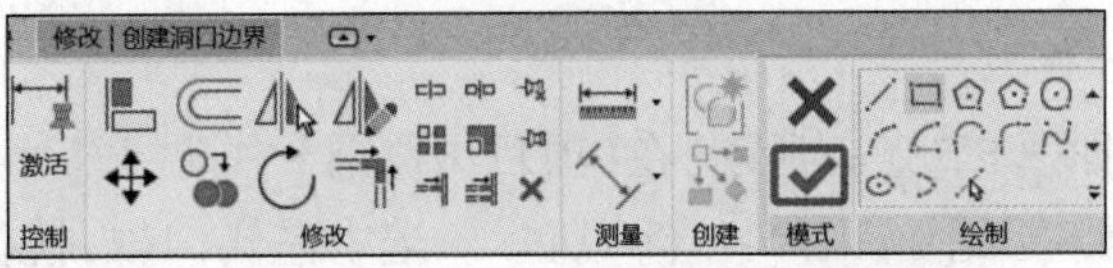

图 5-66　单击【完成编辑模式】按钮

步骤 07 创建门框。

如图 5-68 所示,依次单击【创建】选项卡→【形状】面板→【拉伸】按钮,然后在图 5-69 所示的【属性】面板中指定门框沿墙厚方向的距离为 25。

图 5-67 门洞立体图

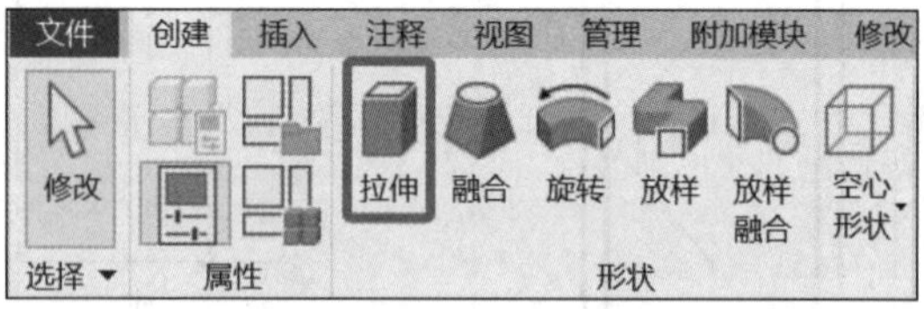

图 5-68 单击【拉伸】按钮

接着依次单击【修改 | 创建拉伸】选项卡→【绘图】面板→【矩形】按钮,在绘图区沿着草图线绘制门框外轮廓,如图 5-70 所示。

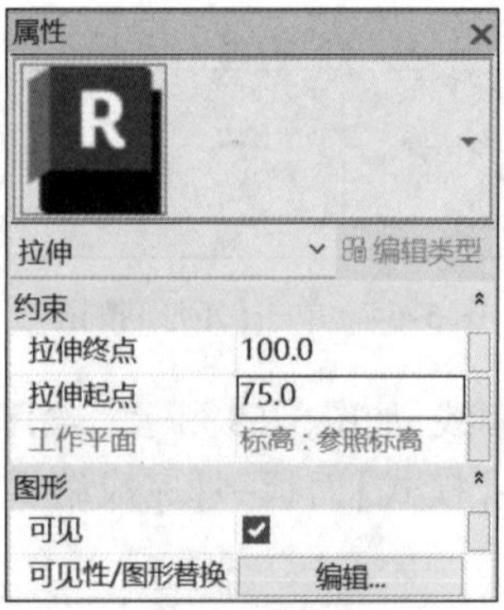

图 5-69 设置门框横截面尺寸

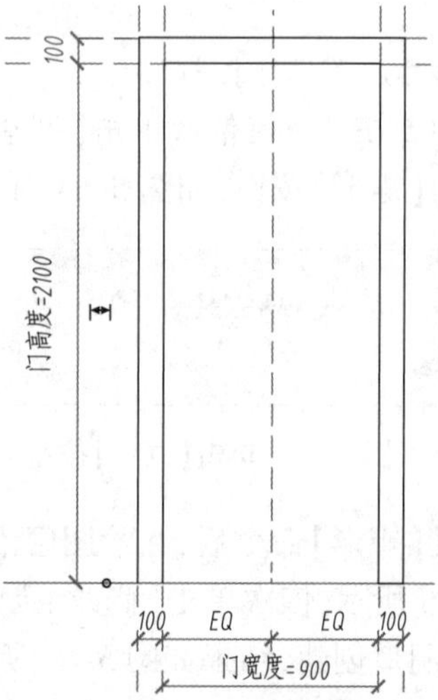

图 5-70 创建门框

绘制结束后,如图 5-71 所示,依次单击【修改 | 创建拉伸】选项卡→【模式】面板→【完成编辑模式】按钮,完成门框的创建。此时,门框立体图如图 5-72 所示。

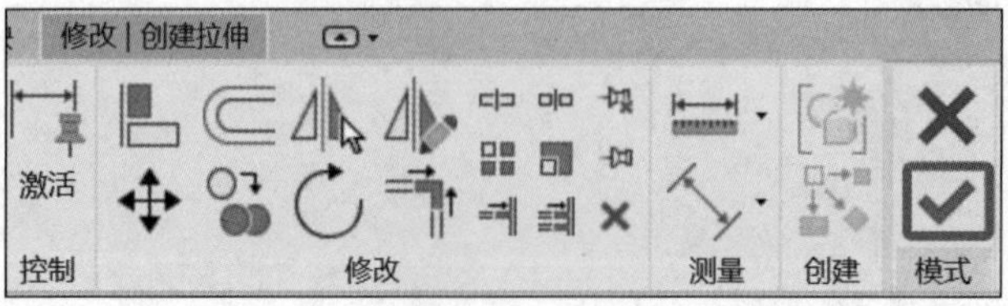

图 5-71 单击【完成编辑模式】按钮

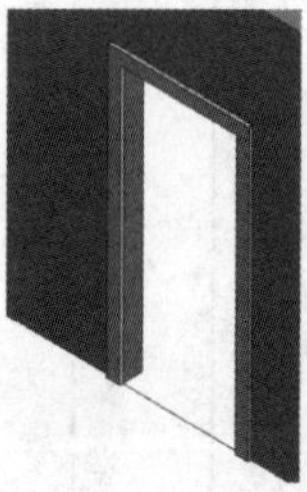

图 5-72 门框立体图

如图 5-73(a)所示,在【项目浏览器】中,展开【立面(立面 1)】树形目录,双击【右】,则门族右侧立面图如图 5-73(b)所示。选中左侧门框,镜像生成右侧门框,如图 5-73(c)所示。切换视图,门框的立体图,如图 5-73(d)所示。

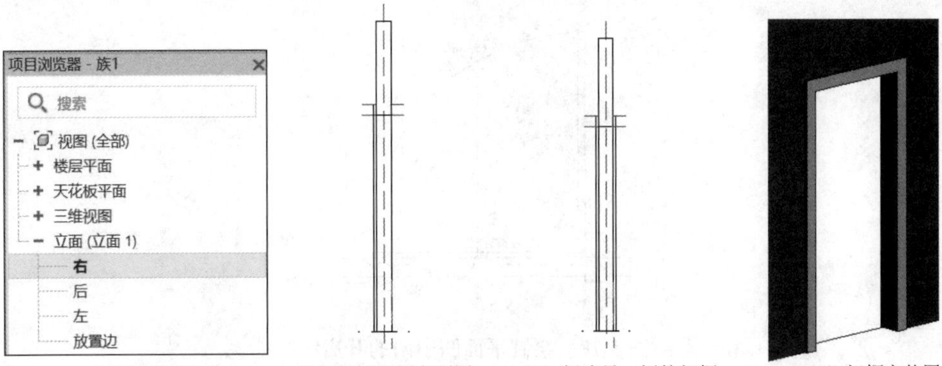

（a）双击【右】　（b）门框右侧立面图　（c）创建另一侧的门框　（d）门框立体图

图 5-73　创建门框

步骤 08　创建门扇。

用拉伸的方法创建门扇，如图 5-74 和图 5-75 所示。

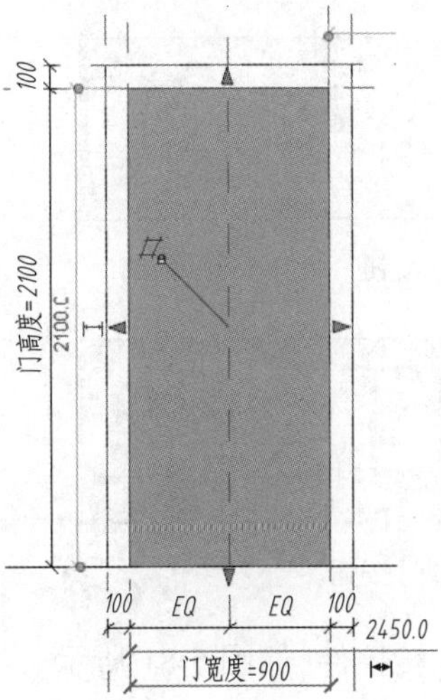

图 5-74　创建门扇

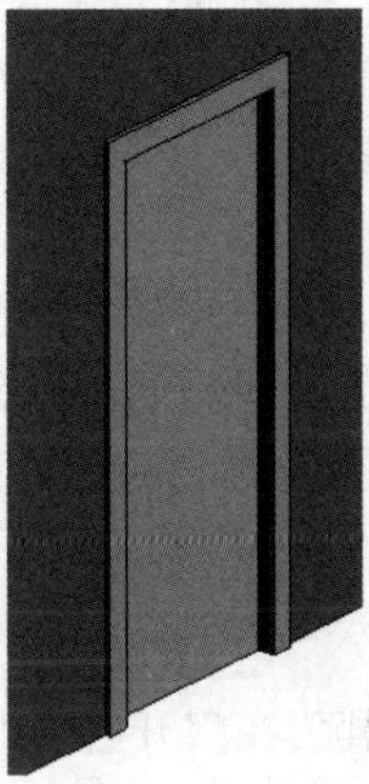

图 5-75　门扇立体图

步骤 09　绘制平面图中门的开启线。

如图 5-76 所示，在【项目浏览器】中，展开【楼层平面】树形目录并双击【参照标高】。依次单击【注释】选项卡→【详图】面板→【符号线】按钮，如图 5-77 所示。然后在门族平面图中绘制图 5-78 所示的门的开启线。

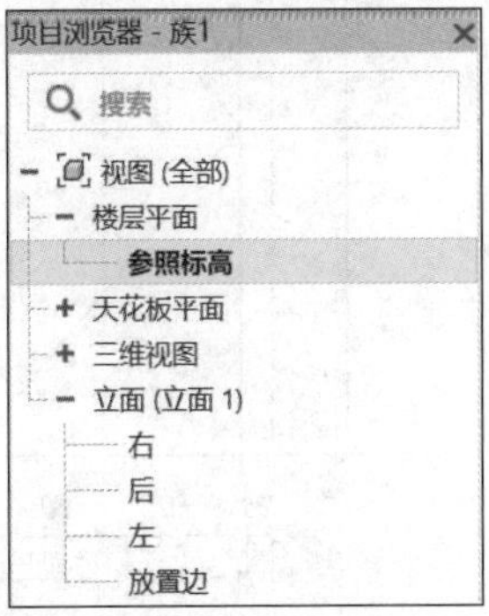

图 5-76　双击【参照标高】

图 5-77　单击【符号线】按钮

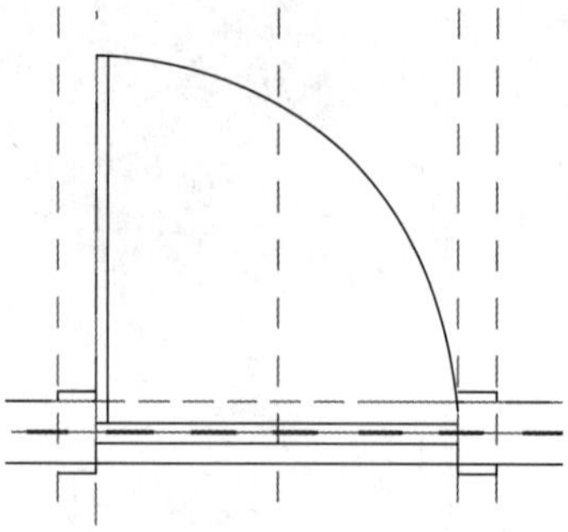

图 5-78　绘制平面图中门的开启线

步骤 10　添加翻转控件。

翻转控件是用于控制门开启方向的按钮。如图 5-79 所示，依次单击【创建】选项卡→【控件】面板→【控件】按钮。再依次单击【修改 | 放置控制点】选项卡→【控制点类型】面板→【双向垂直】按钮，如图 5-80 所示。

图 5-79　单击【控件】按钮

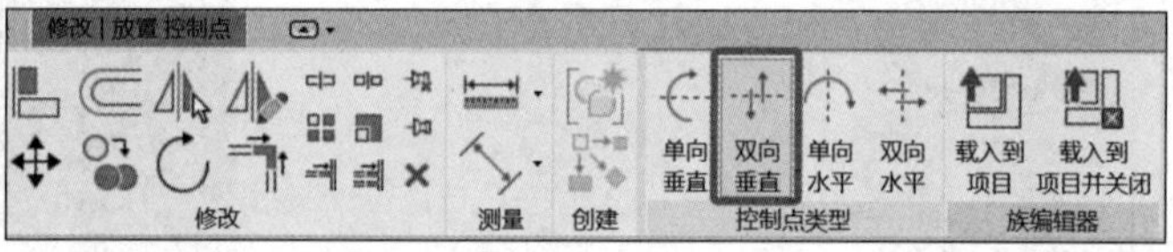

图 5-80　单击【双向垂直】按钮

返回绘图区，在门开启线的附近单击左键，绘制翻转控件，如图 5-81 所示。

步骤 11　绘制立面图中门的开启线。

绘制立面图中门的开启线和平面图中开启线的绘制相同，如图 5-82 所示。

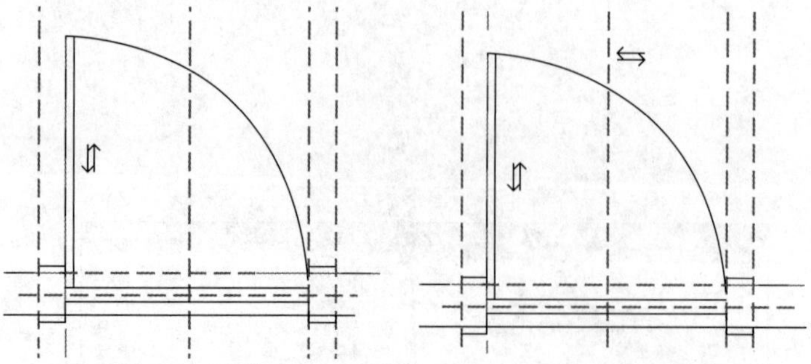

（a）垂直控件　　（b）水平控件

图 5-81　绘制控件

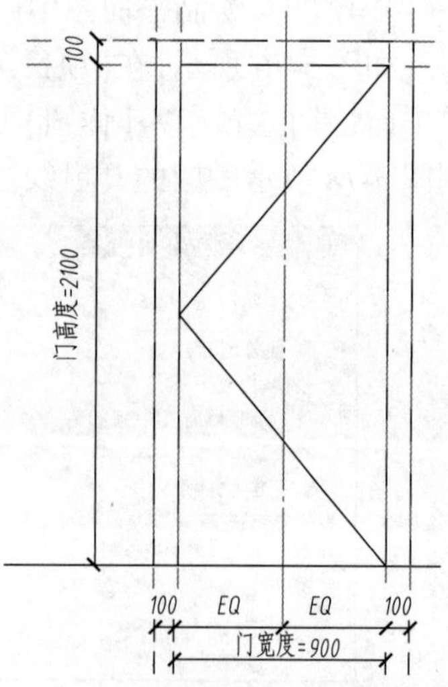

图 5-82　绘制立面图中门的开启线

注意：平面和立面图中，开启线的指示方向应该保持一致。

步骤 12 保存族文件并载入项目。

如图 5-83 所示，将门族文件命名为【自定义门】并保存到任意文件路径下，然后将其载入项目。

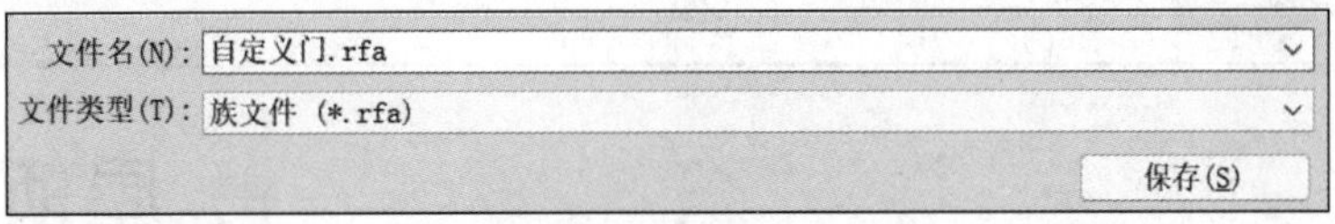

图 5-83 保存族文件

步骤 13 创建门。

返回项目中，将光标移至墙体上单击，则门的平面图和立体图分别如图 5-84 和图 5-85 所示。

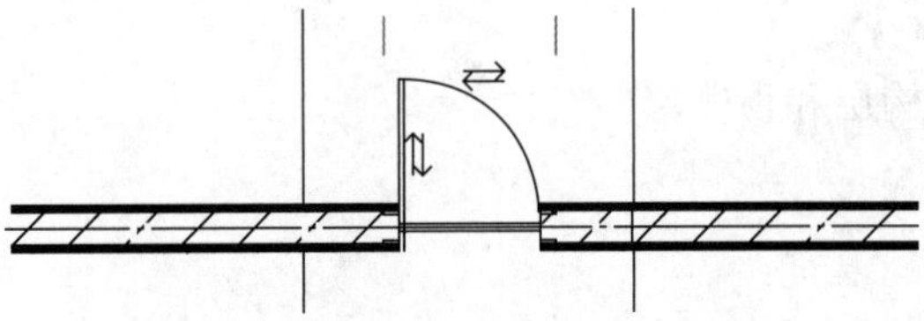

图 5-84 创建门

图 5-85 门的立体图

第6章

屋顶和楼板

屋顶是房屋最上层起覆盖作用的围护结构，用以防风、雪、雨、日晒等对室内的侵袭。屋顶又是房屋上层的承重结构，用于承受自重和作用于屋顶上的各种荷载，同时对房屋上部还起着水平支撑作用。

常见的屋顶有平屋顶和坡屋顶。

楼板是房屋建筑中沿高度方向水平分隔空间的承重构件，承受并传递荷载，同时对整座建筑物起水平支撑作用。

楼板一般包括四部分：面层、附加层、结构层和顶棚层。

本章将讨论屋顶和楼板的创建方法。

6.1 简单坡屋顶的创建

创建坡屋顶时，可先绘制屋顶外轮廓，然后放坡形成屋顶。

如果以【标高1】平面视图为准绘制了墙体，需要在【标高2】视图平面内绘制屋顶，做法如下：

步骤01　如图6-1所示，在【项目浏览器】面板中，展开【楼层平面】树形目录并双击【标高2】。

步骤02　如图6-2所示，依次单击【建筑】选项卡→【构建】面板→【屋顶】下拉列表中的【迹线屋顶】按钮。

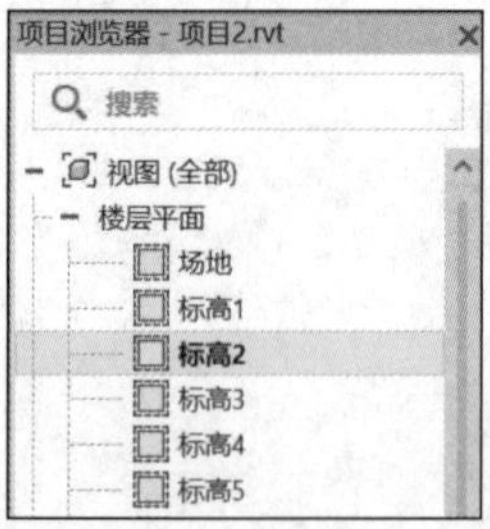

图6-1　双击【标高2】

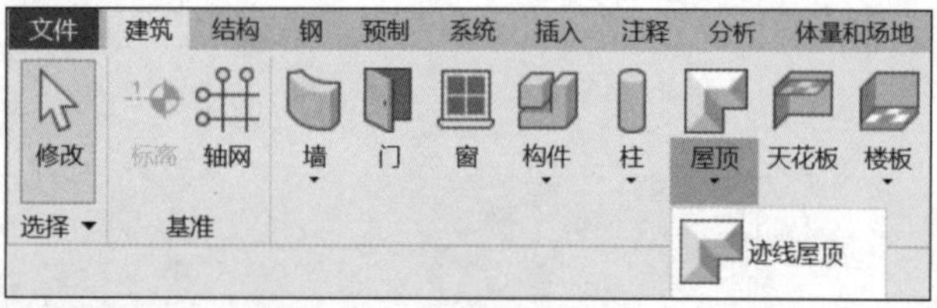

图6-2　单击【迹线屋顶】按钮

步骤03　在图6-3所示的选项栏中，设置【悬挑】为500。

图6-3　选项栏

步骤04　如图6-4(a)所示，将光标移至墙体外表面，当墙体高亮显示时，按下【Tab】键。当四周的墙体均高亮显示时，单击，如图6-4(b)所示。则系统自动识别墙体并绘制了屋顶的外轮廓线如图 6-4(c)所示。

图中的三角形为坡度符号。默认情况下,其坡度为 30°。读者可单击图 6-4(c)中的坡度值进行调整。屋顶迹线边上有坡度符号时,系统将按照默认的坡度值沿着垂直于轮廓线的方向进行放坡。

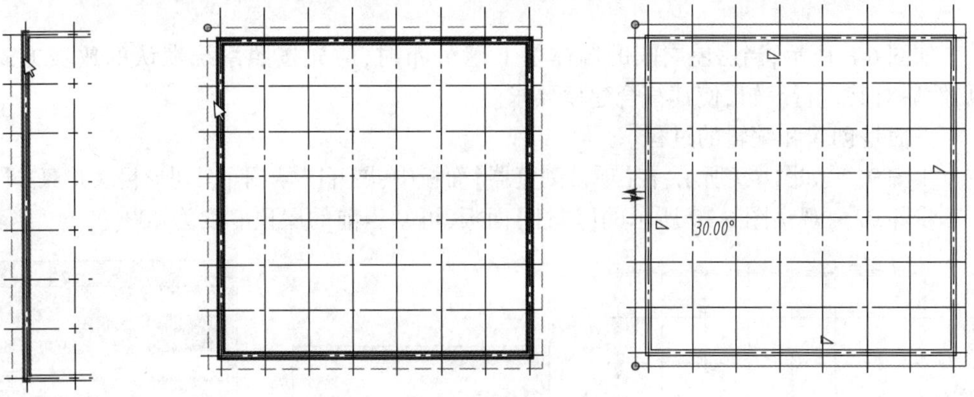

(a)将光标移至墙体外表面　(b)【Tab】键选中周围墙体　(c)绘制屋顶

图 6-4 创建迹线屋顶

步骤 05 如图 6-5 所示,依次单击【修改 | 创建屋顶迹线】选项卡→【模式】面板→【完成编辑模式】按钮,完成屋顶创建。

创建后的屋顶平面图如图 6-6 所示。

图 6-5 单击【完成编辑模式】按钮

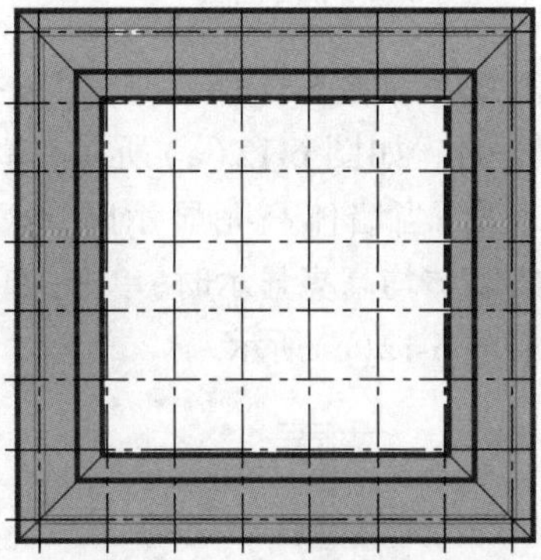

图 6-6 完成屋顶创建

步骤 06 将视图切换到三维空间,则结果如图 6-7 所示。

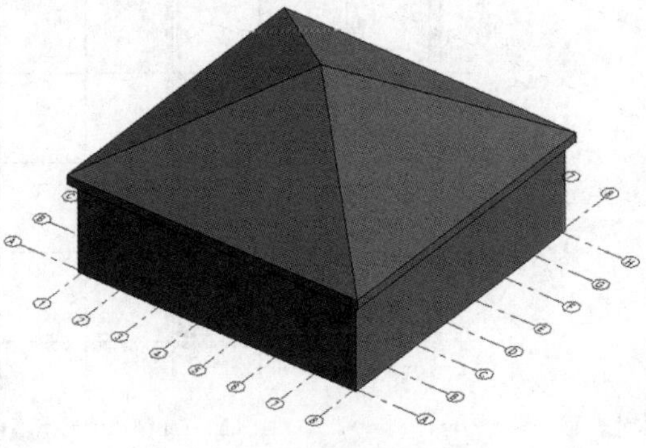

图 6-7 屋顶立体图

6.2　复杂坡屋顶的创建

如图 6-8 所示,当房屋周围的墙体呈 L 状分布时,应先按照系统默认的放坡方式创建屋顶,然后对其进行编辑,使其符合建模要求。

下面是创建和编辑的过程。

步骤 01　如图 6-9 所示,在【项目浏览器】面板中,展开【楼层平面】树形目录并双击【标高 2】。

步骤 02　观察图 6-10 所示的【属性】面板,可知当前的屋顶厚度为 400。

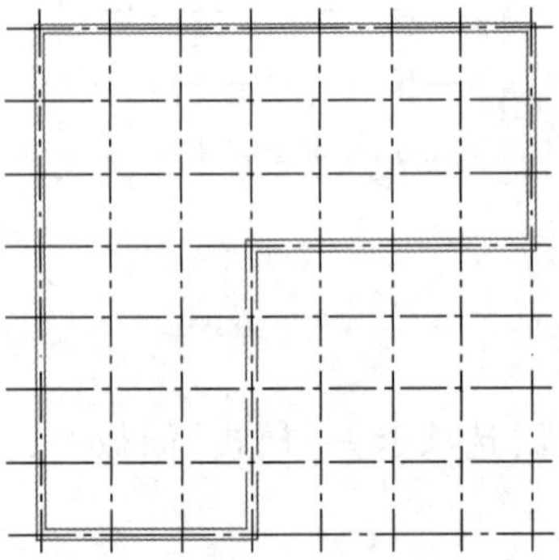

图 6-8　平面视图

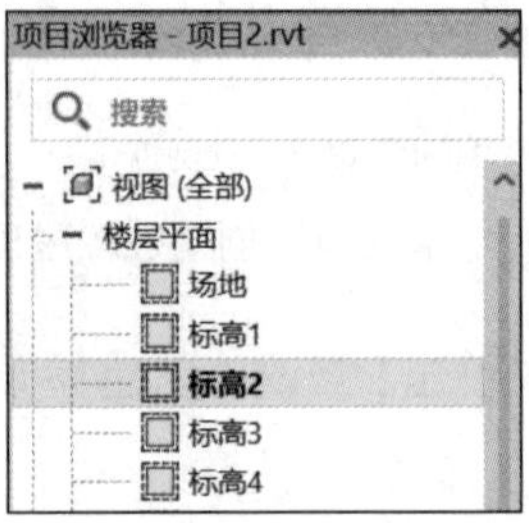

图 6-9　双击【标高 2】

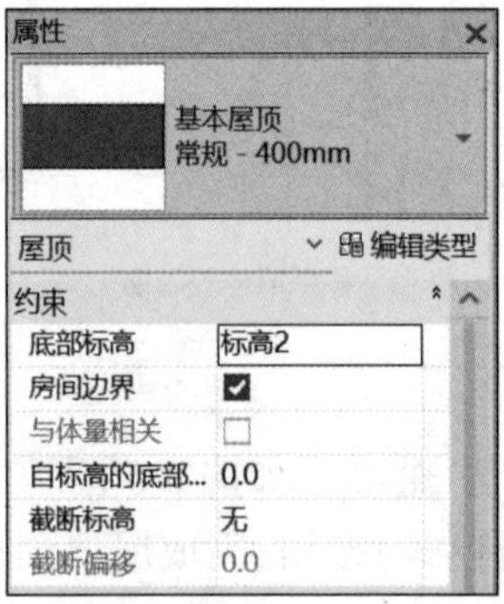

图 6-10　【属性】面板

步骤 03　如图 6-11 所示,设置【悬挑】为 500。

图 6-11　选项栏

步骤 04　如图 6-12(a)所示,将光标移至墙体外表面,当墙体高亮显示时,按【Tab】键。当四周的墙体均高亮显示时,单击,如图 6-12(b)所示。则系统自动识别墙体并绘制屋顶的外轮廓线如图 6-12(c)所示。

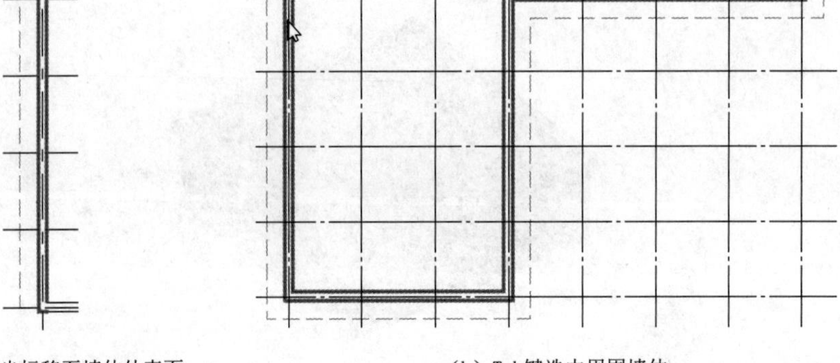

(a) 将光标移至墙体外表面　　(b) Tab键选中周围墙体

图 6-12　创建屋顶

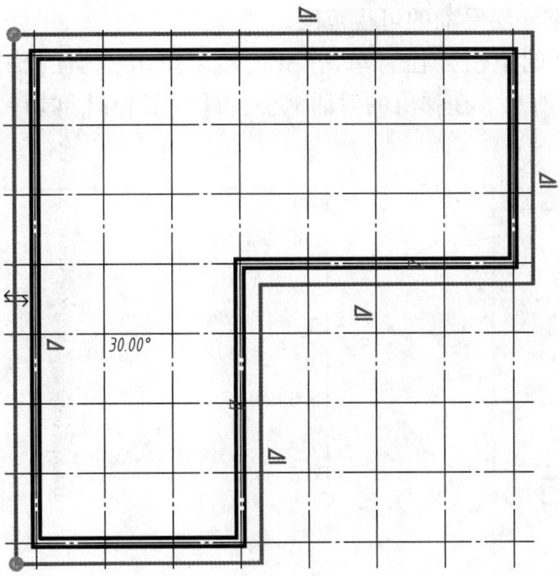

（c）绘制屋顶

图 6-12　创建屋顶(续)

步骤 05　如图 6-13 所示,依次单击【修改 | 创建屋顶迹线】选项卡→【模式】面板→【完成编辑模式】按钮,完成屋顶创建。

图 6-13　单击【完成编辑模式】按钮

创建后的屋顶平面图如图 6-14 所示。读者可能已经发现,屋顶平面图并不符合屋顶的投影特征。原因是屋顶并没有完全在系统设定的可视范围内。

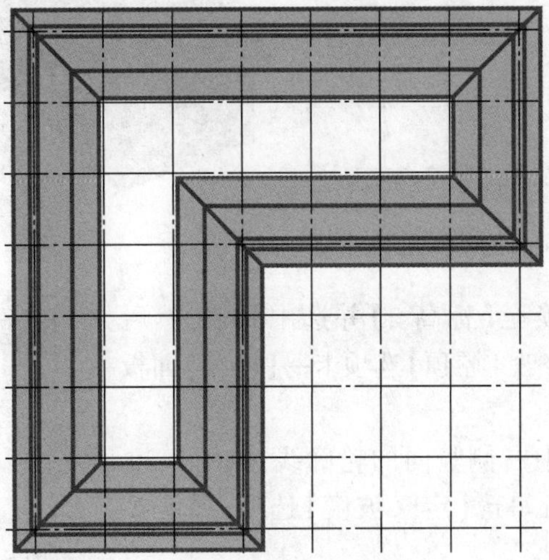

图 6-14　屋顶平面图

为此,需要重新调整楼层平面的可视范围。

步骤 06　在绘图区的空白处任意单击一次,然后单击【属性】面板中【视图范围】后面【编辑】按钮,如图 6-15 所示。在弹出的对话框中,将【顶部】和【剖切面】的偏移设为 2700,如图 6-16 所示。

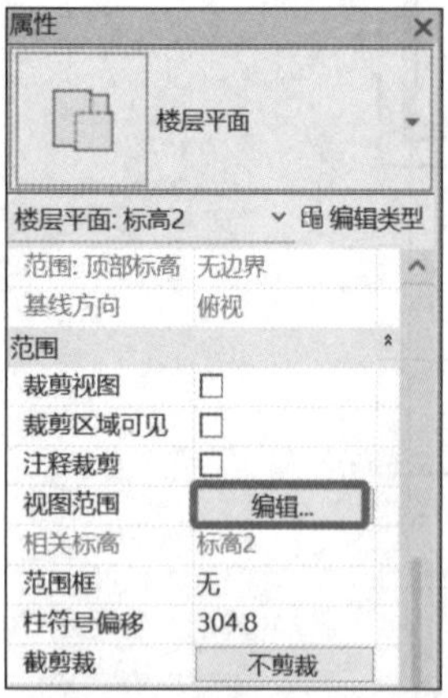

图 6-15　单击【编辑】按钮

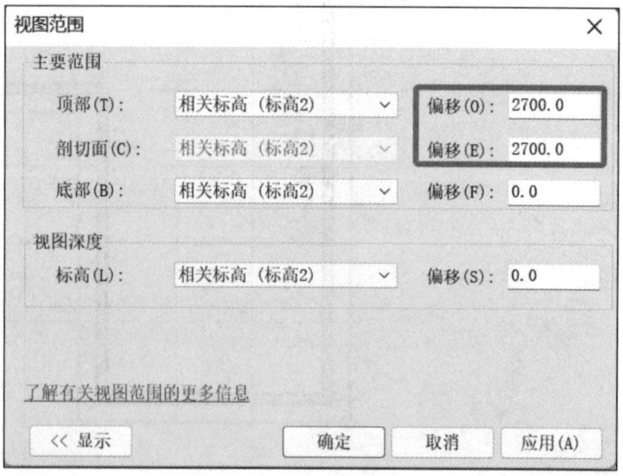

图 6-16　【视图范围】对话框

注意:该取值至少为屋顶高度值。为了获取屋顶高度值,可将视图切换到任意一个立面图,然后用测量或标注的方法获得。

步骤 07　调整视图范围后的平面图如图 6-17 所示。如果将视图切换为三维状态,则屋顶的立体图如图 6-18 所示。如果不需要在端墙的位置放坡,则应编辑屋顶迹线,取消坡度。

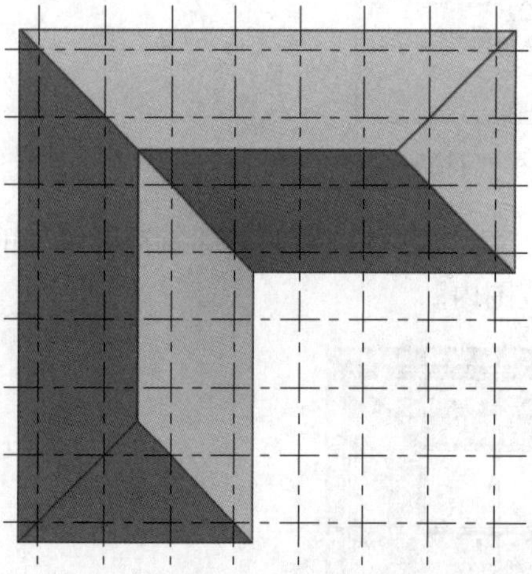

图 6-17　调整视图范围后的平面图

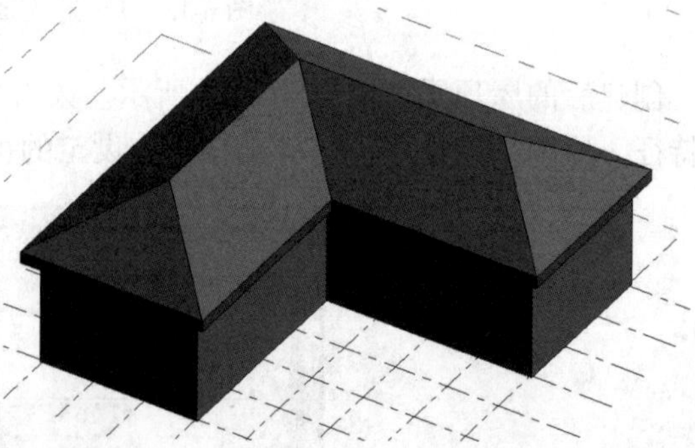

图 6-18　屋顶立体图

步骤 08　将视图切换至【标高 2】并选中屋顶,然后如图 6-19 所示,依次单击【修改 | 屋顶】选项卡→【模式】面板→【编辑迹线】按钮。

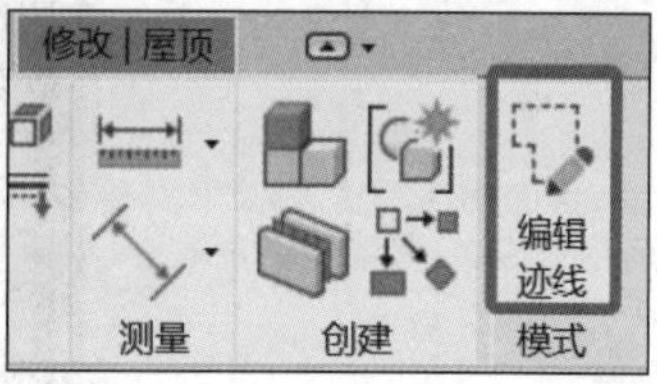

图 6-19　单击【编辑迹线】按钮

返回绘图区,单击选中右侧竖向的轮廓线,如图 6-20 所示。然后在选项栏中取消勾选【定义坡度】选项,如图 6-21 所示。

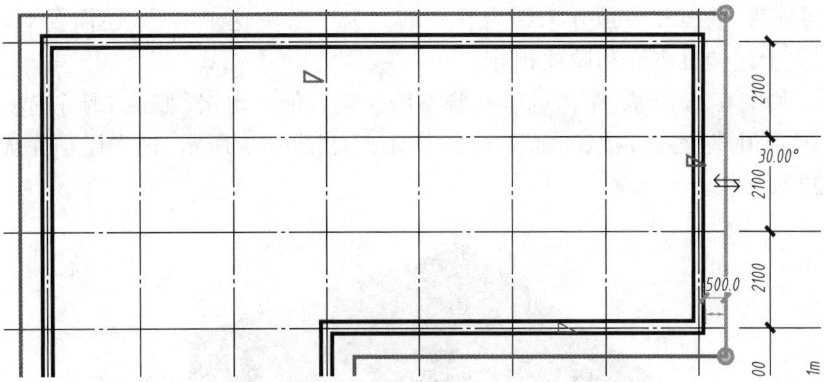

图 6-20　选中右边的轮廓线

图 6-21　取消勾选【定义坡度】

经此操作后,系统将不再沿着垂直于该迹线的方向放坡。

步骤 09　用同样的方法取消另一端墙处的坡度定义,则两个端墙处的坡度符号消失,结果如图 6-22 所示。

步骤 10　如图 6-23 所示,依次单击【修改 | 屋顶编辑迹线】选项卡→【模式】面板→【完成编辑模式】按钮,完成屋顶的编辑。编辑后的屋顶立体图如图 6-24 所示。

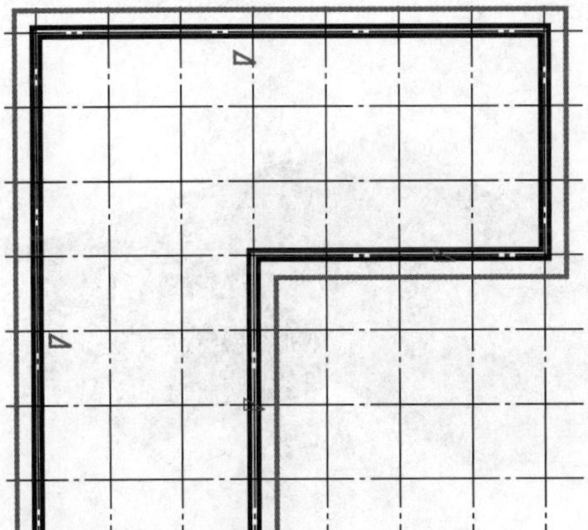

图 6-22　屋顶平面图

图 6-23　单击【完成编辑模式】按钮

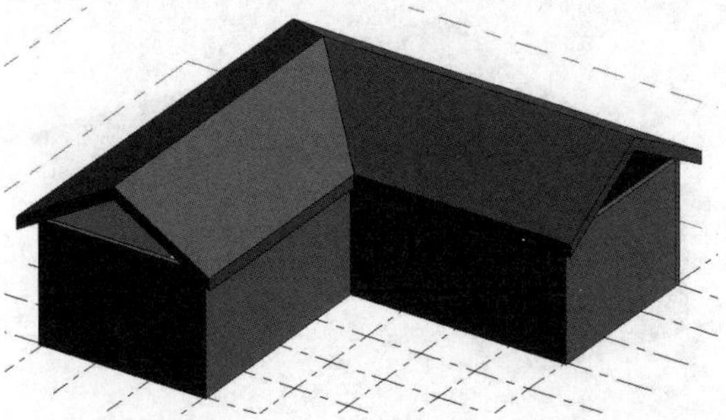

图 6-24　屋顶立体图

创建好屋顶后，墙面和屋顶并未结合在一起。为了解决这个问题，还需要对墙体进行修改，使其高度向上延伸且刚好和屋顶相连。

步骤 11　如图 6-25 所示，单击选中右侧端墙。然后依次单击【修改 | 墙】选项卡→【修改墙】面板→【附着顶部/底部】按钮，如图 6-26 所示。如图 6-27 所示，选中屋顶完成墙体编辑，结果如图 6-28 所示。

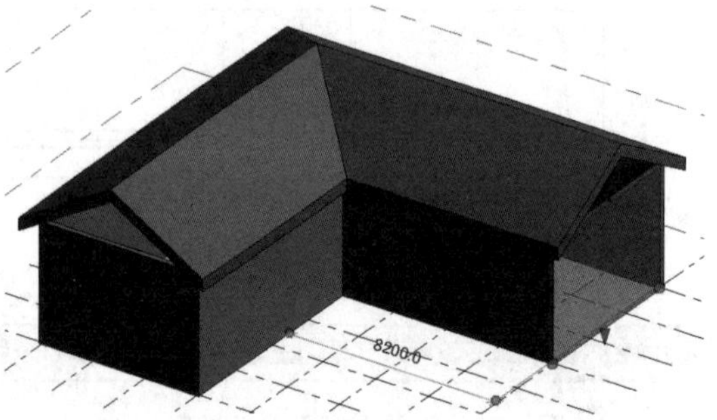

图 6-25　选中侧面墙体

图 6-26　单击【附着顶部/底部】按钮

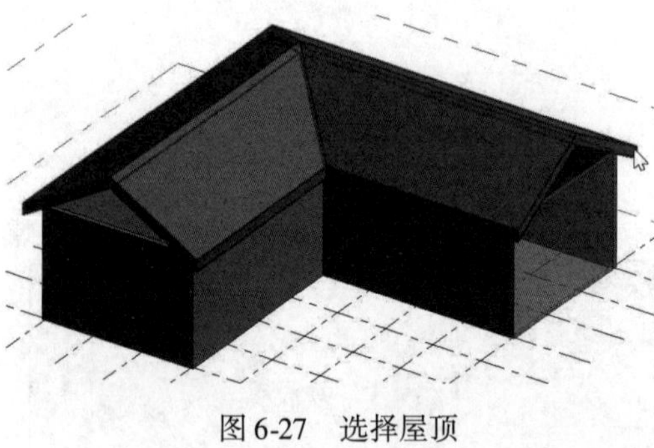

图 6-27　选择屋顶

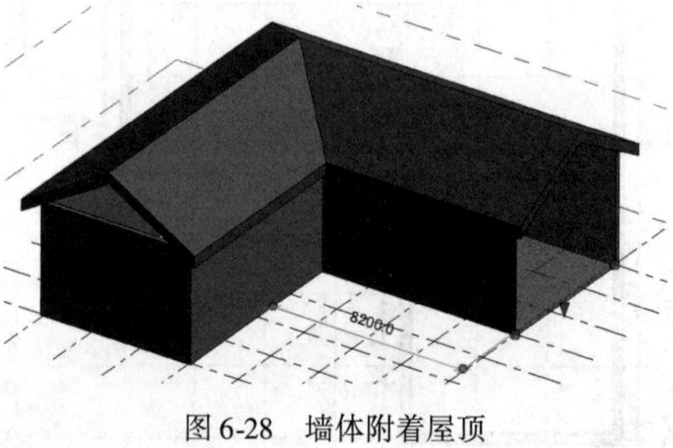

图 6-28　墙体附着屋顶

步骤 12　用同样的方法修改左侧端墙，结果如图 6-29 所示。

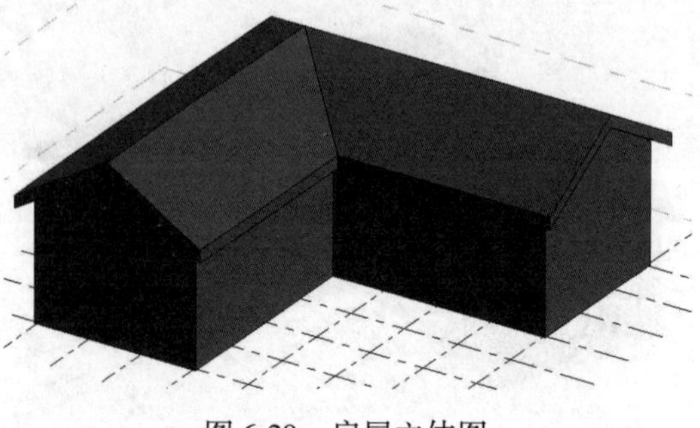

图 6-29　房屋立体图

6.3　带有老虎窗的坡屋顶

老虎窗是设置在屋顶，用来采光和通风的结构。下面的例子中，将演示在人字形屋顶上创建两个老虎窗。

步骤 01　启动创建屋顶的命令并设置绘制参数。

依次单击【建筑】选项卡→【构建】面板→【屋顶】下拉列表中的【迹线屋顶】按钮，如图 6-30所示。

此时，选项栏中【悬挑】的值为 0，如图 6-31 所示。

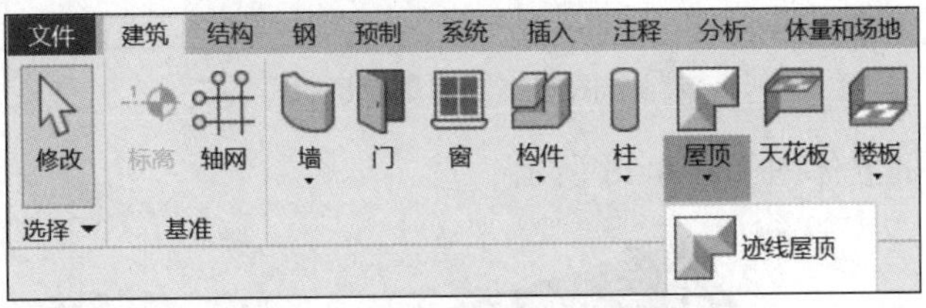

图 6-30　单击【迹线屋顶】按钮

图 6-31　选项栏

接着如图 6-32 所示，依次单击【修改 | 创建屋顶迹线】选项卡→【绘制】面板→【直线】按钮，并将选项栏中的【偏移】设置为 500，如图 6-33 所示。这时，屋顶悬挑值为 500。

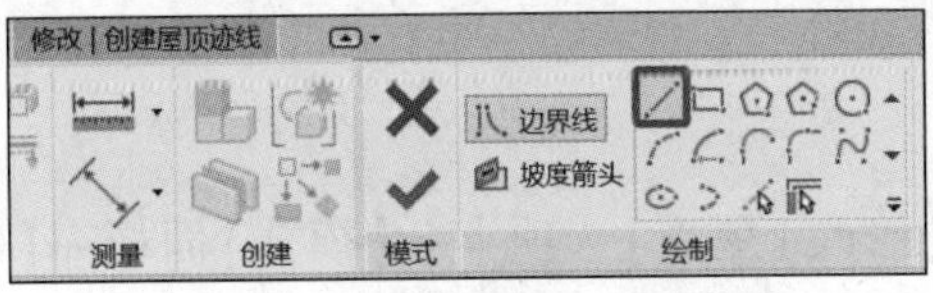

图 6-32　单击【直线】按钮

图 6-33　设置悬挑宽度

步骤 02　绘制人字形屋顶。

如图 6-34 所示，沿墙体轴线绘制屋顶轮廓。

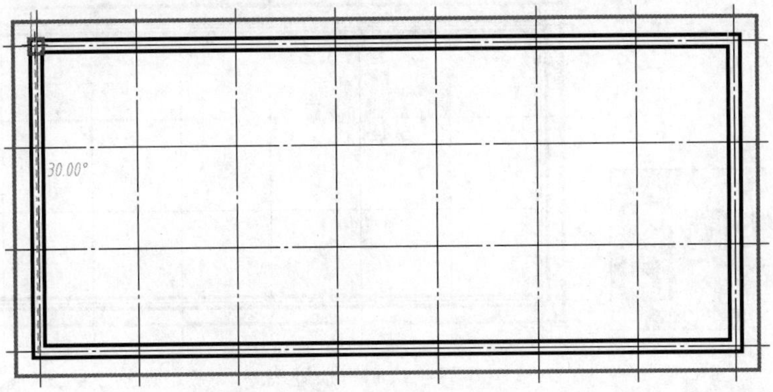

图 6-34　绘制屋顶轮廓

绘制结束后，选中左、右两条迹线，在选项栏中取消勾选【定义坡度】选项，结果如图 6-35 所示。

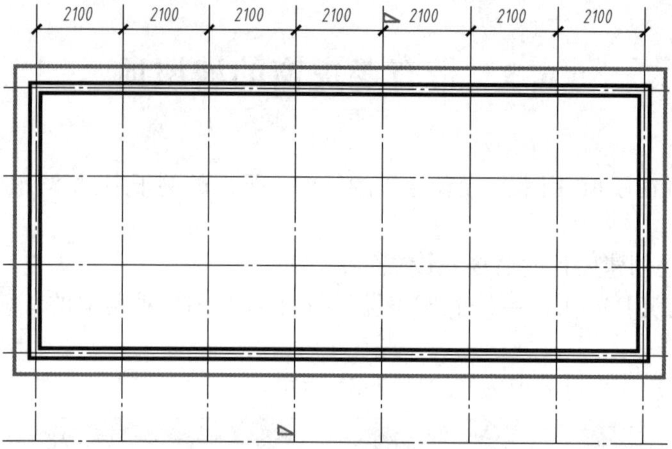

图 6-35 编辑轮廓

切换视角，屋顶的立体图如图 6-36 所示。

图 6-36 屋顶立体图

步骤 03 编辑屋顶迹线并绘制老虎窗。

将视图切换到平面视图，选中屋顶并依次单击【修改 | 屋顶】选项卡→【模式】面板→【编辑迹线】按钮。

选中下面的一条水平迹线并删除，然后按照图 6-37 所示，重新绘制 7 段迹线。

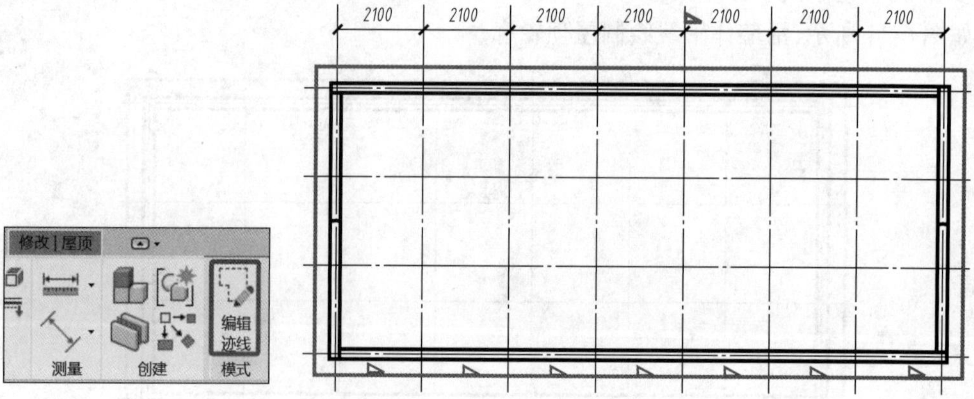

图 6-37 绘制屋顶迹线

由于需要在第 2、3 段，第 5、6 段绘制老虎窗，所以请选中上述 4 段迹线，并在选项栏中取消勾选【定义坡度】选项，结果如图 6-38 所示。

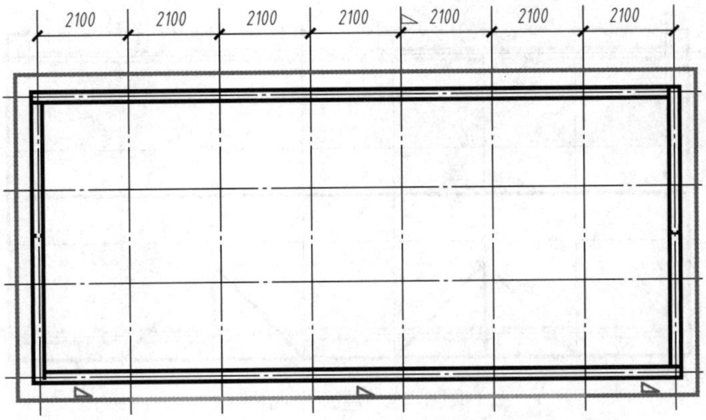

图 6-38　编辑屋顶迹线

为了绘制老虎窗，如图 6-39 所示，依次单击【修改 | 屋顶编辑迹线】选项卡→【绘制】面板→【坡度箭头】按钮，按照图 6-40 中箭头的起点和终点方向沿迹线绘制4 个坡度箭头。

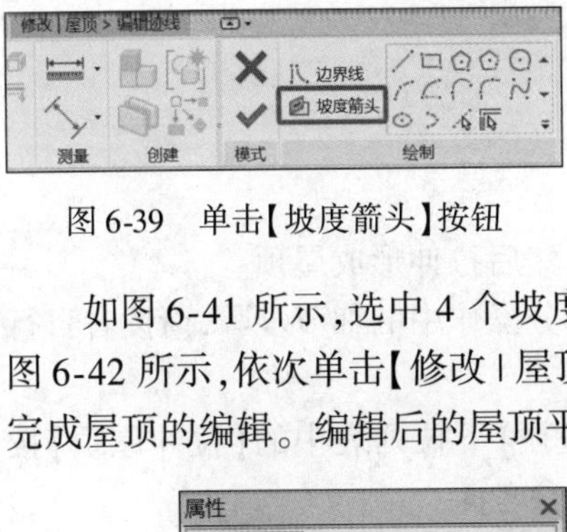

图 6-39　单击【坡度箭头】按钮

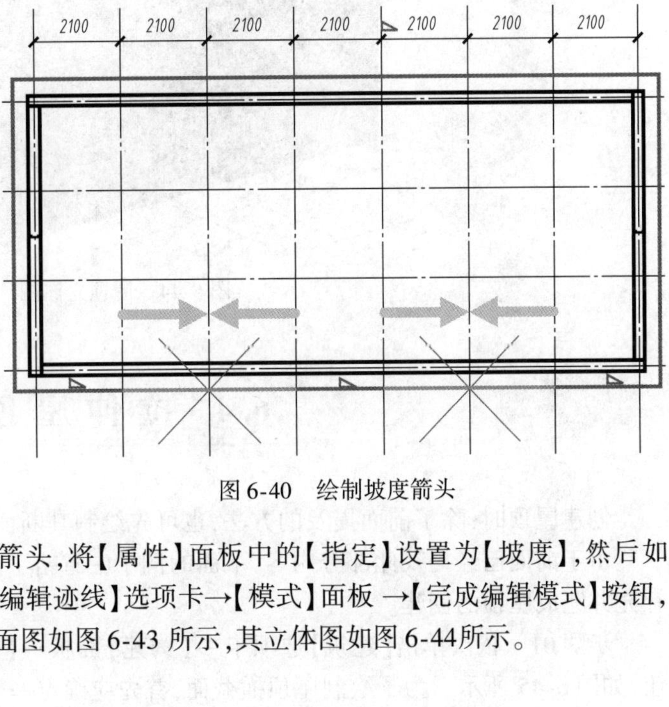

图 6-40　绘制坡度箭头

如图 6-41 所示，选中 4 个坡度箭头，将【属性】面板中的【指定】设置为【坡度】，然后如图 6-42 所示，依次单击【修改 | 屋顶编辑迹线】选项卡→【模式】面板 →【完成编辑模式】按钮，完成屋顶的编辑。编辑后的屋顶平面图如图 6-43 所示，其立体图如图 6-44所示。

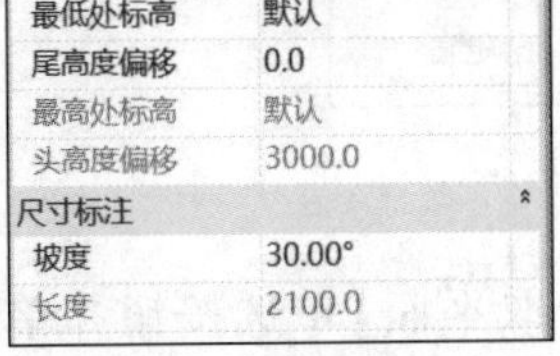

图 6-41　设置约束

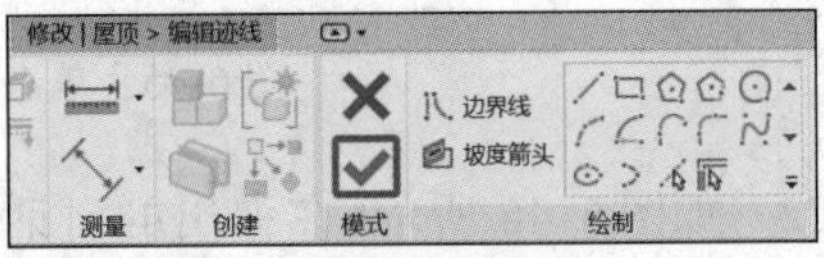

图 6-42　单击【完成编辑模式】按钮

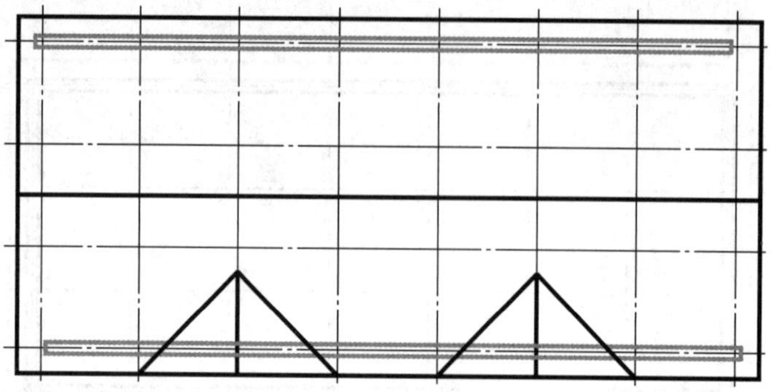

图 6-43　屋顶平面图

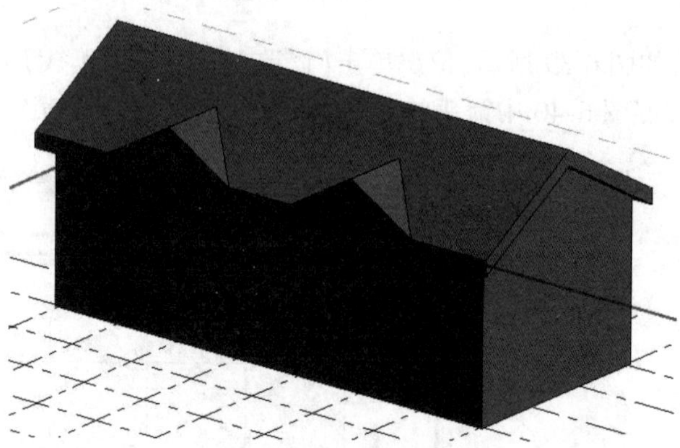

图 6-44　屋顶立体图

6.4　拉 伸 屋 顶

创建屋顶时，除了前面提及的方法，也可先绘制其断面，然后拉伸形成屋顶。

由于前面已经提及此部分内容，下面的例子中省略了部分操作中的细节步骤，请读者自行补充并完成屋顶的创建。

步骤 01　依次单击【建筑】选项卡→【构建】面板→【屋顶】下拉列表中的【拉伸屋顶】按钮，如图 6-45 所示。为了绘制屋顶横截面，首先应确定一个参考面。

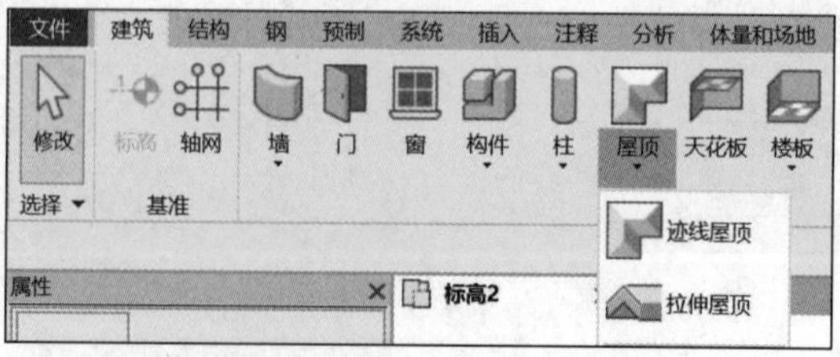

图 6-45　单击【拉伸屋顶】按钮

步骤 02　如图 6-46 所示，在弹出的对话框中选择【拾取平面】单选按钮并单击【确定】按钮。

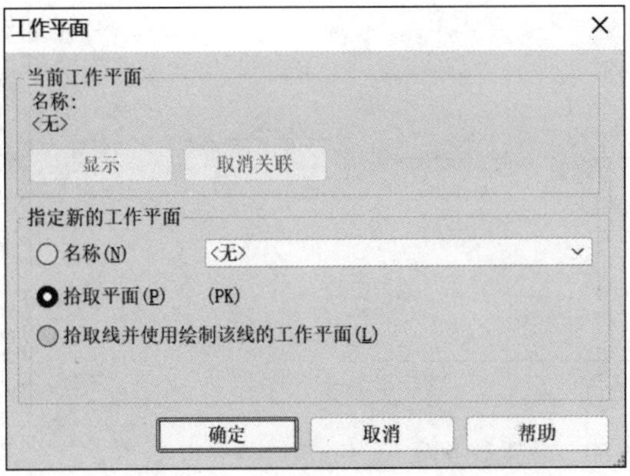

图6-46　单击【拾取平面】单选按钮

步骤03　在图6-47所示的平面图中选择墙体外轮廓作为参考面。

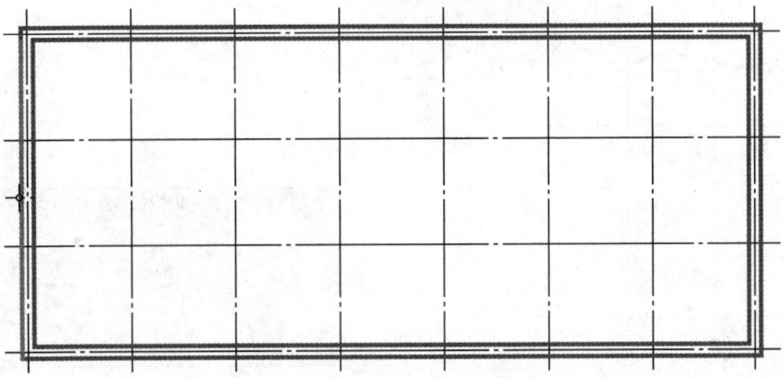

图6-47　选择墙体外轮廓

步骤04　在图6-48所示的对话框中选择【立面:东】并单击【打开视图】按钮，在弹出的对话框中将【标高】设置为【标高2】，如图6-49所示。

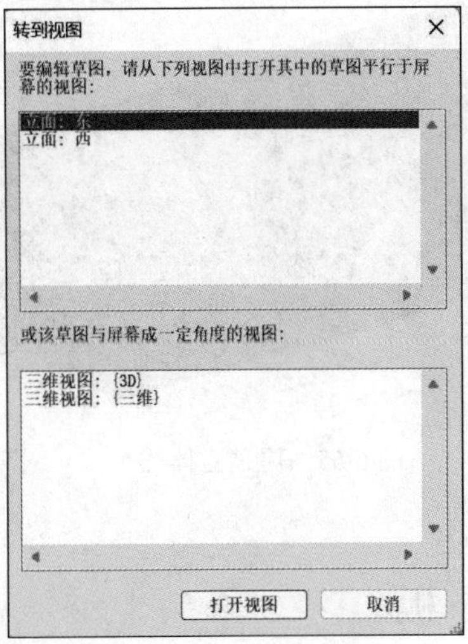

图6-48　选择【立面:东】

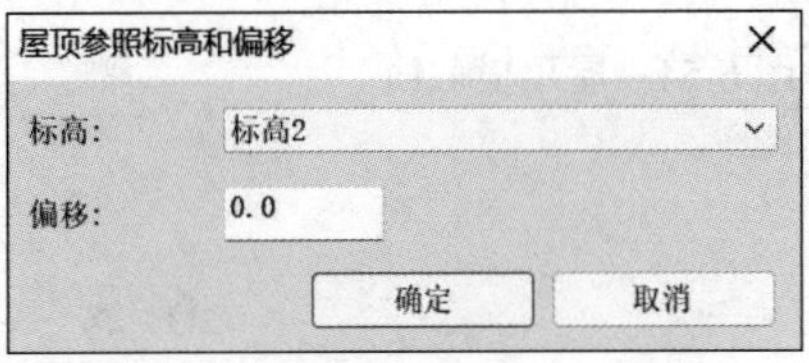

图6-49　设置【标高】为【标高2】

步骤05　这时绘图区如图6-50所示。如果需要设置屋顶悬挑值，应以当前的参考面为准，在图6-51所示的对话框中设置【拉伸起点】和【拉伸终点】的值。

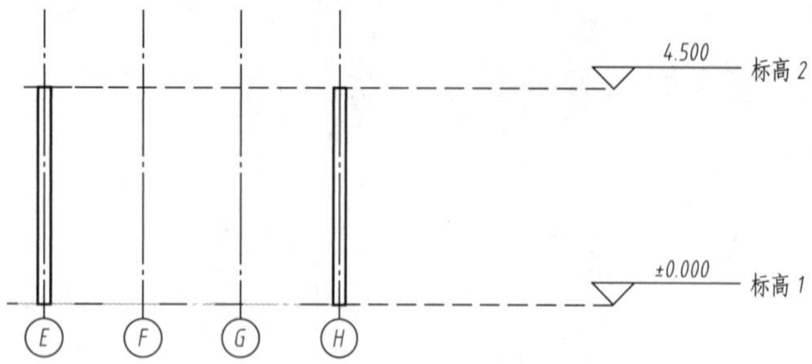

图 6-50　位置参考面

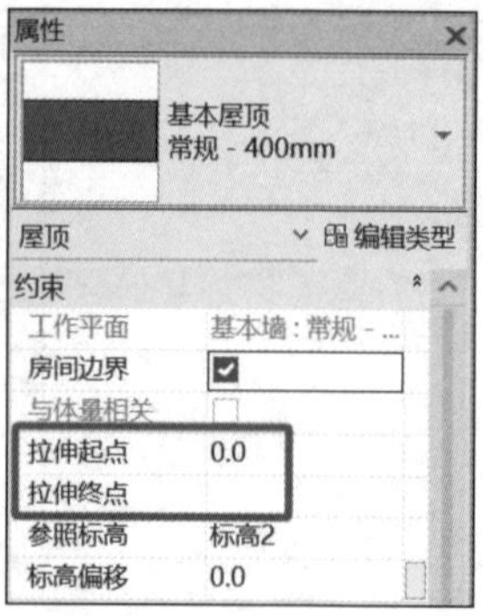

图 6-51　设置拉伸参数

步骤 06　按照图 6-52 所示的顺序绘制样条曲线，然后单击图 6-53 所示的【完成编辑模式】按钮。

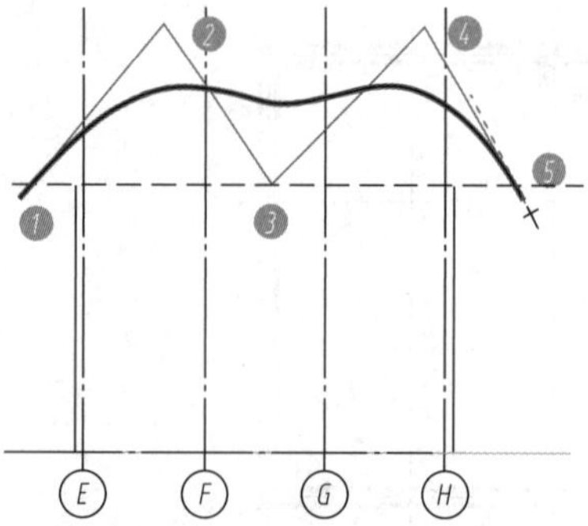

图 6-52　绘制屋顶横截面

图 6-53　单击【完成编辑模式】按钮

步骤 07　绘制完成后，屋顶的横截面如图 6-54 所示。将视图切换到三维视图，则屋顶的立体效果如图 6-55 所示。

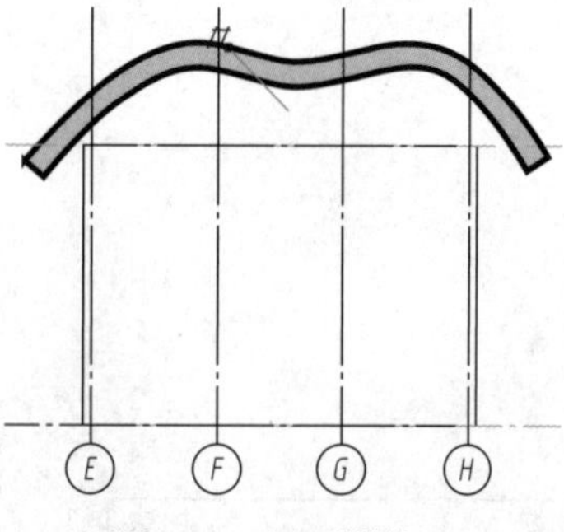

图 6-54　屋顶横截面

图 6-55　屋顶立体图

6.5　创 建 楼 板

在很多情况下，楼板的表面是一个平面。但是在卫生间等间隔中，楼板表面往往出现一定的坡度，而且在坡度的汇集处应该有地漏。

下面是一个楼板创建的例子。

步骤 01　如图 6-56 所示，依次单击【建筑】选项卡→【构建】面板→【楼板】下拉列表中的【楼板:建筑】按钮。

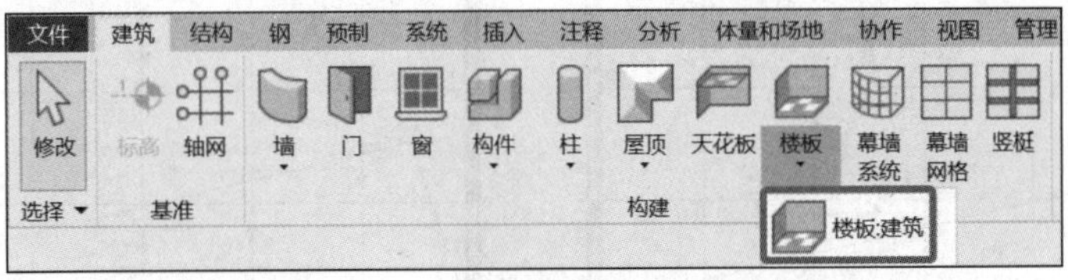

图 6-56　单击【楼板:建筑】按钮

步骤 02　如图 6-57 所示，将光标移至墙体上，当该面墙体高亮显示时，按下【Tab】键选中所有墙体并单击。

步骤 03　如图 6-58 所示，依次单击【修改 | 创建楼层边界】选项卡→【模式】面板→【完成编辑模式】按钮。为了给楼板设置坡度，可通过向楼板平面内添加不同高程位置的点来实现。

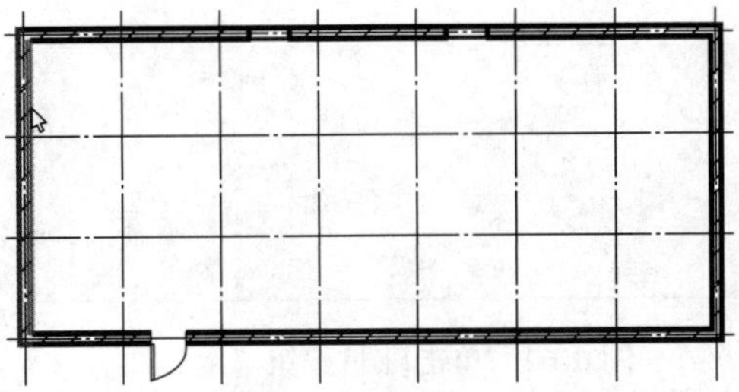

图 6-57　将光标移至墙体

图 6-58　单击【完成编辑模式】按钮

步骤 04　如图 6-59 所示，依次单击【修改 | 楼板】选项卡→【形状编辑】面板→【添加点】按钮。

图 6-59　单击【添加点】按钮

步骤 05　在选项栏中，将【高程】设置为 -30，如图 6-60 所示。

图 6-60　设置高程

设置完成后，后面添加的点的高程比楼板表面低 30。如果将楼板的轮廓顶点和添加点相连接，则楼板表面自动形成了面坡。

步骤 06　回到绘图区,将光标移至楼板范围内单击,则添加的点如图 6-61 所示。按下【Esc】键退出编辑状态,则结果如图 6-62 所示。

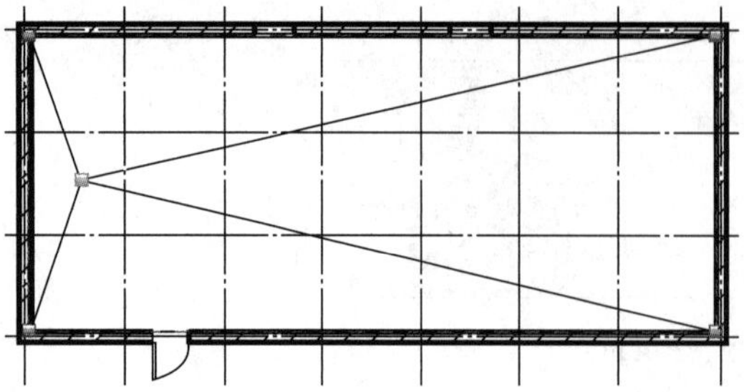

图 6-61　添加点

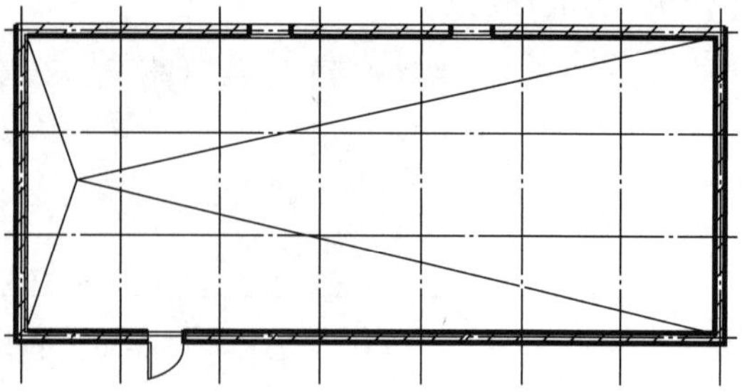

图 6-62　创建坡度

为了在楼板坡面相交处设置排水孔,还应在相应位置创建竖向孔洞。

步骤 07　如图 6-63 所示,依次单击【建筑】选项卡→【洞口】面板→【竖井】按钮,弹出图 6-64 所示面板,然后单击【绘制】面板中的【圆】按钮。

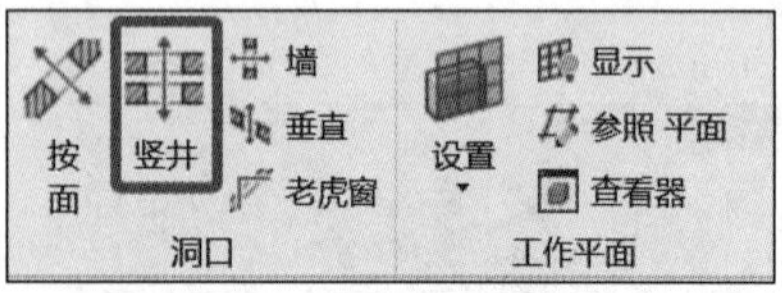

图 6-63　单击【竖井】按钮

图 6-64　单击【圆】按钮

步骤 08　如图 6-65 所示,将光标移至坡面相交处,绘制圆并单击【完成编辑模式】按钮,将视图切换至三维空间,则结果如图 6-66 所示。

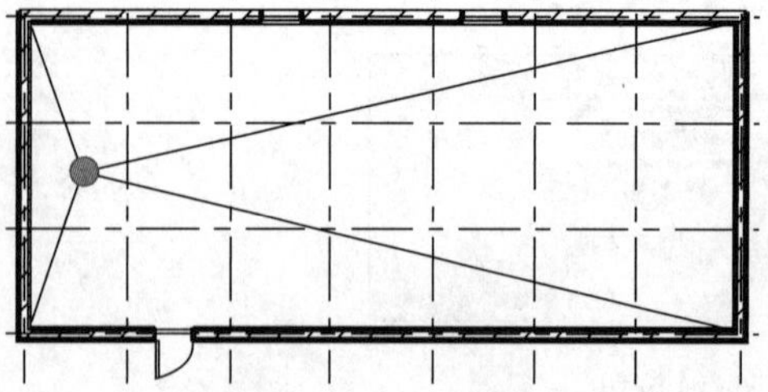

图 6-65　创建竖孔

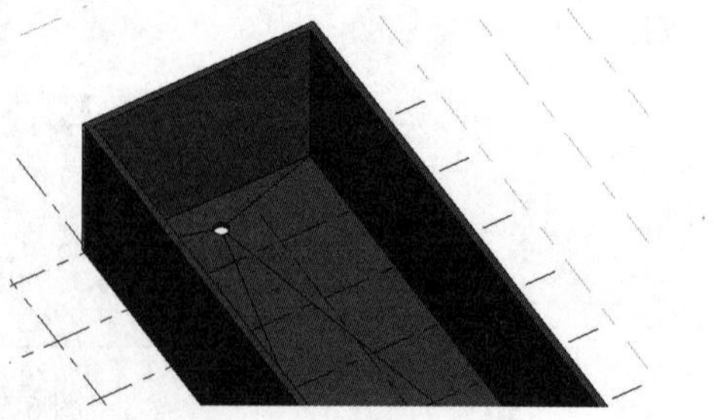

图 6-66　楼板立体图

第7章

房屋建筑模型创建实例

在掌握了基本构件的建模方法后，本章以实际模型为例，讨论房屋建筑模型的建模过程。

【例题】已知建筑的内外墙厚均为240，且沿轴线居中布置。请按照建筑平、立、剖面图建立房屋模型。对于未给定尺寸的构件，请参照图样自定义尺寸进行建模并生成建筑平、立、剖面图，如图7-1所示。

其中：窗户的型号为C1815（1800×1500）、C0615（600×1500）。

门的型号为M0620（600×2000）、M1521（1500×2100）、M1822（1800×2200）、JLM3022（3000×2200）、YM1824（1800×2400）。

棚架梁的横截面尺寸为100×150。

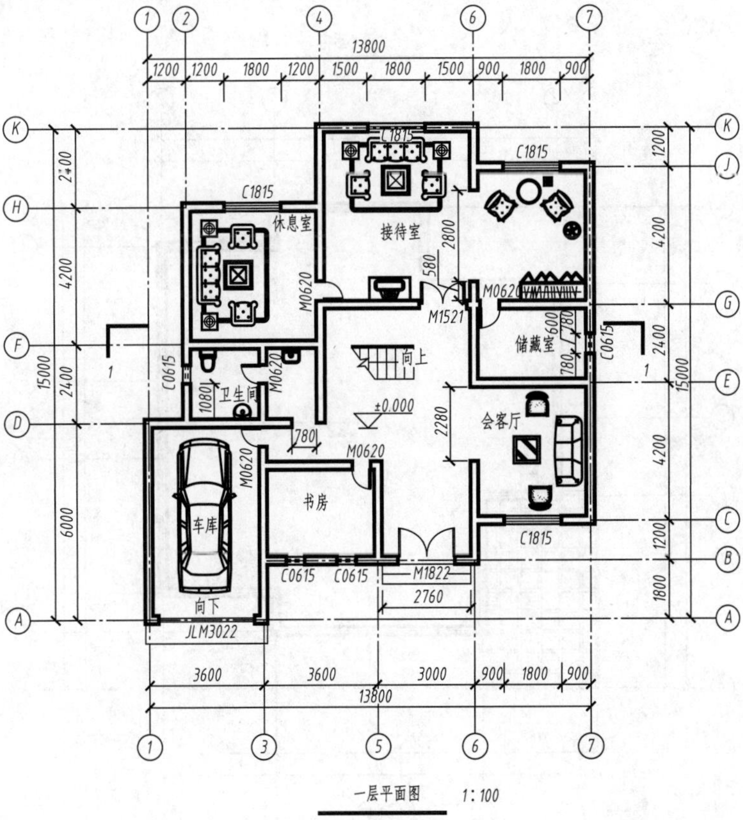

图7-1 房屋建筑平、立、剖面图

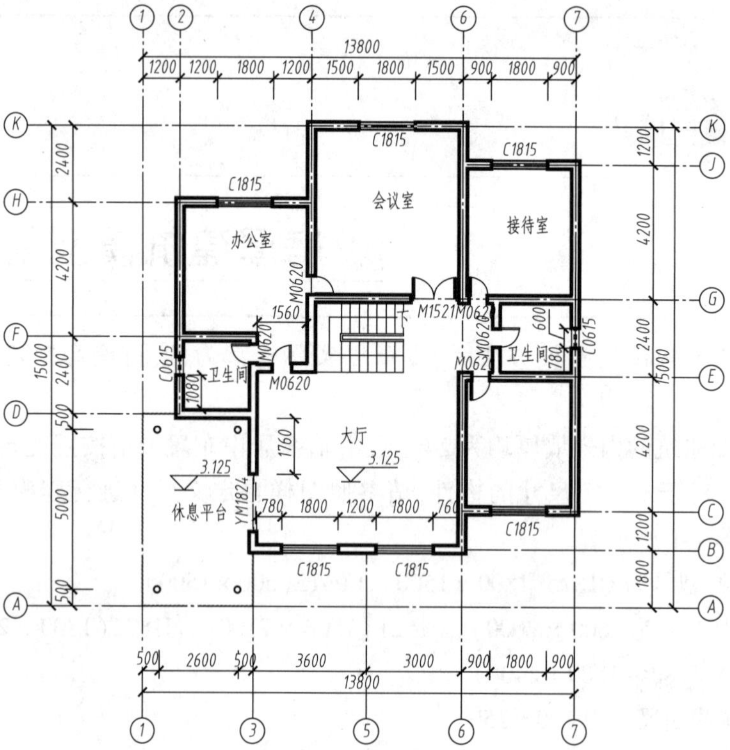

二层平面图 1:100

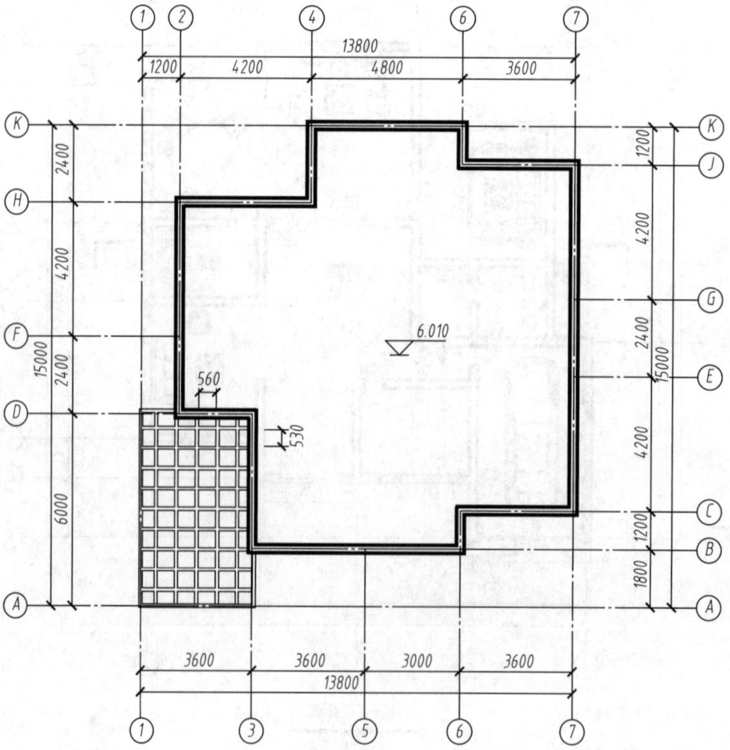

屋顶平面图 1:100

图 7-1 房屋建筑平、立、剖面图(续 1)

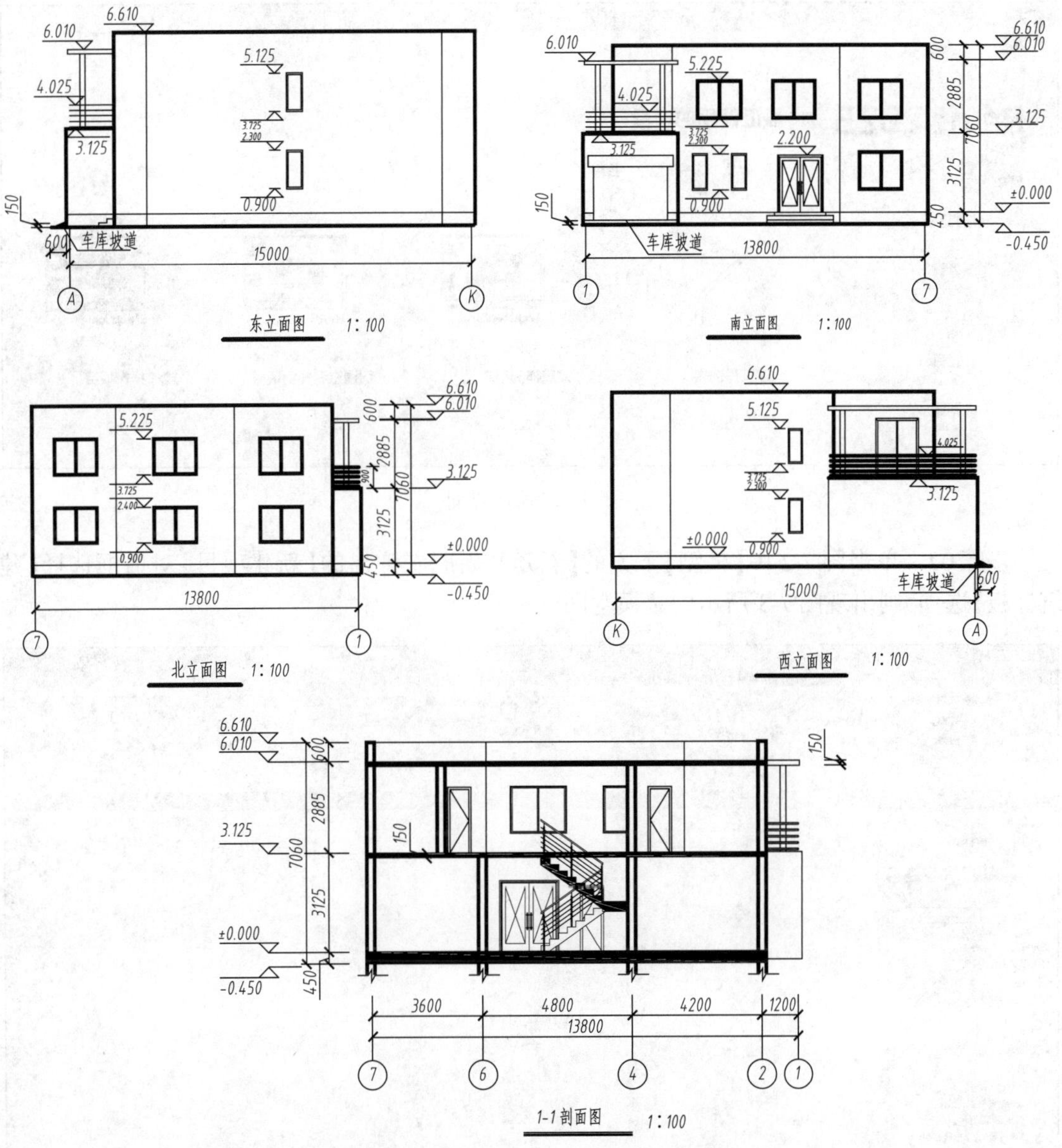

图 7-1　房屋建筑平、立、剖面图(续 2)

由图样可知,该房屋建筑共有 2 层。一、二层的房间分隔稍有不同,一层西南方位为车库,二层相应的位置为阳台。建模时,基本步骤为依次创建标高、轴网、墙体、门窗、楼板楼梯、栏杆、台阶等。

下面是详细的建模过程。

7.1　新 建 项 目

步骤 01　双击 Revit 2025 图标,打开软件,默认界面如图 7-2 所示;

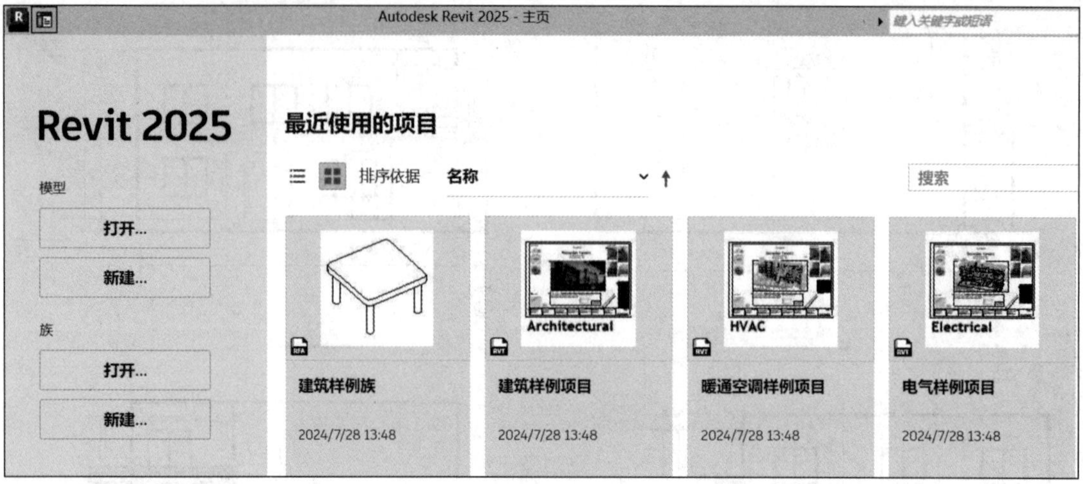

图 7-2　默认界面

步骤 02　单击图 7-2 中【模型】下方的【新建】按钮，在弹出的【新建项目】对话框选择【建筑样板】选项，则出现图 7-3 所示的建模空间。

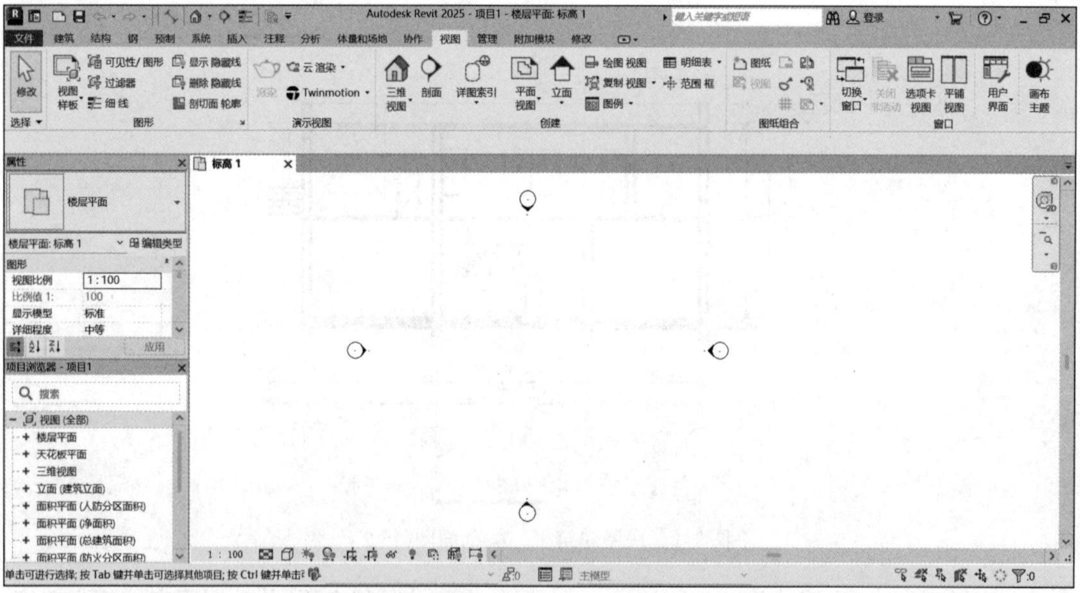

图 7-3　建筑建模空间

7.2　创建标高

由图 7-1 中的建筑立面图可知，项目中应创建标高值为 −0.45、0.000、3.125、6.010、6.610 的 5 个标高，下面是具体的创建过程。

步骤 01　如图 7-4 所示，在【项目浏览器】中，展开【立面（建筑立面）】树形目录，双击【东】选项，则绘图区如图 7-5 所示。

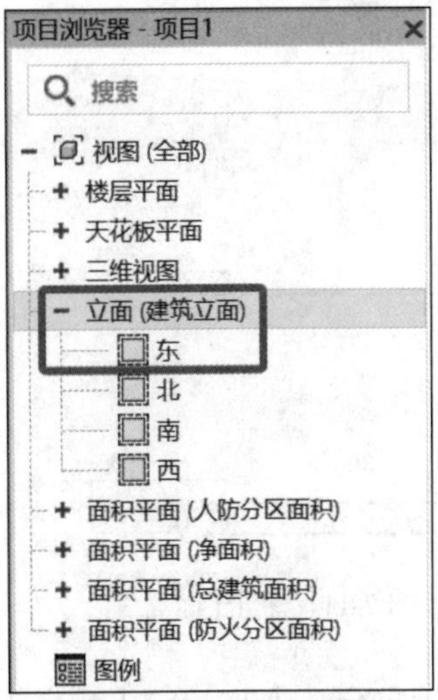

图 7-4　双击【东】选项

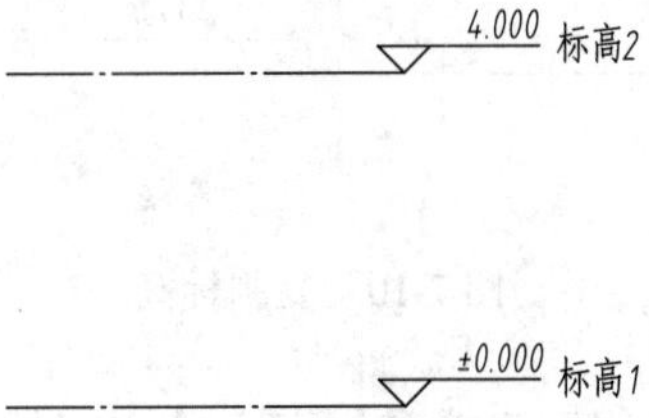

图 7-5　绘图区的标高

步骤 02　如图 7-6 所示，双击【标高 2】的标高值 4. 000，当数字可编辑时，将其改为 3. 125。修改后的标高如图 7-7 所示。

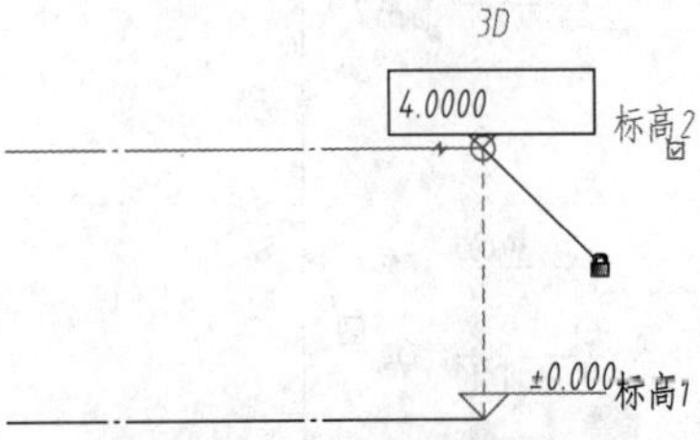

图 7-6　双击标高值

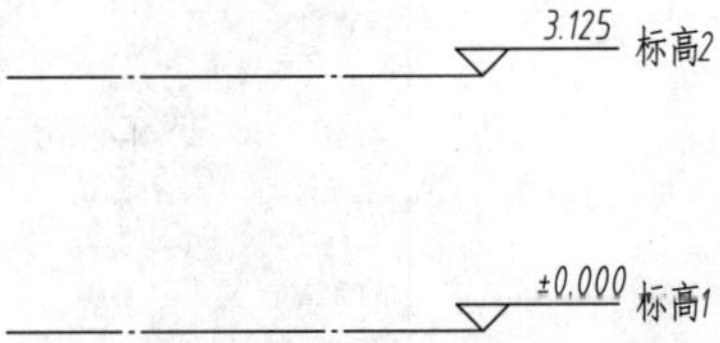

图 7-7　修改后的标高

步骤 03　创建负标高。如图 7-8 所示，单击【标高 1】，然后依次单击【修改 | 标高】选项卡→【修改】面板→【复制】按钮，如图 7-9 所示。

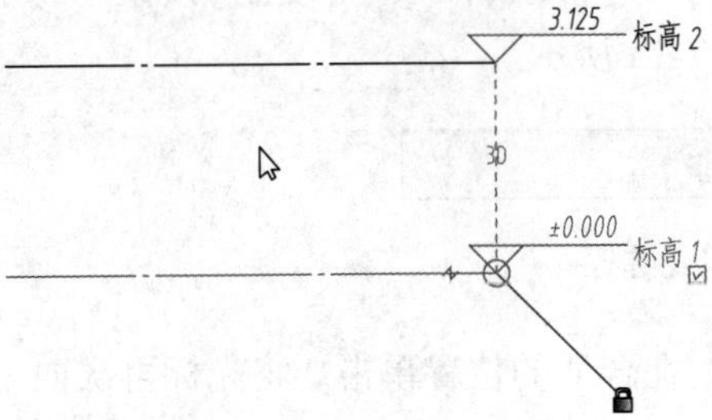

图 7-8　单击【标高 1】

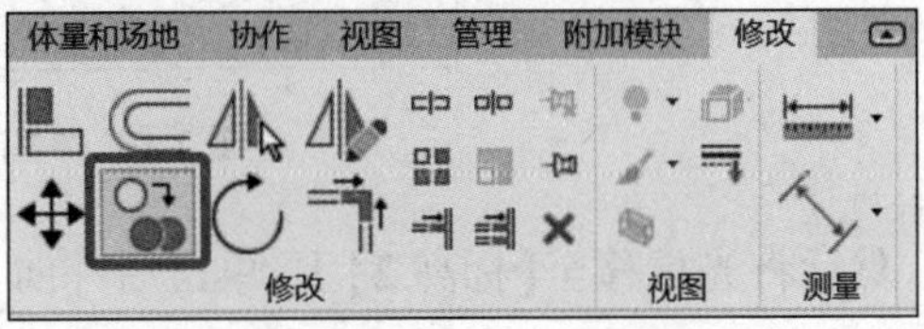

图 7-9　单击【复制】按钮

接着将光标移至【标高 2】上并单击，然后竖直向下移动光标，在合适的位置单击完成标高的复制，结果如图 7-10 所示。

最后，双击【标高 3】中的标高数字，将其改为 -0. 450，结果如图 7-11 所示。

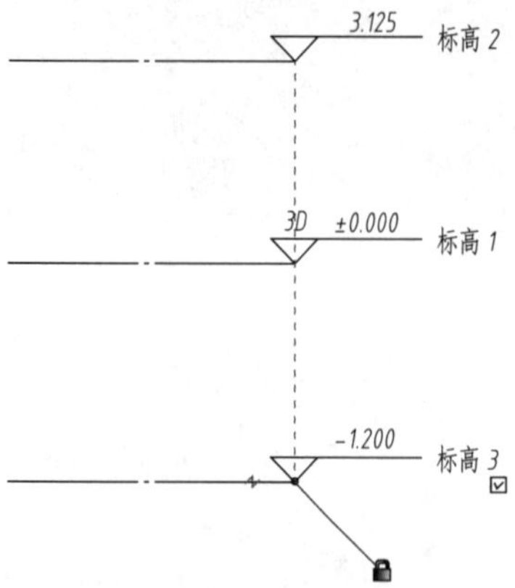

图 7-10　复制标高

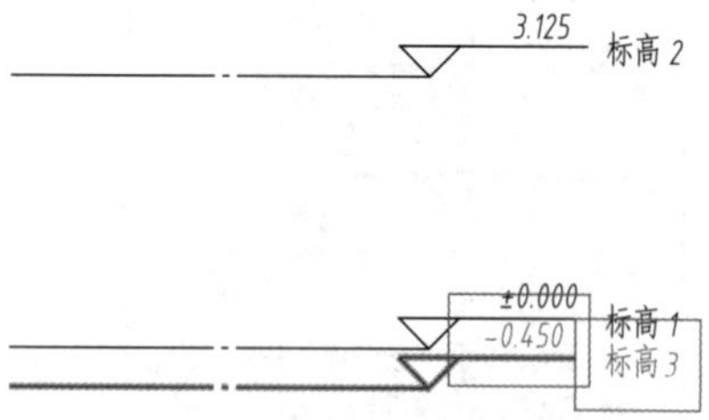

图 7-11　单击【标高 3】

由于【标高 1】和【标高 3】之间的距离太小，其标头接近重合。为此，单击【标高 3】，在【属性】面板中将标头类型选为【下标头】，如图 7-12 所示。

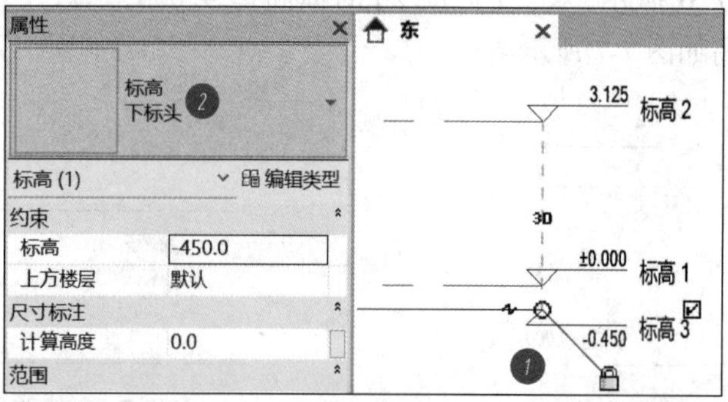

图 7-12　改变标头类型

步骤 04　利用【复制】命令，创建其他两个标高。

单击【标高 2】，然后依次单击【修改 | 标高】选项卡→【修改】面板→【复制】按钮。为了方便绘制标高，请选中选项栏中的【多个】复选框，如图 7-13 所示。

图 7-13　勾选【多个】复选框

然后将光标移至【标高 2】上，单击后并向上移动，在合适的位置单击。将光标再次向上移动，在合适的位置再单击，完成标高复制，结果如图 7-14 所示。最后，双击标高值和标高名称，按要求的标高值和编号顺序进行修改，结果如图 7-15 所示。

回到【项目浏览器】面板，展开【楼层平面】树形目录，结果如图 7-16 所示。显然，除了系统创建的默认楼层，并未出现新建标高对应的楼层平面。

为方便建模，应创建和标高对应的楼层平面。

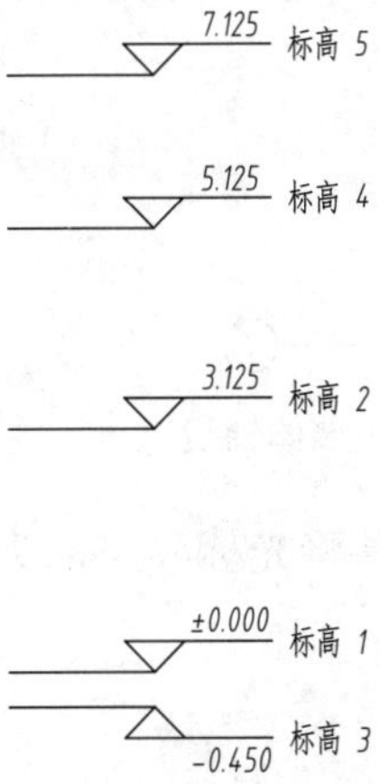

图 7-14　复制其他标高

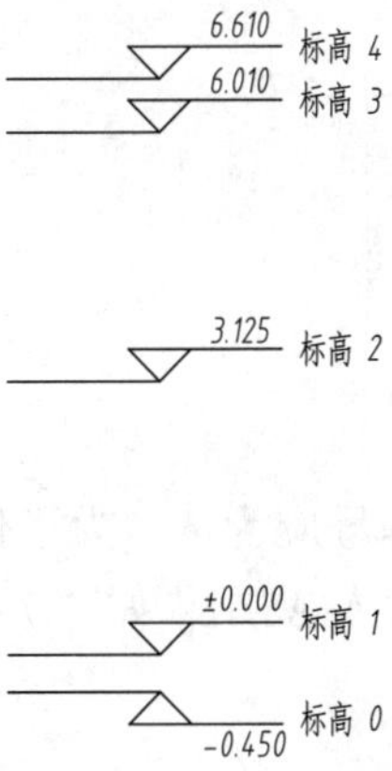

图 7-15　调整后的标高

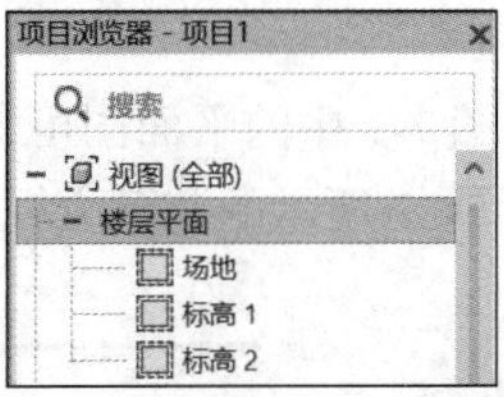

图 7-16　【项目浏览器】面板

步骤 05　创建新建标高对应的楼层平面。

如图 7-17 所示，依次单击【视图】选项卡→【创建】面板→【平面视图】下拉列表中的【楼层平面】按钮，弹出图 7-18 所示的【新建楼层平面】对话框。

在该对话框中，选中所有标高，单击【确定】按钮，则【项目浏览器】中出现了和所选标高对应的楼层平面，如图 7-19 所示。

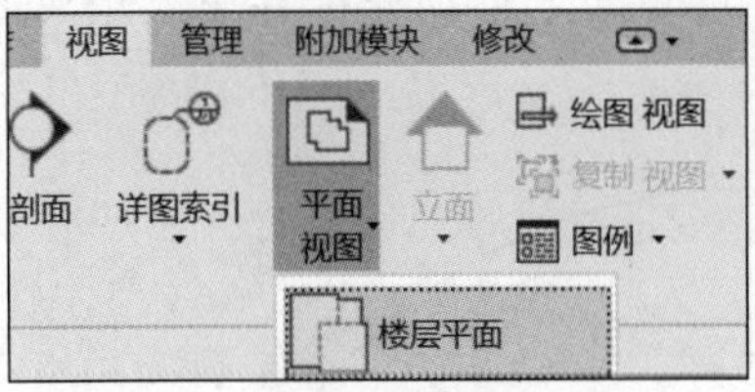

图 7-17　单击【楼层平面】按钮

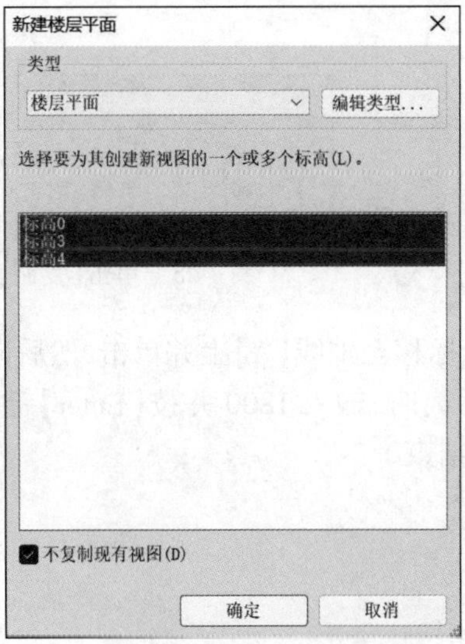

图 7-18　【新建楼层平面】对话框

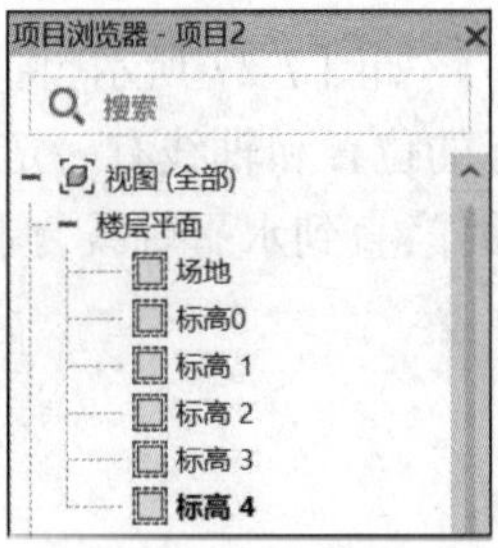

图 7-19　新建楼层平面

7.3　绘制轴网

创建墙体前，应绘制墙体中轴线。下面是轴网的创建过程：

步骤 01　在【项目浏览器】面板中，展开【楼层平面】树形目录并双击【标高 1】，进入楼层平面。

步骤 02　如图 7-20 所示，依次单击【建筑】选项卡→【基准】面板→【轴网】按钮，在绘图区绘制一条水平方向的轴线，如图 7-21 所示。

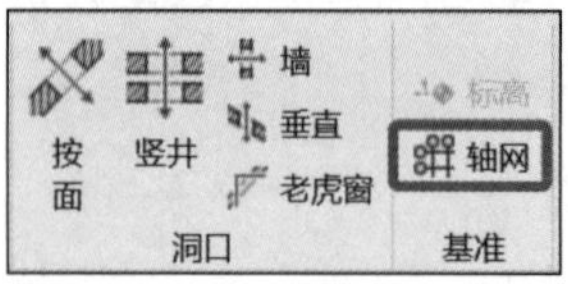

图 7-20　单击【轴网】按钮

图 7-21　墙体轴线

由图 7-1 中的平面图可知，该轴线编号应为 A。为了修改编号，请将光标移至标头上，当出现图 7-22 所示的蓝色方框时双击并输入 A，结果如图 7-23 所示。

图 7-22　将光标移至标头上

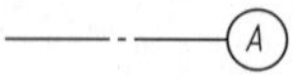

图 7-23　修改后的编号

步骤 03　按照距离 1800、1200、3000、1200、1200、1200、3000、1200 和 1200 的顺序向上复制轴线【A】，得到水平方向的其他轴线。具体做法是：

如图 7-24 所示，单击轴线【A】，然后依次单击【修改 | 轴网】选项卡→【修改】面板→【复制】按钮，如图 7-25 所示。

为了减少重复启动【复制】命令的次数，请在选项栏中选中【多个】复选框，如图 7-26 所示。

图 7-24　单击轴线【A】

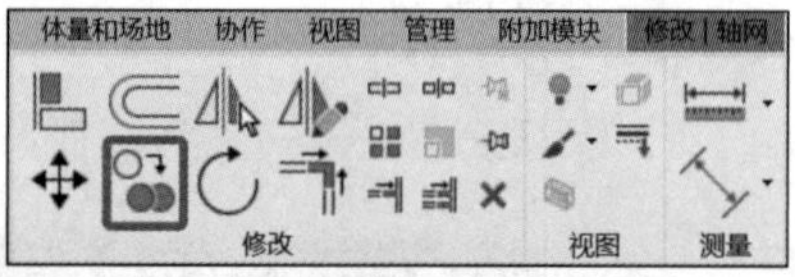

图 7-25　单击【复制】按钮

图 7-26　选中【多个】复选框

如图 7-27 所示，将光标移至轴线【A】上并单击，然后向上移动光标。如图 7-28 所示，当光标的位置和轴线有一定距离时，输入 1800 并按【Enter】键。重复向上移动光标并输入距离的动作，直到水平轴线复制结束。

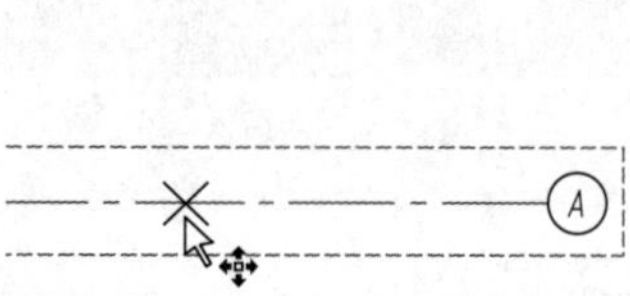

图 7-27　单击轴线

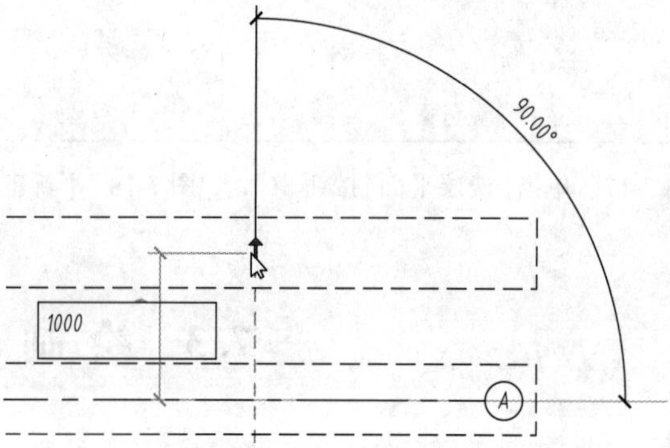

图 7-28　向上移动光标并输入距离

注意：为了快速绘制轴线，启动【复制】命令后，应将光标竖直向上移动到足够远的位置，然后重复输入距离并按【Enter】键的动作即可。

复制结束后，请将轴线【J】、【I】改为【K】【J】，结果如图 7-29 所示。

图 7-29　水平轴线的绘制

步骤 04　如图 7-30 所示，绘制一条竖直方向的轴线并将其名称改为【1】。

步骤 05　启动【复制】命令，按照 1200、2400、1800、1800、3000 和 3600 的距离创建竖向轴线，结果如图 7-31 所示。

图 7-30　绘制轴线【1】

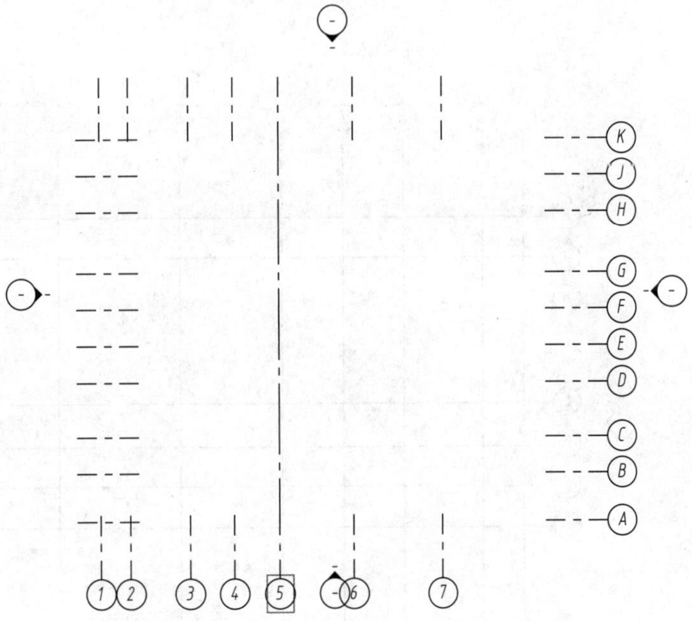

图 7-31　轴网

步骤 06　调整轴网的显示状态和位置。

首先调整轴网的显示状态，使其轴线两端均显示编号且中间显示为连续的图线。

如图 7-32 所示，单击轴线【A】，然后单击【属性】面板中的【编辑类型】按钮。弹出图 7-33 所示的对话框后，按照图中所示，将【轴线中段】设置为【连续】；【平面视图轴号端点 1(默认)】设置为选中状态。单击【确定】按钮，结果如图 7-34 所示。

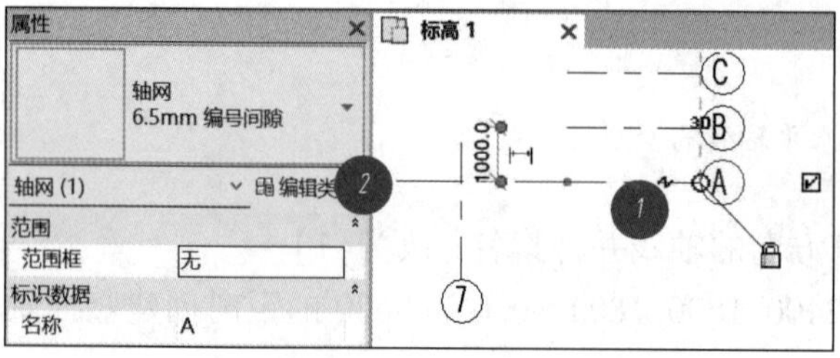

图 7-32　选择轴线【A】

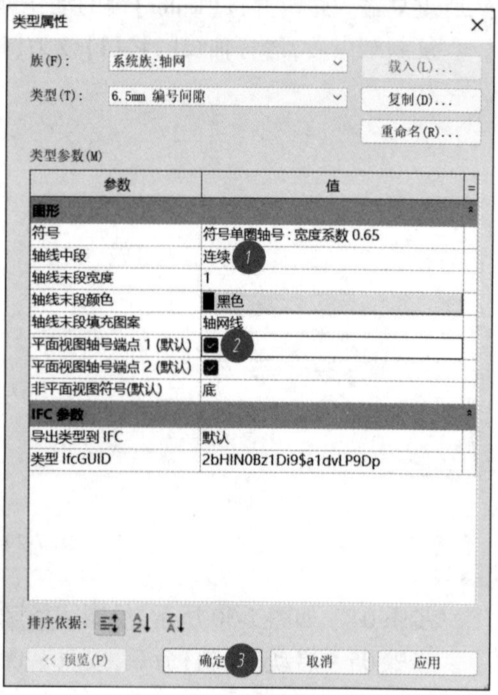

图 7-33　【类型属性】对话框

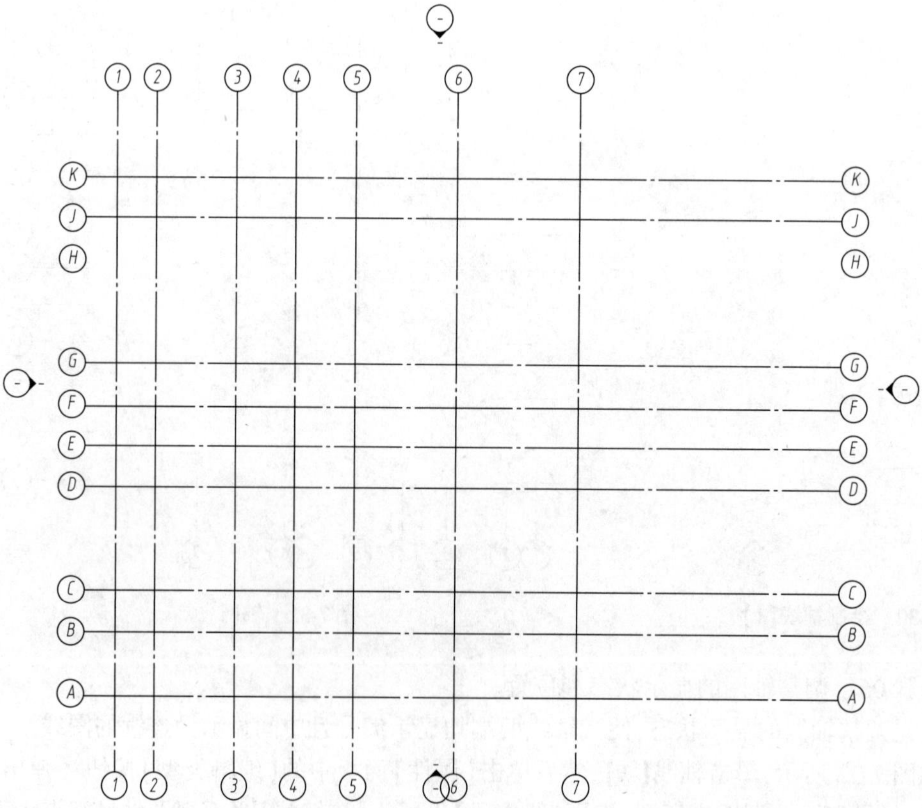

图 7-34　轴网

接着调整轴线的长度和显示位置。

如图 7-35 所示，单击轴线【A】，然后单击轴线端部的小圆圈并拖动光标，如图 7-36所示。直到轴线超出的距离适当后释放鼠标左键，完成右侧轴线长度的调整。

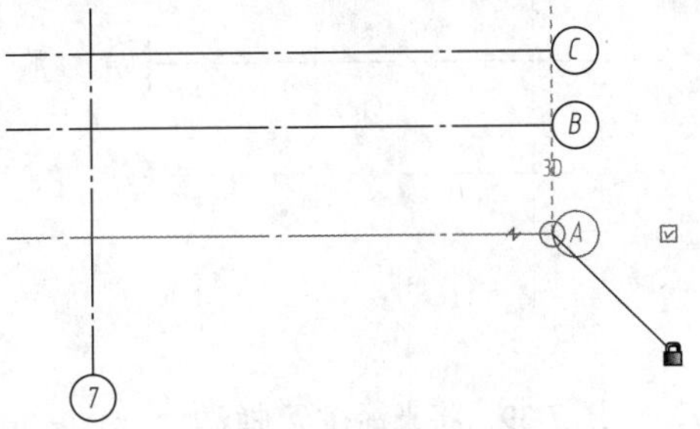

图 7-35　单击轴线【A】

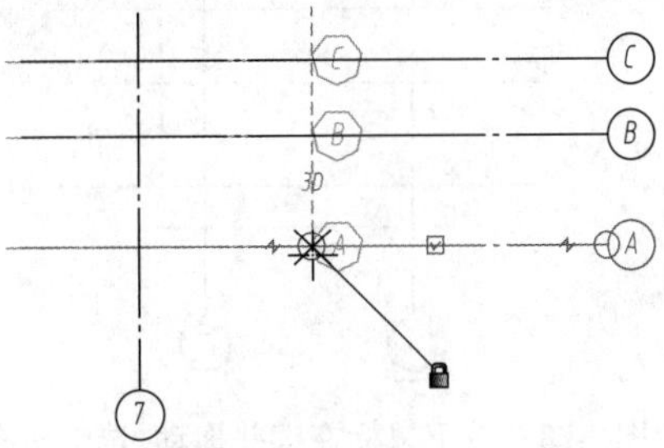

图 7-36　单击轴线端部圆圈并拖动光标

用同样的方法调整其他三个方向的轴线，结果如图 7-37 所示。

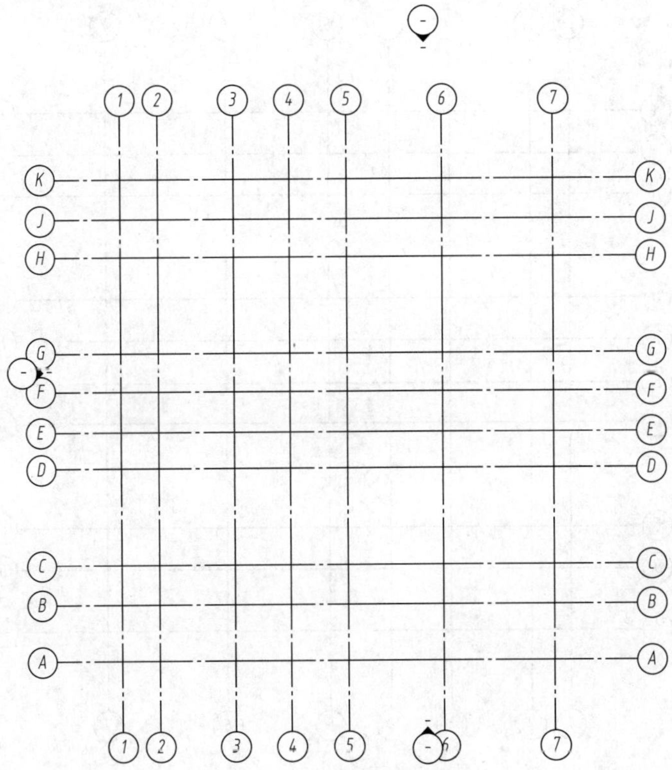

图 7-37　调整轴线的长度

最后，移动轴网的位置，使其位于 4 个立面视图符号之间。具体做法如下：

如图 7-38 所示，将光标移至轴网右下角，然后按下鼠标左键并向左上角移动。选中所有轴线后，将光标移至任意一条轴线上，如图 7-39 所示，然后按下鼠标左键并移动，完成轴网位置的调整，结果如图 7-40 所示。

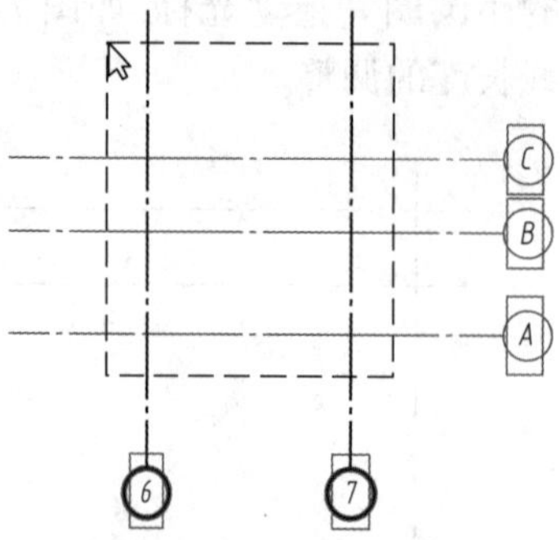

图 7-38 按下鼠标左键并拖动,选中所有轴线

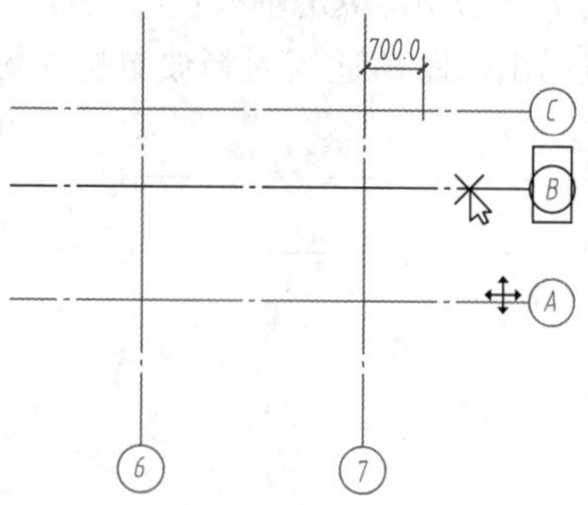

图 7-39 将光标移至轴线上

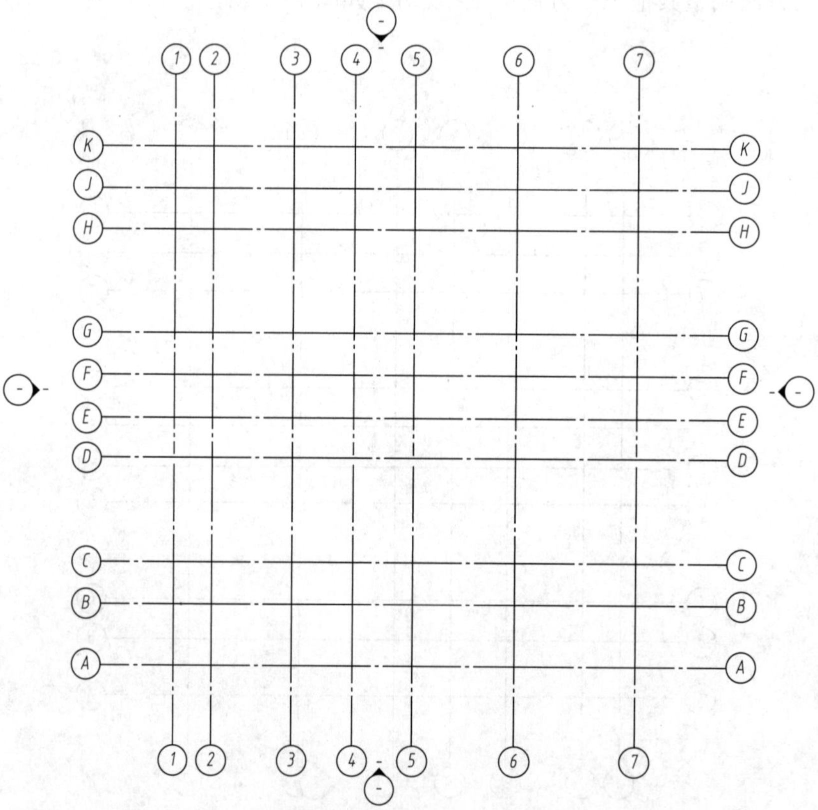

图 7-40 轴网的调整

回到【项目浏览器】,展开【立面(建筑立面)】树形目录,双击【东】选项,则建筑立面如图 7-41所示。

由图可知,平面图中的轴线不但出现在建筑立面图中,而且其高度均超过了所有标高。这说明,跟标高对应的任意一个平面图中,都能观察到轴网。

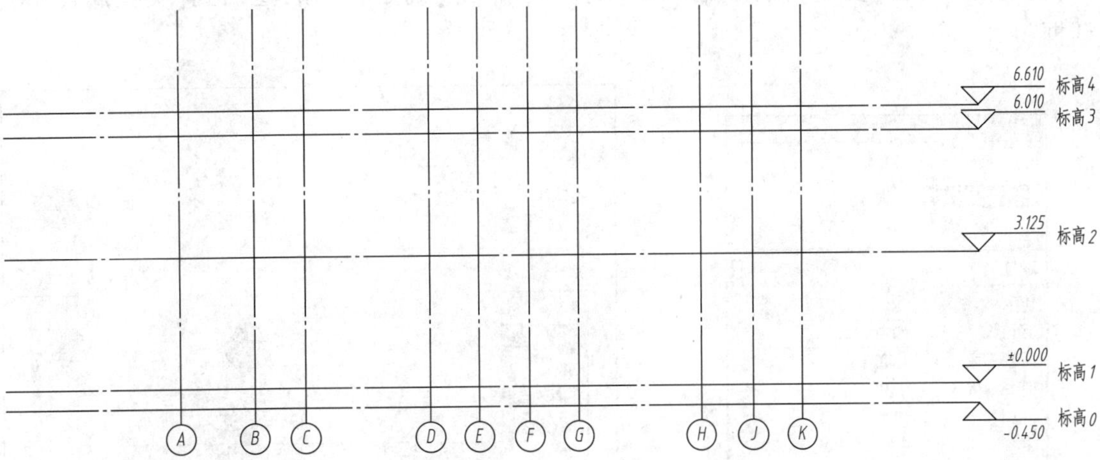

图 7-41　东立面图

7.4　一层外墙

一楼墙体的外墙从【标高 0】到【标高 2】，内墙从【标高 1】到【标高 2】。

为方便绘制，首先对外墙进行建模。

如图 7-42 所示，在【项目浏览器】中，展开【楼层平面】树形目录，双击【标高 0】。将视图切换到该楼层平面后，所绘墙体将默认从【标高 0】开始向上延伸。

如图 7-43 所示，依次单击【建筑】选项卡→【构建】面板→【墙】按钮。然后在选项栏中设置【高度】为【标高 2】，如图 7-44 所示。

经此设置，所绘墙体的范围是【标高 0】到【标高 2】之间。

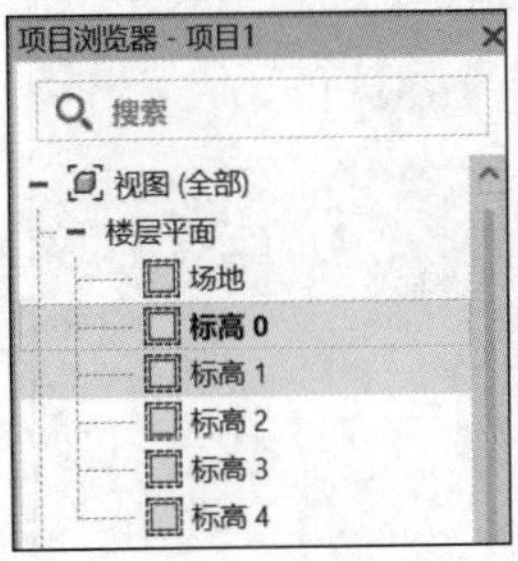

图 7-42　双击【标高 0】

图 7-43　单击【墙】按钮

图 7-44　设置墙体高度

由于系统默认并没有出现厚度为 240 的墙体，所以，下面将从系统提供的基本类型中复制一种墙体类型，然后将其厚度改为 240 即可。

直接更改系统提供的墙体类型参数也是可行的，但这将造成一定的混乱。所以，复制并更改基本类型的参数，然后在项目中使用是今后常用的建模习惯。

如图 7-45 所示，单击【属性】面板中的【编辑类型】按钮，然后在图 7-46 所示的【类型属性】对话框中单击【复制】按钮，输入墙体名称后单击【确定】按钮，返回到【类型属性】对话框。

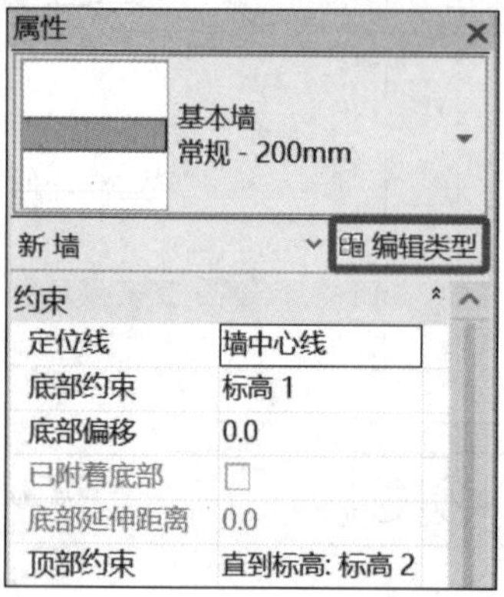

图 7-45 单击【编辑类型】按钮

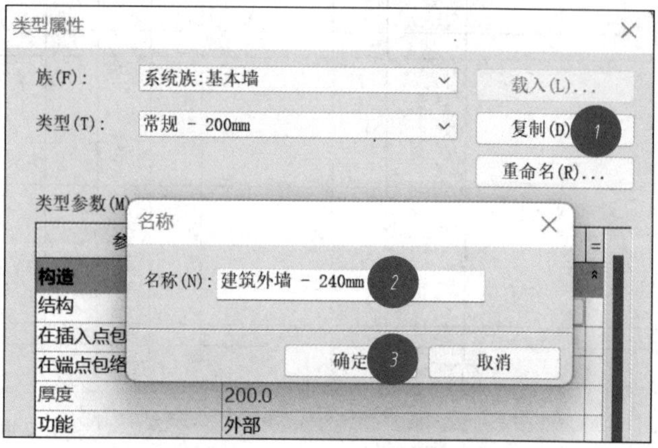

图 7-46 墙体命名

前面仅复制了系统提供的基本类型的墙体，其厚度并未发生变化。因此，还应将其厚度改为 240。

如图 7-47 所示，单击【类型属性】对话框中的【编辑】按钮，弹出图 7-48 所示的【编辑部件】对话框后，将墙体厚度设置为 240 并单击【确定】按钮。

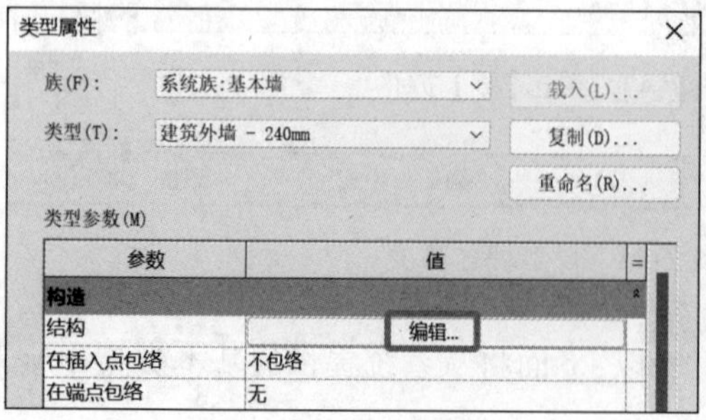

图 7-47 单击【编辑】按钮

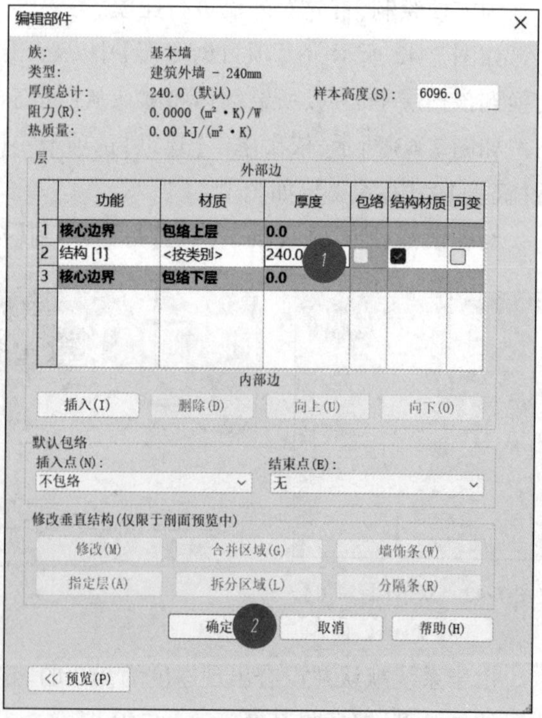

图 7-48 设置墙体厚度

再次单击【确定】按钮，关闭【类型属性】对话框。最后，根据图 7-1 中的一层平面图，捕捉轴线交点并绘制一楼外墙，结果如图 7-49 所示。

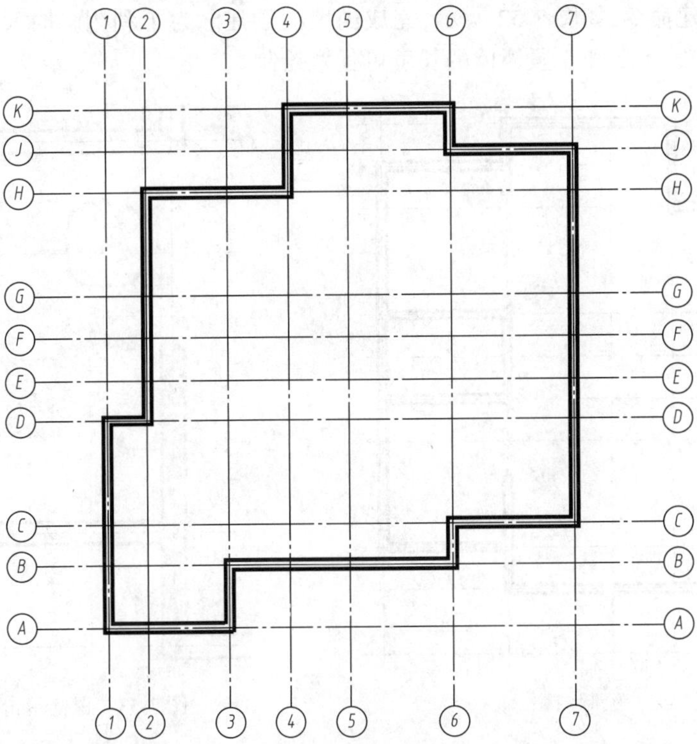

图 7-49　绘制外墙

如图 7-50 所示,单击快速工具栏中的【三维视图】按钮,则墙体的三维效果如图 7-51 所示。

图 7-50　单击【三维视图】按钮

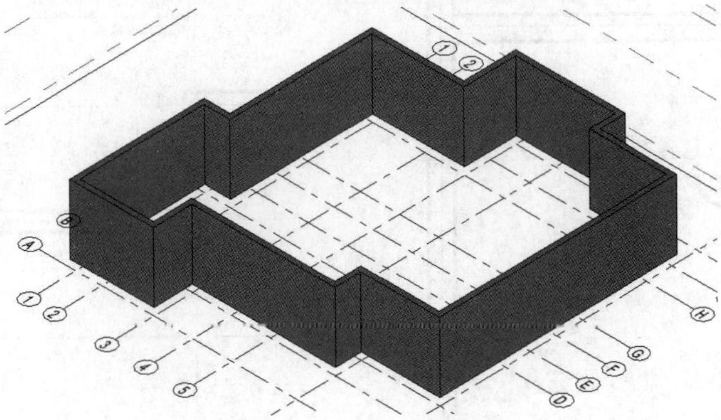

图 7-51　外墙三维效果

7.5　内部墙体

在【项目浏览器】中,展开【楼层平面】树形目录,双击【标高 0】,将视图切换到该楼层平面。参照图 7-1 中的一层平面图,忽略内墙面上的所有门洞,然后创建内墙。

启动墙体创建命令,如图 7-52 所示,完成内墙的创建。为了利用临时尺寸标注调整墙体的长度尺寸,图中第 1、2 和 3 段墙体的长度可任意绘制。

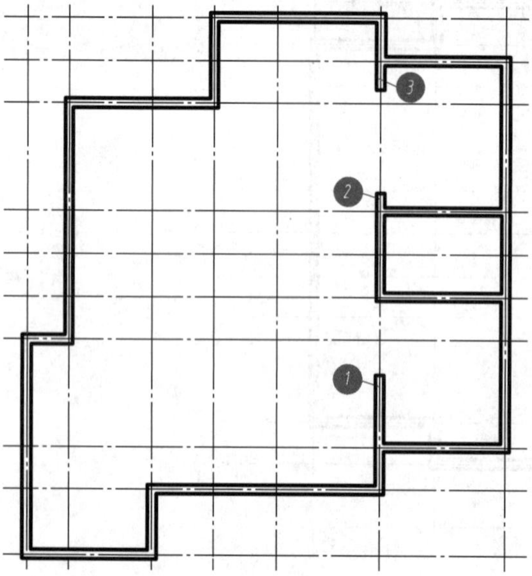

图 7-52　绘制内墙

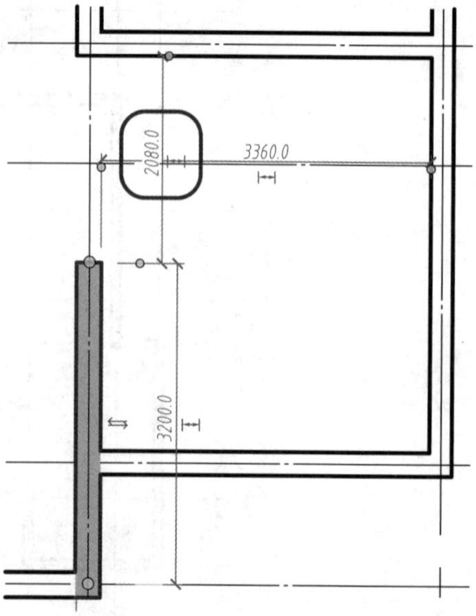

图 7-53　鼠标单击第 1 段墙体

下面将针对每一段墙体,通过修改临时尺寸数字的方式来调整墙体尺寸。

如图 7-53 所示,单击第 1 段墙体,然后单击图中所示的临时尺寸,将其尺寸数字改为 2280 并按【Enter】键,如图 7-54 所示。

如图 7-55 所示,单击选中第 3 段墙体,然后单击图中所示的临时尺寸,将其尺寸数字改为 3500 并按【Enter】键,如图 7-56 所示。

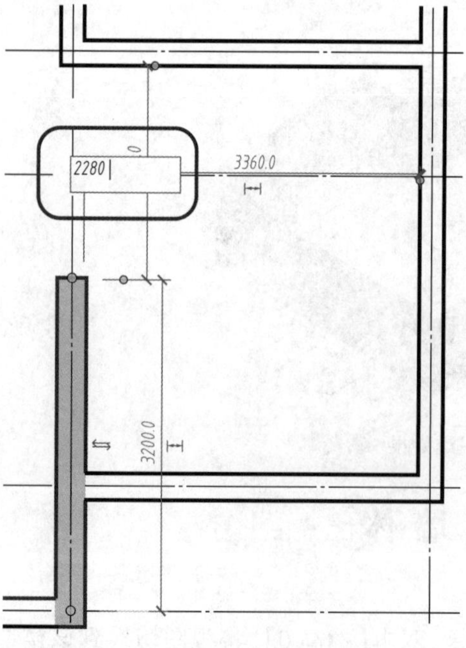

图 7-54　编辑临时尺寸标注

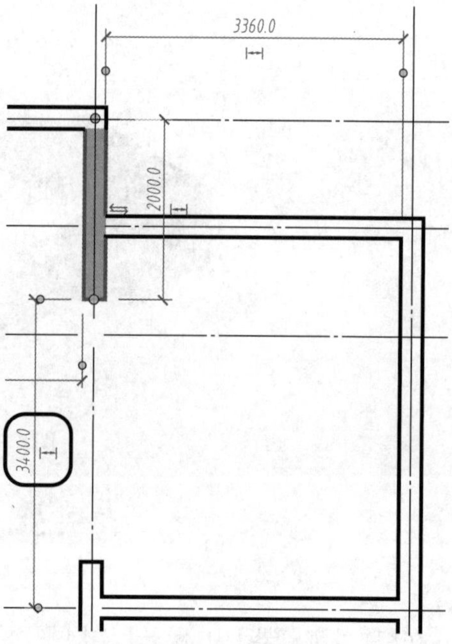

图 7-55　单击第 3 段墙体

如图 7-57 所示,单击选中第 2 段墙体,然后单击并拖动尺寸界线上的小圆点,将其移动到第 3 段墙体的端部,如图 7-58 所示。然后将其尺寸数字改为 2800,如图 7-59 所示。

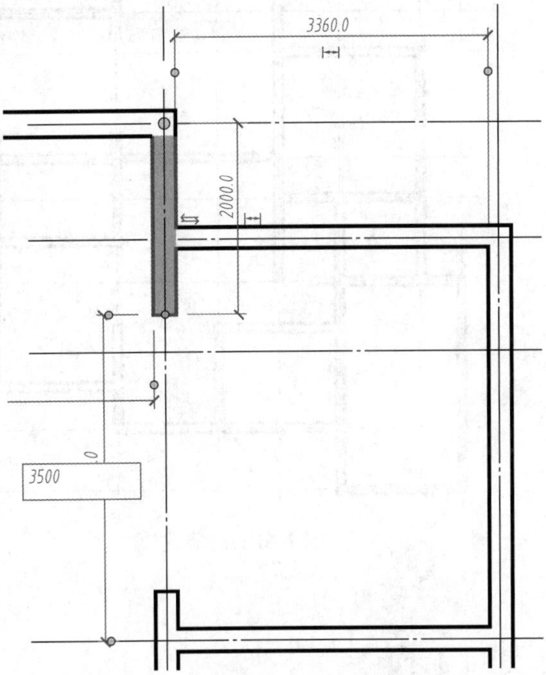

图 7-56　编辑临时尺寸标注

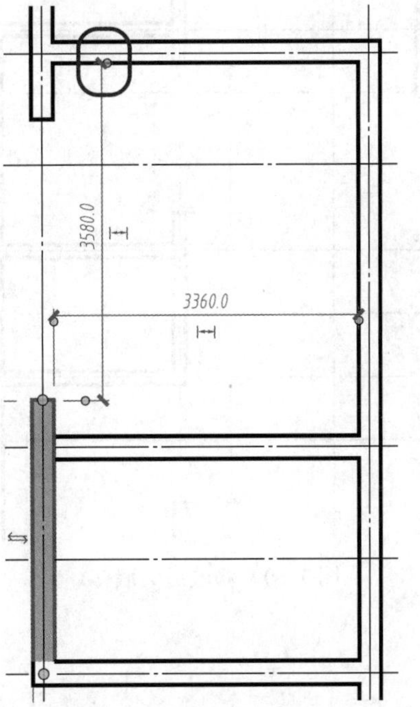

图 7-57　单击第 2 段墙体

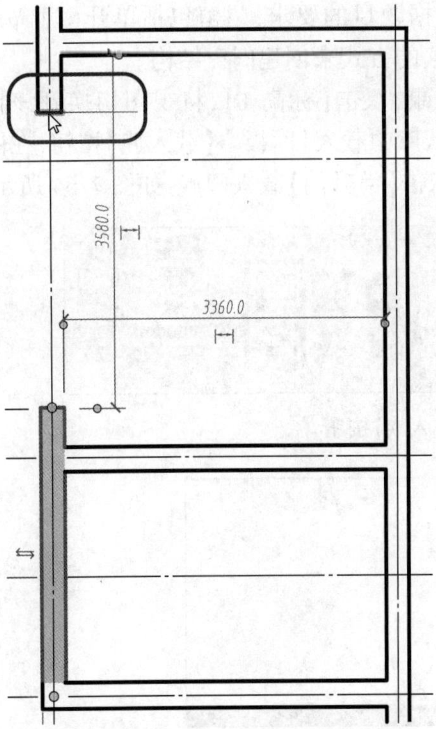

图 7-58　调整临时尺寸标注

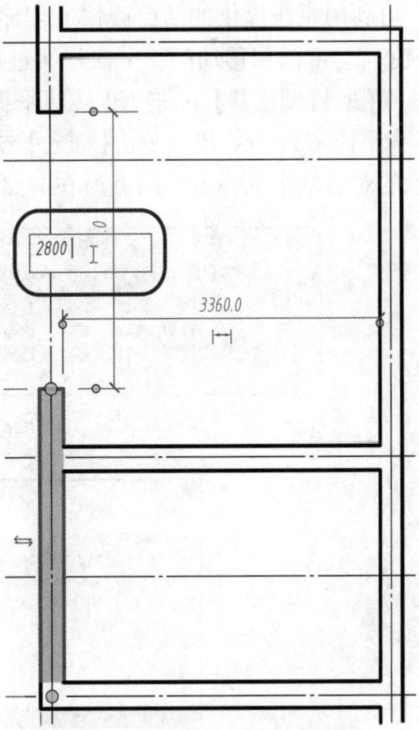

图 7-59　编辑临时尺寸标注

调整后的墙体如图 7-60 所示。用同样的方法绘制其他部分墙体,结果如图 7-61 所示。

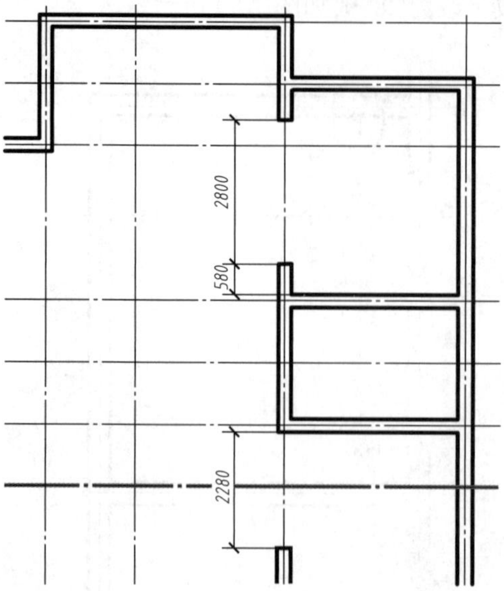

图 7-60　修改后的墙体

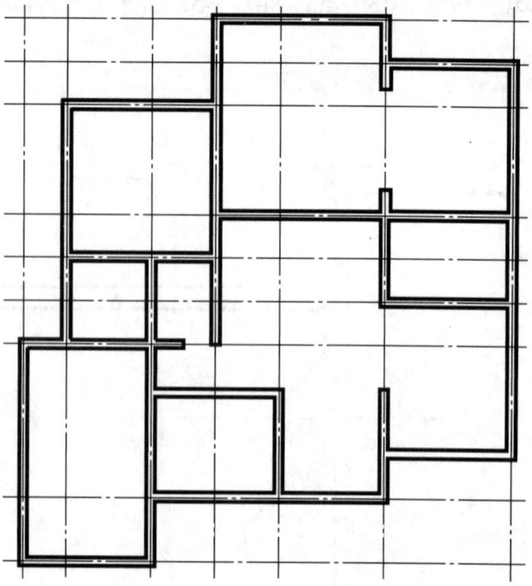

图 7-61　内墙建模

7.6　创 建 门 窗

可利用系统提供的门窗族快速创建门窗。根据题目的要求,门窗包括单开(门窗)、双开(门窗)、卷帘门和移动门。下面将通过插入系统族的方式来创建门窗结构。

在【项目浏览器】中,展开【楼层平面】树形目录,双击【标高 1】,将视图切换到该楼层平面。如图 7-62 所示,依次单击【插入】选项卡→【从库中载入】面板→【载入族】按钮,在图 7-63 所示的对话框中选择卷帘门族所在的路径,然后双击【滑升门】载入门族,如图 7-64 所示。

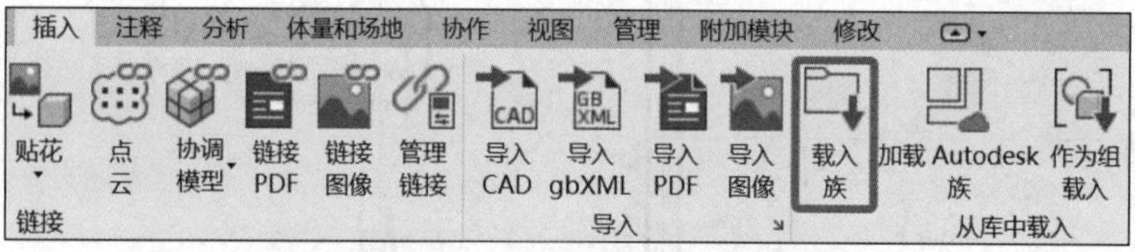

图 7-62　单击【载入族】按钮

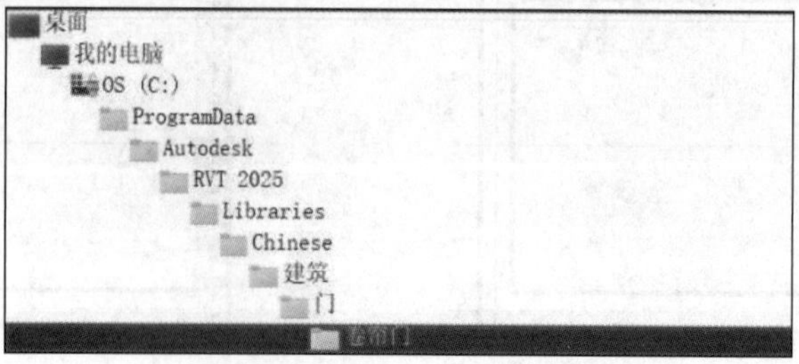

图 7-63　选择门族路径

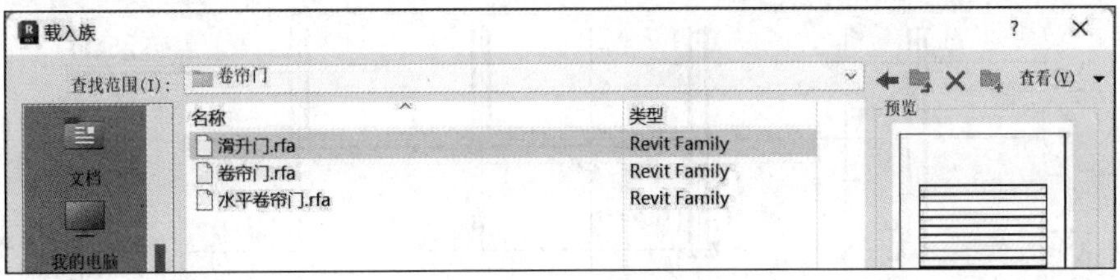

图 7-64　双击【滑升门】

载入门族后，依次单击【建筑】选项卡→【构建】面板→【门】按钮，如图 7-65 所示。然后在【属性】面板中单击【编辑类型】按钮，如图 7-66 所示。弹出如图 7-67 所示的对话框后，单击【复制】按钮，输入门的名称并单击【确定】按钮。

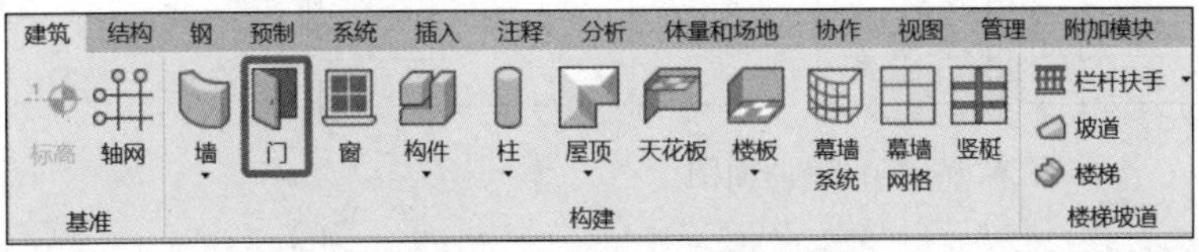

图 7-65　单击【门】按钮

图 7-66　单击【编辑类型】按钮

回到【类型属性】对话框后，将门的宽度和高度设置为题目要求的值，如图 7-68 所示。最后单击【确定】按钮，退出对话框。

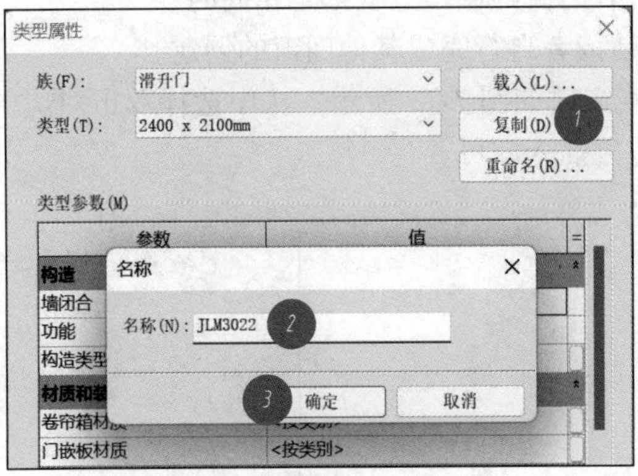

图 7-67　复制门类型并命名

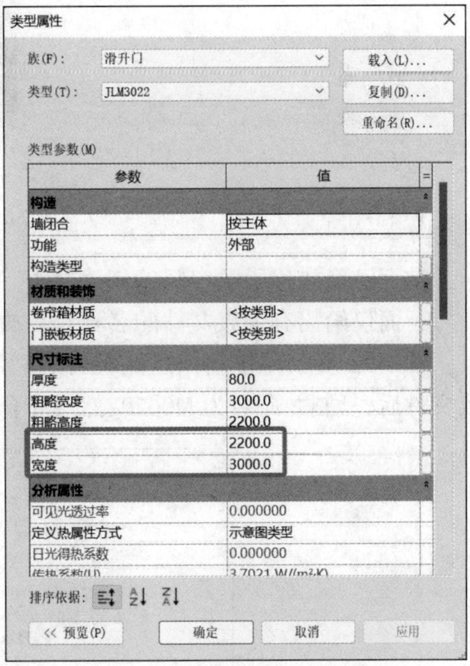

图 7-68　设置门的宽度和高度

回到绘图区，将光标移至卷帘门所在的墙体，当门两侧的临时尺寸标注数字相等时，单击，完成卷帘门的创建，如图 7-69 所示。

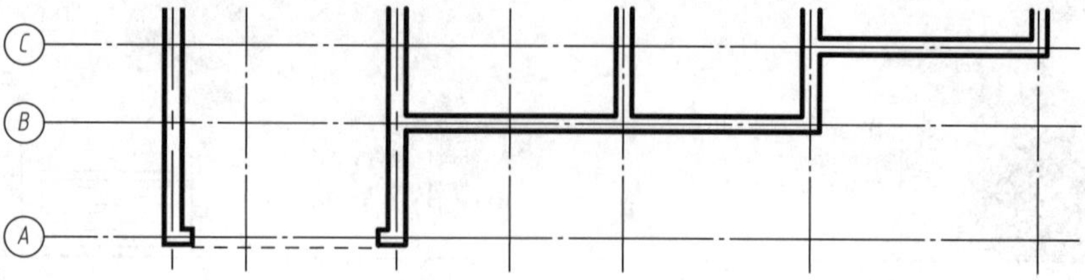

图 7-69 创建门

将视图切换至南立面图,则卷帘门的立面效果如图 7-70 所示。

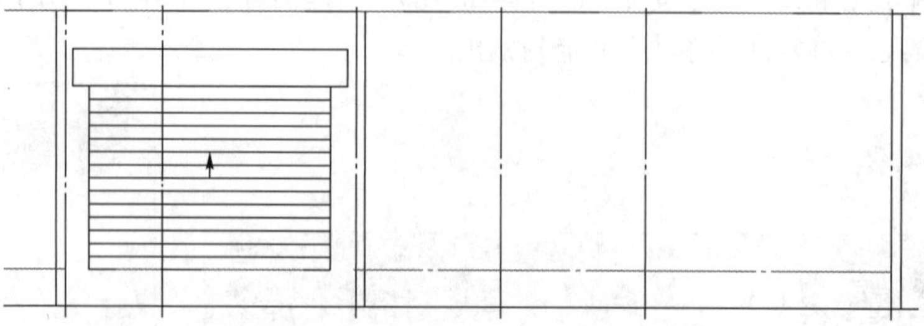

图 7-70 门的南立面图

将视图切换至三维视图,则卷帘门的三维效果如图 7-71 所示。

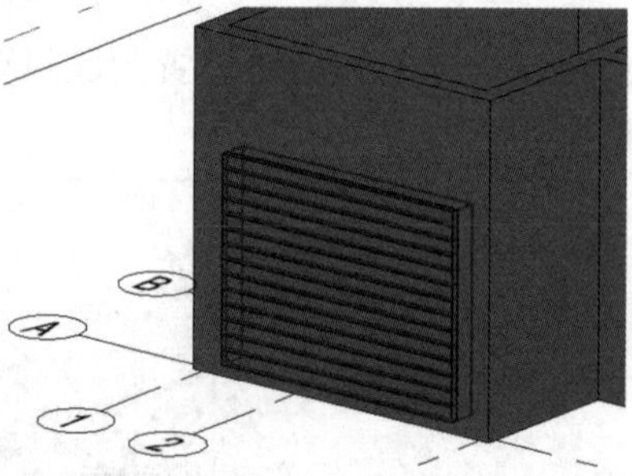

图 7-71 门的立体效果

前面已经描述了卷帘门的创建过程。后面所有门窗的创建过程都是相同的。

下面仅给出有关族文件的名称和存放路径,请读者自行完成其他门窗的创建。

图 7-72 所示为单扇门族路径,该路径中的族文件如图 7-73 所示。从中选择双击对应的族文件后,复制并命名为 M0620,然后在合适的位置插入即可。

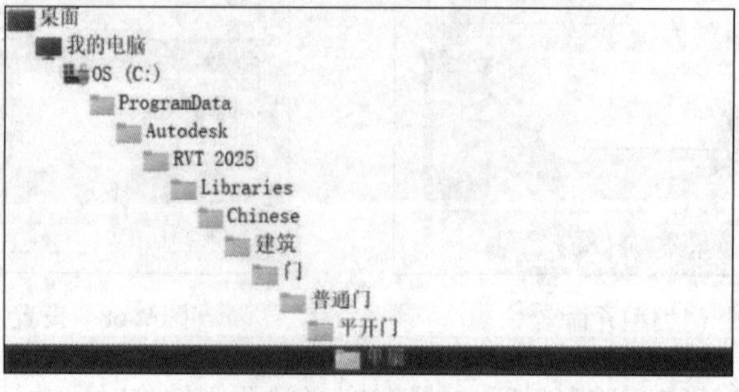

图 7-72 单扇门族路径

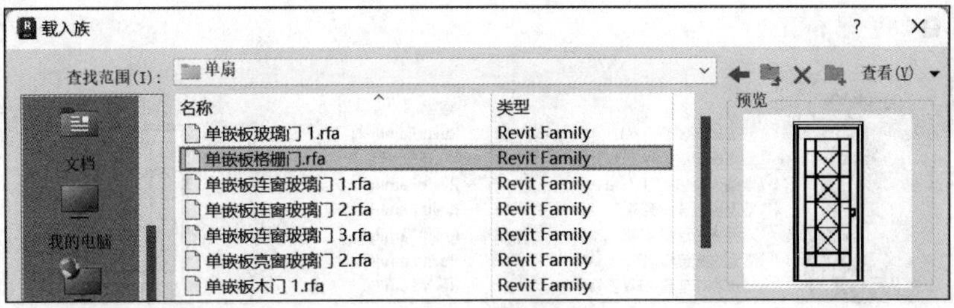

图 7-73　双击单扇门族

最终的结果如图 7-74 所示。

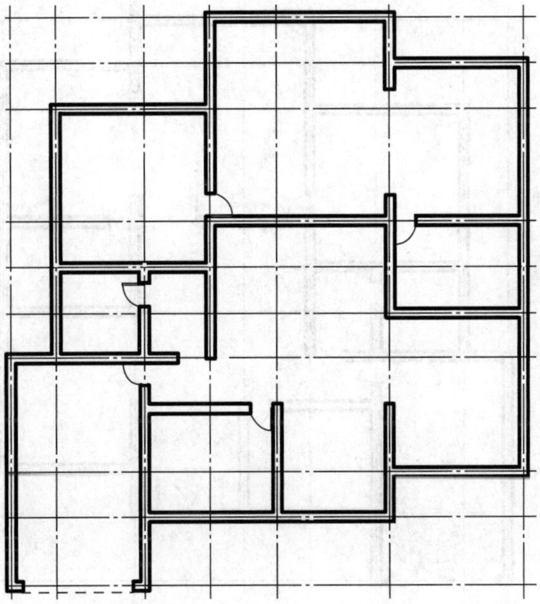

图 7-74　创建单扇门

图 7-75 所示为双扇门族路径，该路径中的族文件如图 7-76 所示。从中选择双击对应的族文件后，复制并命名为 M1822、M1521，然后在合适的位置插入即可。

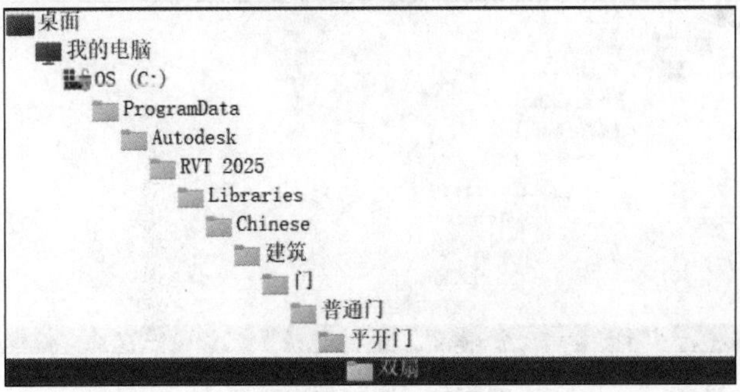

图 7-75　双扇门族路径

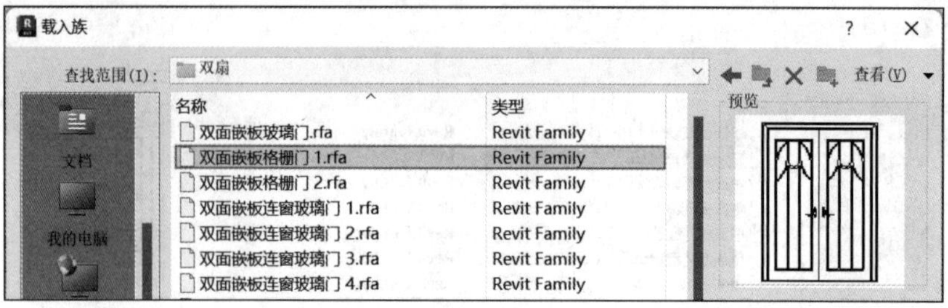

图 7-76　双击双扇门族

最终的结果如图 7-77 所示。

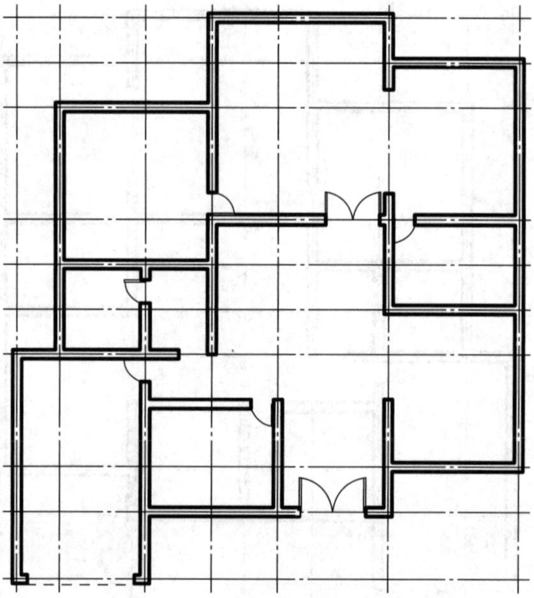

图 7-77　创建双扇门

图 7-78 所示为双扇窗族路径，该路径中的族文件如图 7-79 所示。从中选择双击单扇、双扇窗族文件后，复制并命名为 C0615、C1815，然后在合适的位置插入。

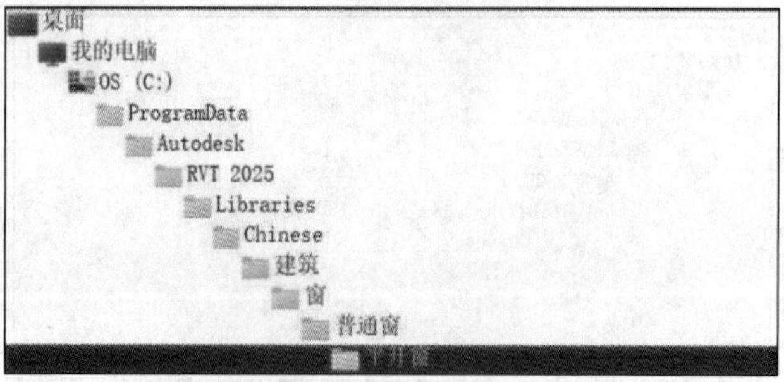

图 7-78　双扇窗族路径

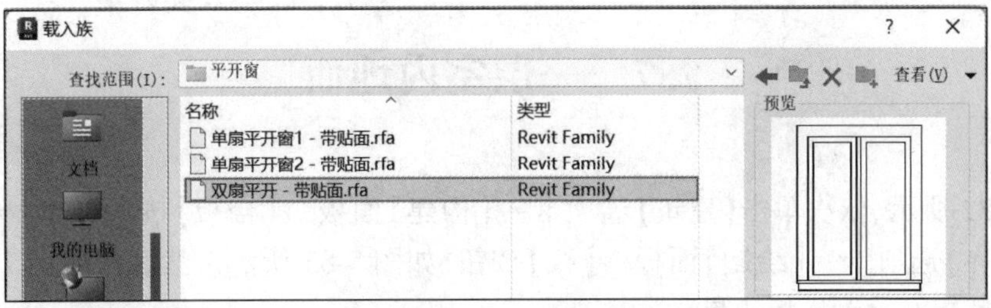

图 7-79　双击双扇窗族

最终的结果如图 7-80 所示。

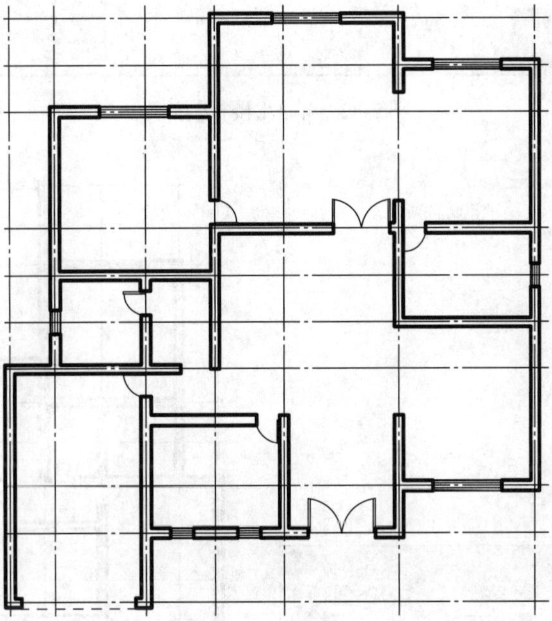

图 7-80　创建窗户

将视图切换到三维视图,则可观察到带有门窗的墙体如图 7-81 所示。

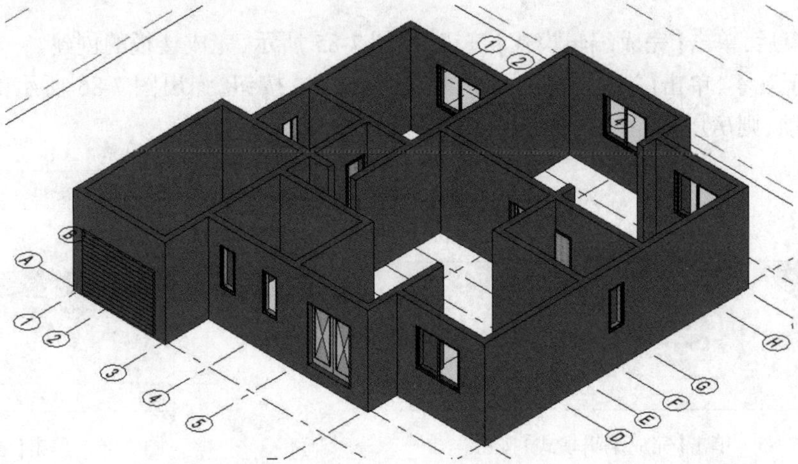

图 7-81　带有门窗的墙体立体图

7.7　一层室内地面

如图 7-82 所示，依次单击【建筑】选项卡→【构建】面板→【楼板】按钮，然后单击【修改 | 创建楼层边界】选项卡→【绘制】面板→【线】按钮，如图 7-83 所示。然后按照图 7-84所示，沿着墙体轴线捕捉并绘制楼板边界。

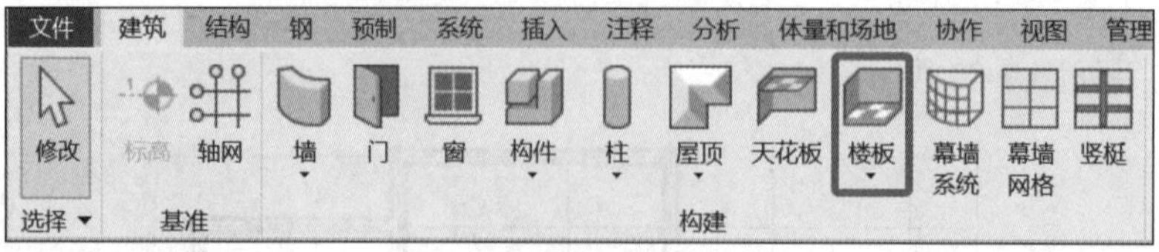

图 7-82　单击【楼板】按钮

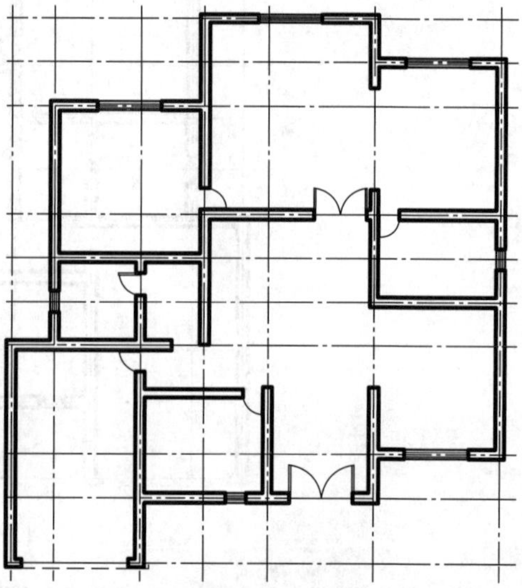

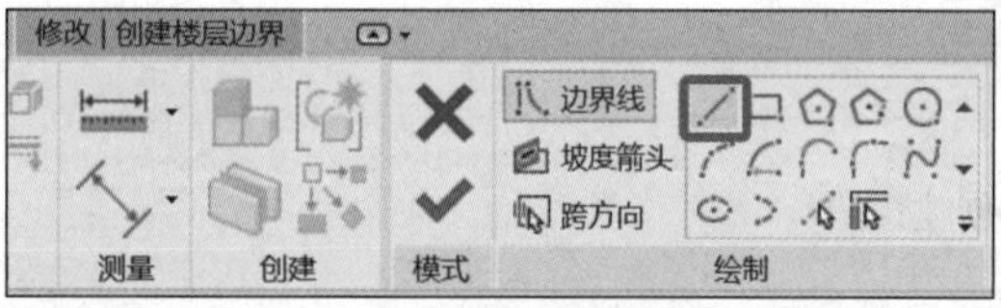

图 7-83　单击【线】按钮

图 7-84　绘制一楼楼板边界线

绘制结束后，单击【完成编辑模式】按钮，如图 7-85 所示，完成楼板的创建。

为了便于观察，单击【视图控制栏】中的【视觉样式】按钮，弹出图 7-86 所示的菜单后，选择【着色】选项，则房屋的三维效果如图 7-87 所示。

图 7-85　单击【完成编辑模式】按钮

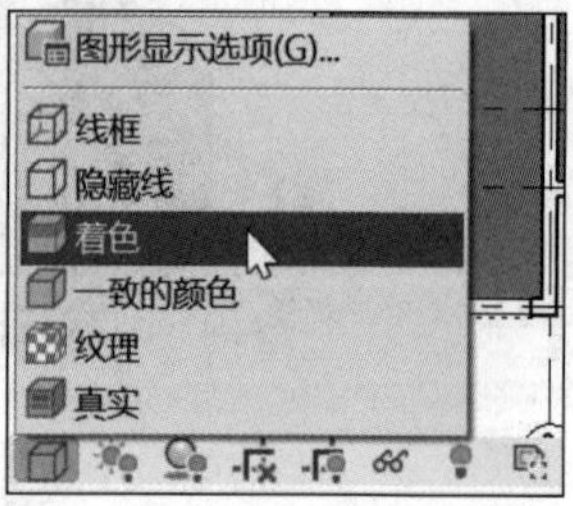

图 7-86　单击【着色】按钮

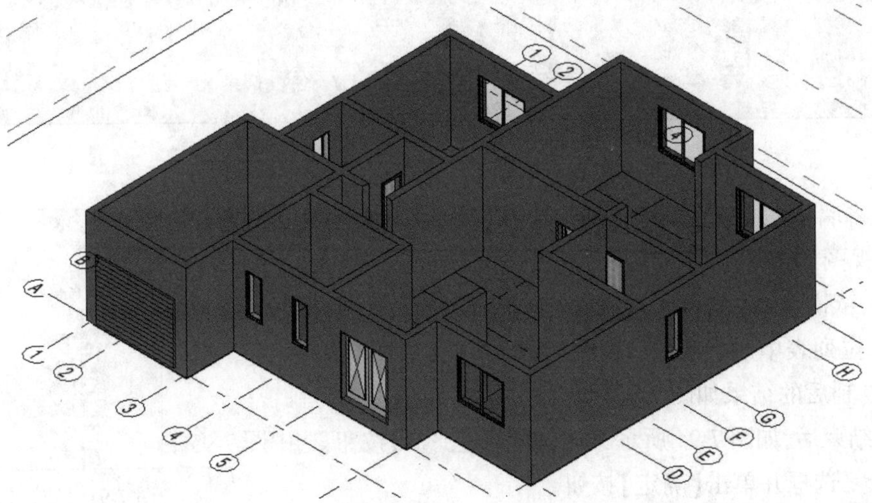

图7-87　房屋立体图

7.8　创建二层墙体和门窗

根据图7-1中的一、二层平面图可知，一、二层的房间布置大体相同，只有局部需要调整。为了快速建模，可将一层的所有墙体和门窗复制到二层，然后对其进行局部调整。

首先框选所有图元，如图7-88所示，依次单击【修改 | 选择多个】选项卡→【选择】面板→【过滤器】按钮，在弹出图7-89所示的对话框后，取消勾选【楼板】复选框并单击【确定】按钮。

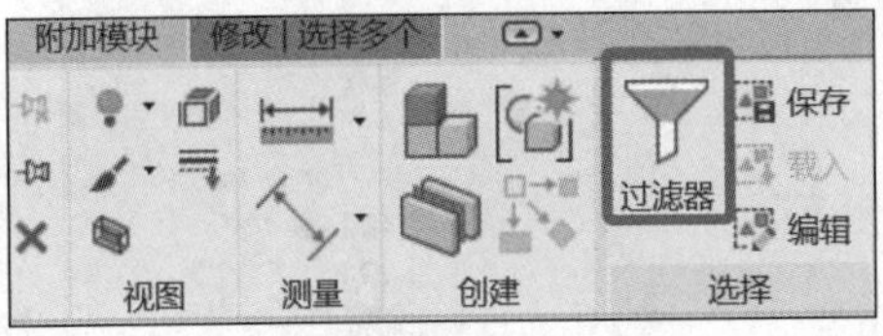

图7-88　单击【过滤器】按钮

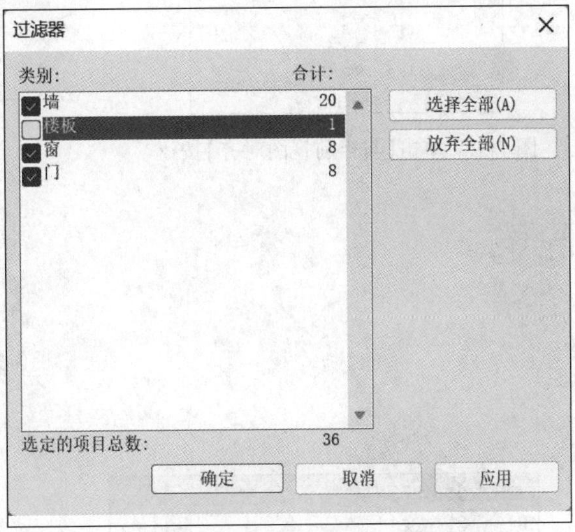

图7-89　【过滤器】对话框

当选中一层所有墙体和门窗时，请依次单击【修改 | 选择多个】选项卡→【剪贴板】面板→【复制】按钮，如图7-90所示。

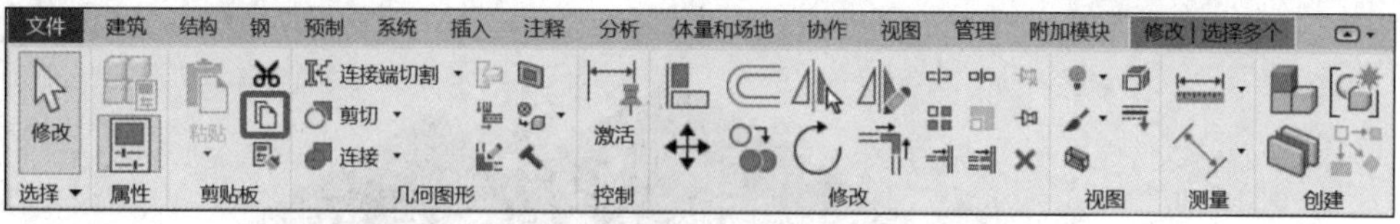

图 7-90 单击【复制】按钮

为了将墙体和门窗复制到二层，应在【项目浏览器】中双击【标高 2】，将视图切换至二层平面图，如图 7-91 所示。

然后，依次单击【修改 | 选择多个】选项卡→【剪贴板】面板→【粘贴】下拉列表中的【与当前视图对齐】按钮，如图 7-92 所示。最后，完成复制后的结果如图 7-93 所示。

复制结束后，如图 7-94 所示，再次单击【过滤器】按钮，选中图 7-95 中的【墙】复选框并单击【确定】按钮。

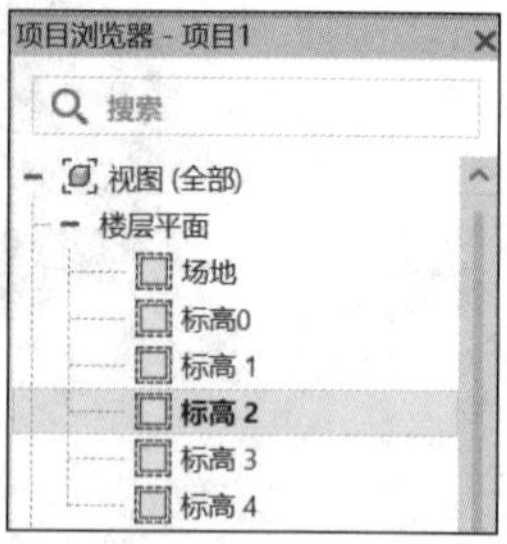

图 7-91 双击【标高 2】

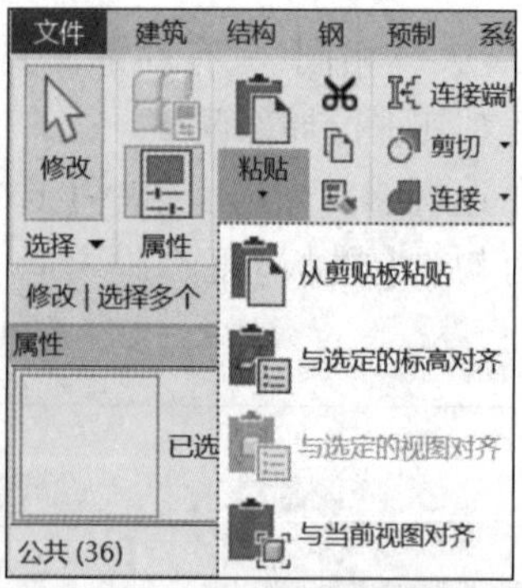

图 7-92 单击【与当前视图对齐】按钮

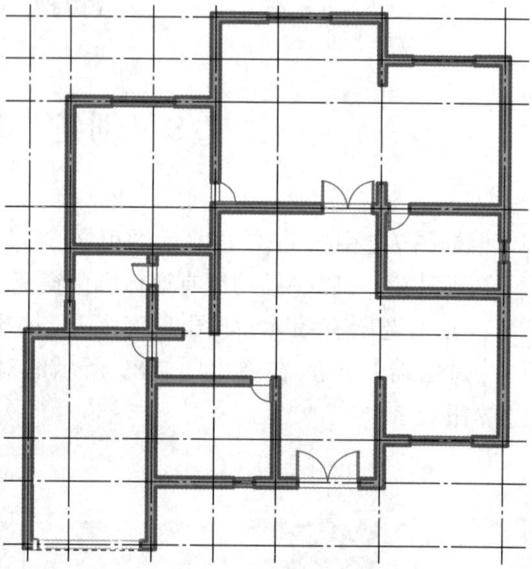

图 7-93 二层墙体和门窗

图 7-94 单击【过滤器】按钮

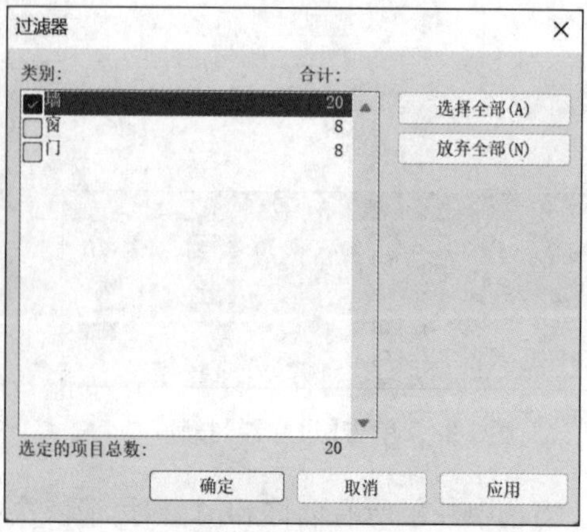

图 7-95 选择【墙】复选框

选中墙体后，在图7-96所示的【属性】面板中将墙体的【底部偏移】设置为0。此时，墙体仅在【标高2】和【标高3】之间。对照图7-1中的二层平面图，需要对当前的房间布局进行调整。如图7-97所示，选中车库上方二层平面中的墙体和门，按【Del】键，则结果如图7-98所示。

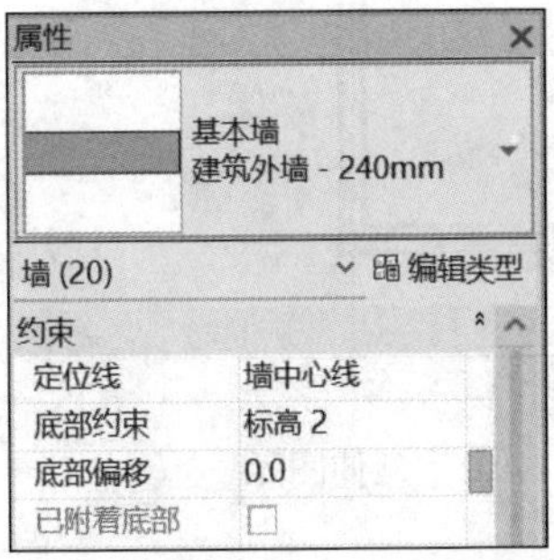

图7-96　设置墙体底部偏移

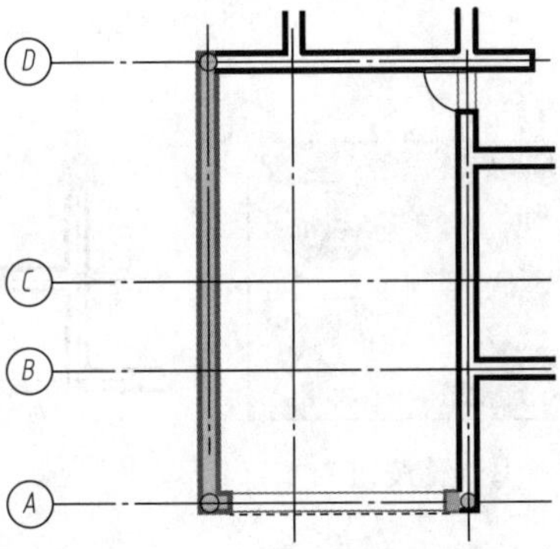

图7-97　选中要删除的墙体

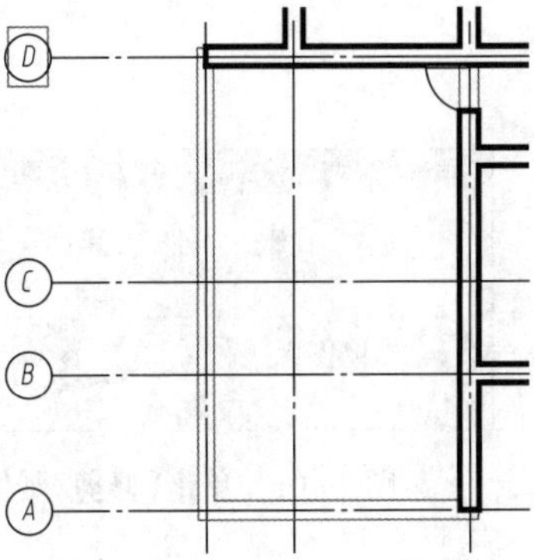

图7-98　删除墙体

依次单击【修改】选项卡→【修改】面板→【修剪/延伸为角】按钮，然后按照图7-99中所标注的顺序单击墙体，完成多余墙体的修剪。

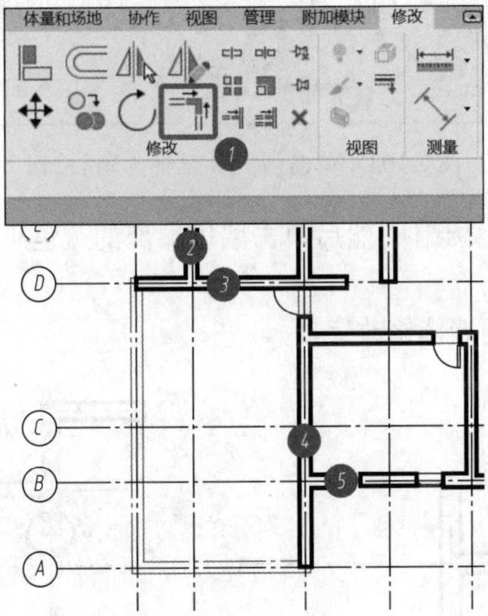

图7-99　修剪墙体

如图7-100所示，单击选中大厅周围的多余墙体和门窗，然后按【Del】键完成删除。

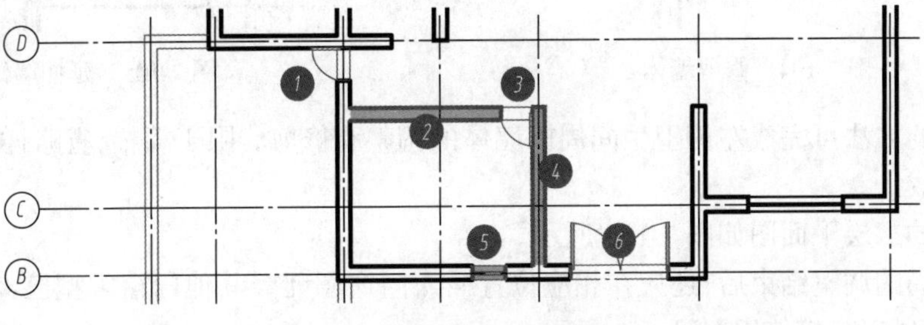

图7-100　选中要删除的图元

为了延伸墙体，如图 7-101 所示，依次单击【修改】选项卡→【修改】面板→【修剪/延伸单个图元】按钮，然后按照图 7-102 中标注的顺序单击墙体完成墙体延伸。

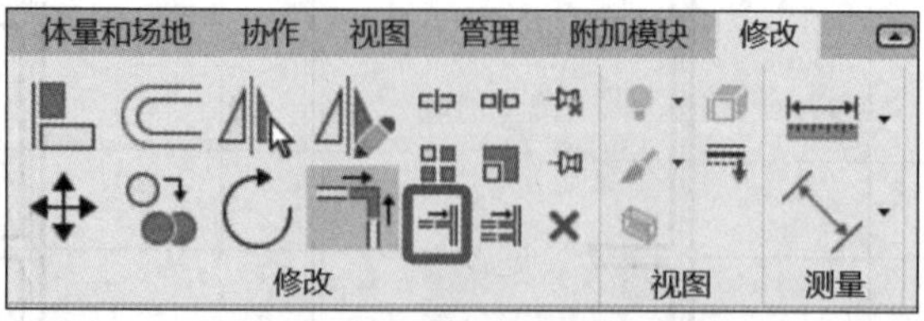

图 7-101　单击【修剪/延伸单个图元】按钮

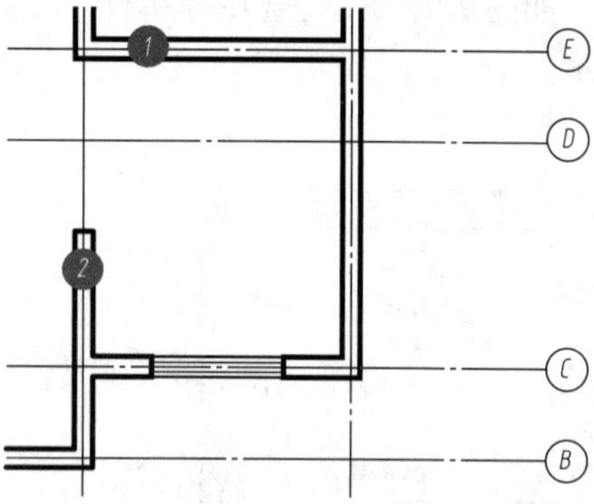

图 7-102　延伸图元

如图 7-103 所示，依次单击【修改】选项卡→【修改】面板→【修剪/延伸为角】按钮，按照图 7-104 中标注的顺序单击墙体完成修剪。

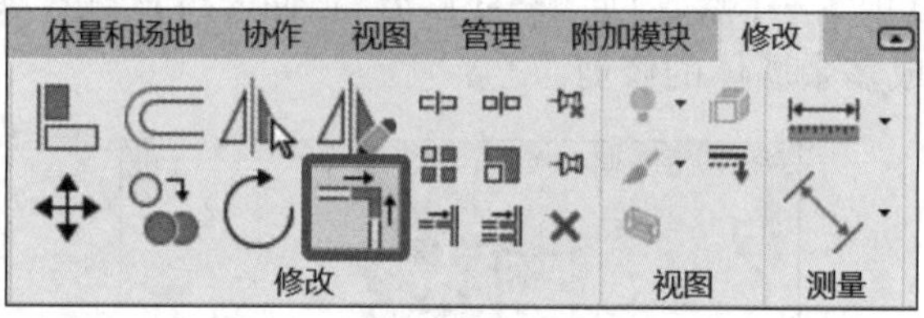

图 7-103　单击【修剪/延伸为角】按钮

如图 7-105 所示，单击选中墙体，然后单击墙体端部的蓝色小点并将其向下拖动至另一段墙体端部，使其呈闭合状态。

至此，右侧卫生间周围的墙体修改完毕。

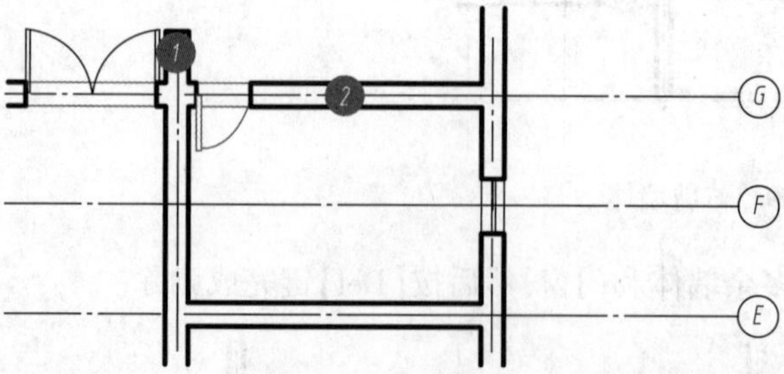

图 7-104　修剪墙体

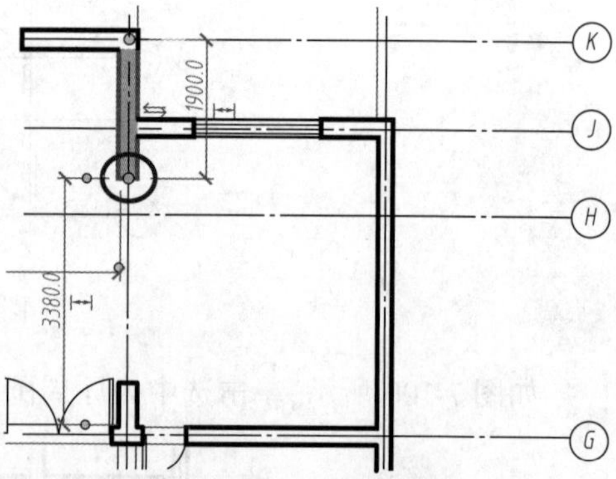

图 7-105　延伸墙体

用同样的方法可完成左侧卫生间周围墙体的调整和修剪。限于篇幅，省略详细的步骤，请读者自行完成。

修改后的二层平面图如图 7-106 所示。

房间布局的调整结束后，还应在相应位置插入门窗图元。其他门窗类型已经在前面的篇幅中介绍过，所以直接使用即可。

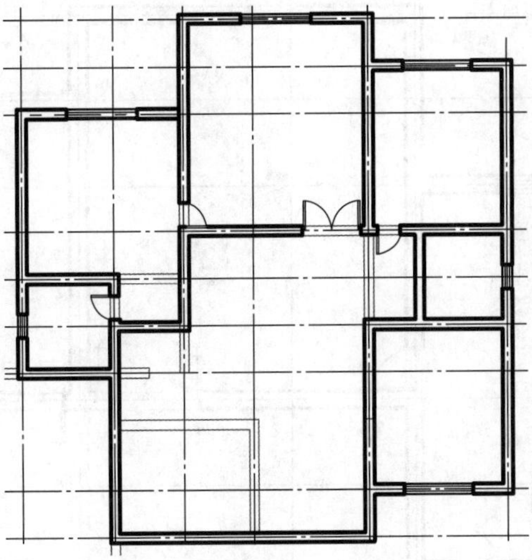

图 7-106　调整后的房间布局

为了插入阳台门,请读者按照图 7-107 所示的文件路径,选择图 7-108 所示的双扇推拉门族并将其载入项目中。

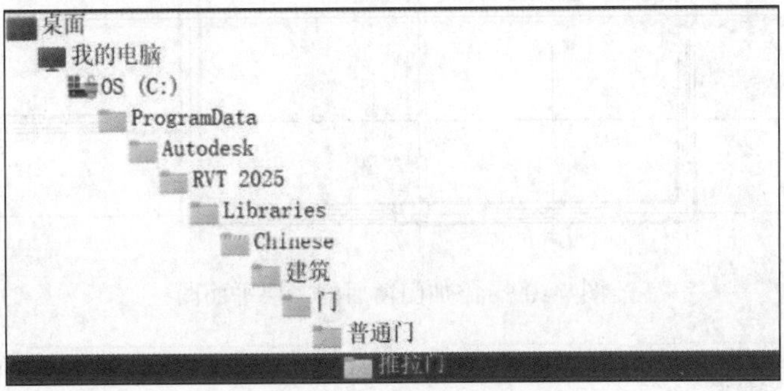

图 7-107　推拉门族路径

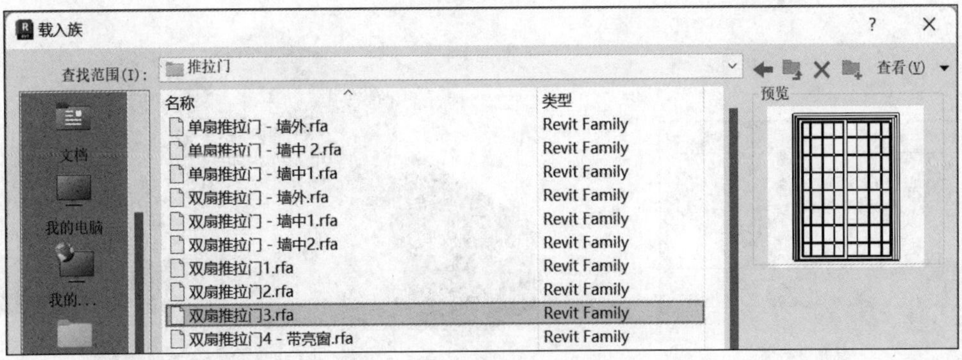

图 7-108　双击推拉门族

经过复制并调整参数后,将其插入墙体。完成所有门窗创建后,二层平面图的效果如图 7-109 所示。

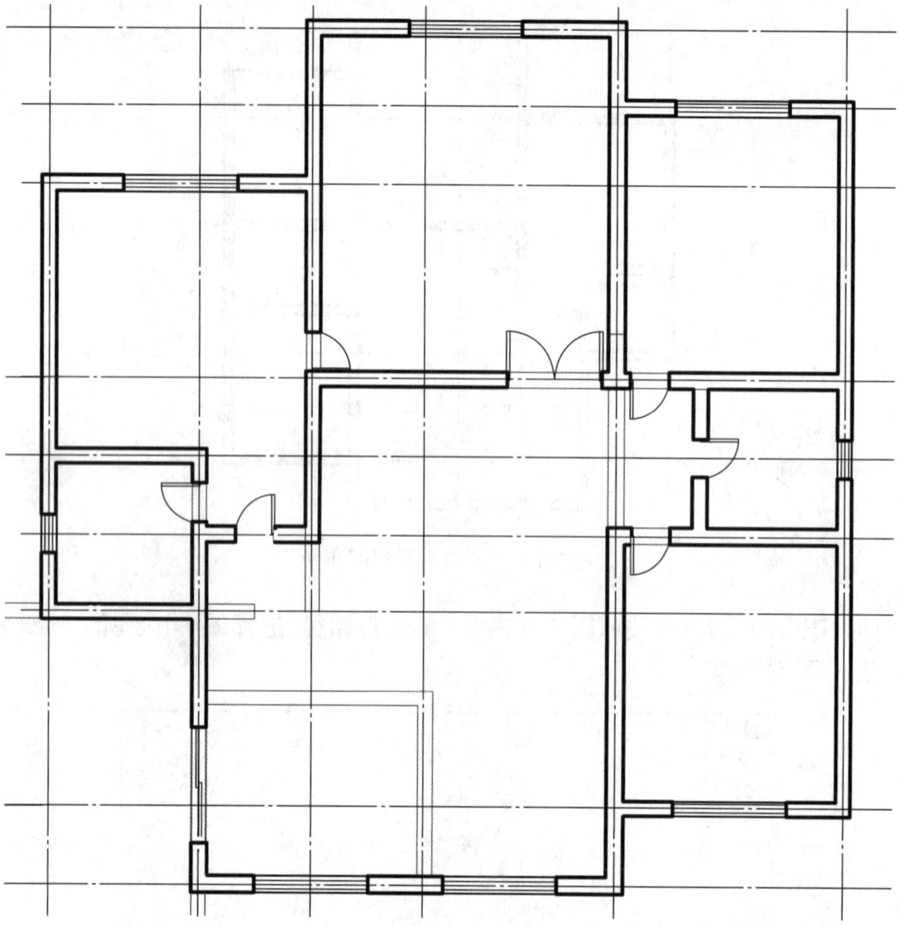

图 7-109　添加门窗后的二层平面图

为了保证二层窗户高度符合立面图的要求，应该在选择二层窗户后，在【属性】面板中将窗户的【底高度】设置为 600，如图 7-110 所示。切换到三维视图，则房屋的立体图如图 7-111 所示。

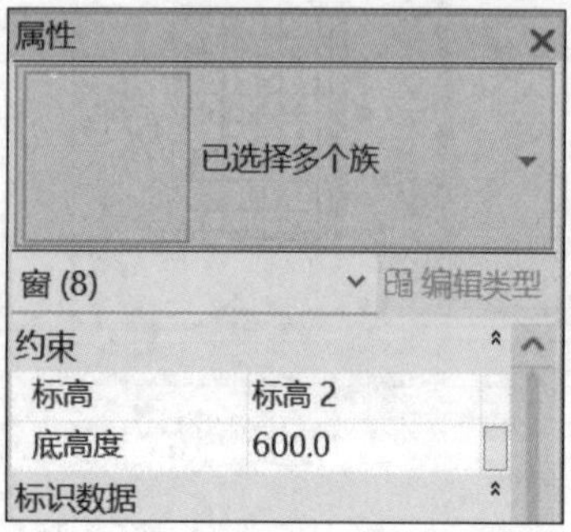

图 7-110　设置二层窗户的高度

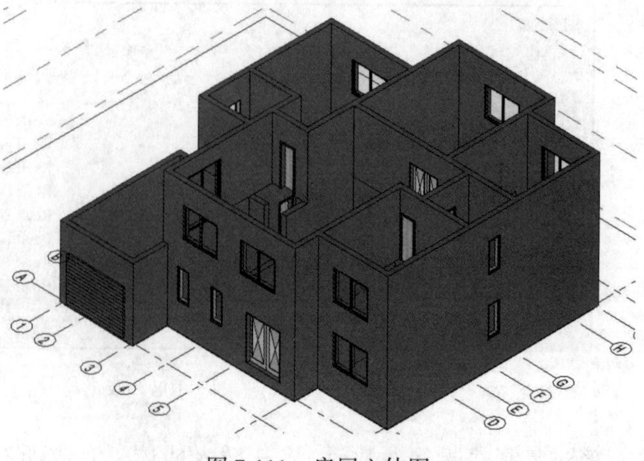

图 7-111　房屋立体图

7.9　二层楼板

在【项目浏览器】中,展开【楼层平面】树形目录,双击【标高2】,则绘图区将显示该平面视图。然后按照图7-112所示,创建二层楼板,其立体图如图7-113所示。

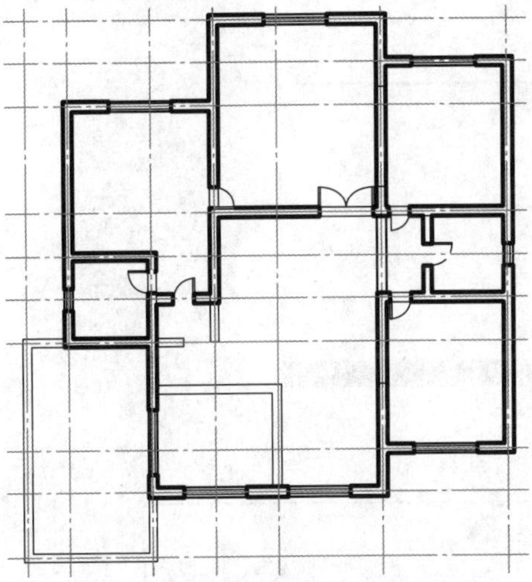

图7-112　创建二层楼板

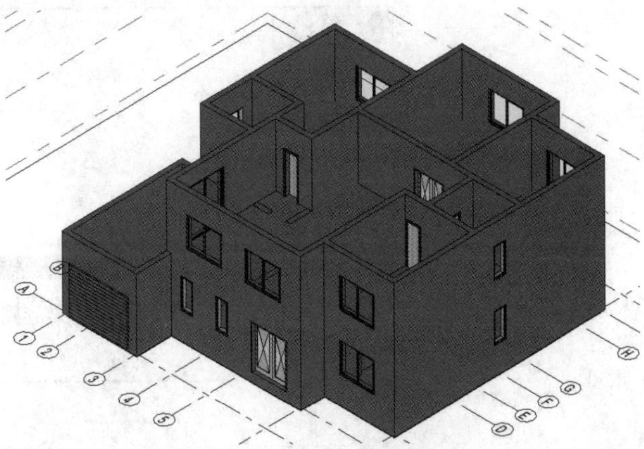

图7-113　房屋立体图

7.10　女儿墙和屋顶

在【项目浏览器】中,展开【楼层平面】树形目录,双击【标高3】,则绘图区将显示该平面视图。

如果在该视图中无法观察到二层墙体的轮廓线,则应如图7-114所示,在【属性】面板中,将基线范围设置为【标高2】到【标高3】。创建女儿墙和屋顶后,房屋模型如图7-115所示。

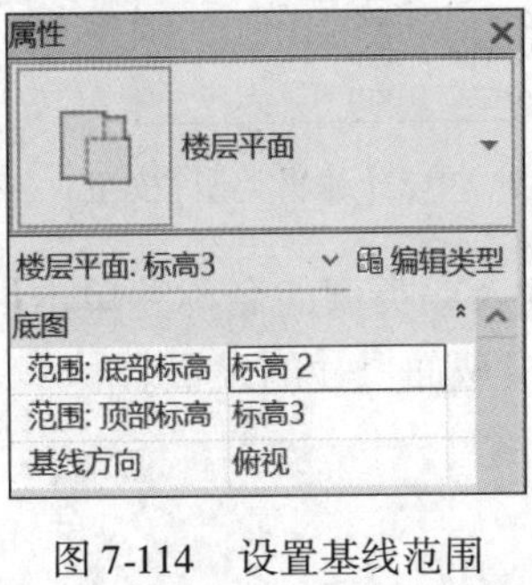

图7-114　设置基线范围

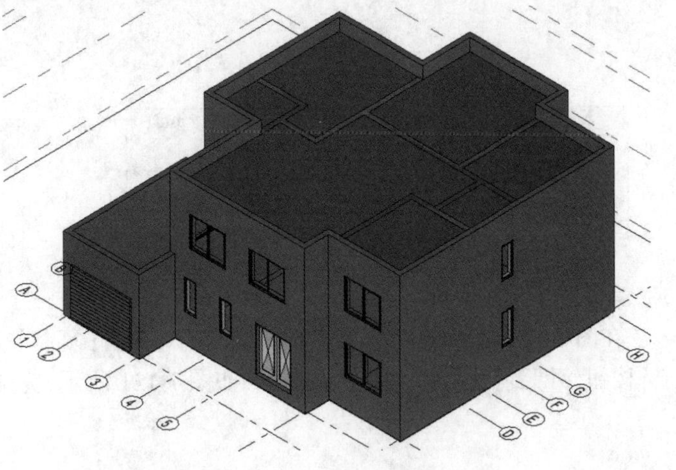

图7-115　房屋立体图

7.11 创建棚架梁和立柱

1. 载入矩形截面的梁族

如图 7-116 所示，在该文件路径下找到图 7-117 所示的矩形截面梁族文件并双击载入项目。

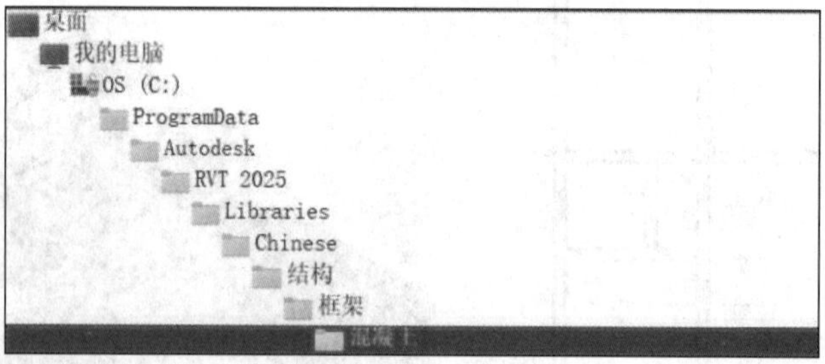

图 7-116 梁族路径

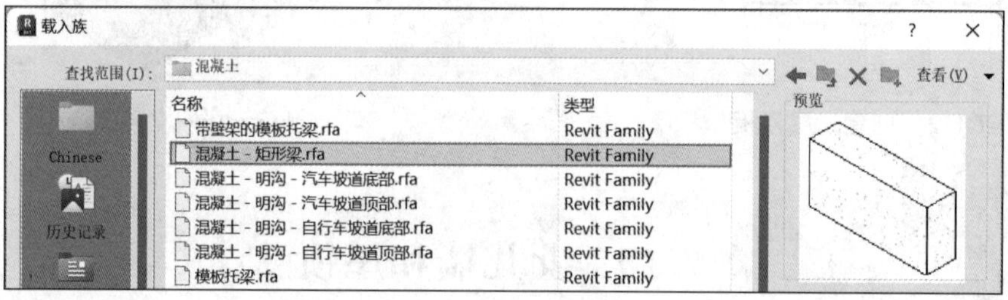

图 7-117 载入梁族

如图 7-118 所示，依次单击【结构】选项卡→【结构】面板→【梁】按钮，然后在【属性】面板中单击【编辑类型】按钮，如图 7-119 所示。

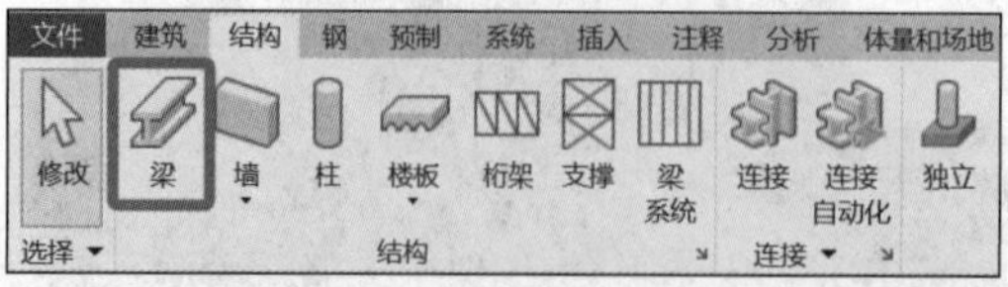

图 7-118 单击【梁】按钮

图 7-119 单击【编辑类型】按钮

在图 7-120 所示的【类型属性】对话框中，单击【复制】按钮，输入梁类型的名称并单击【确定】按钮。回到【类型属性】对话框后，如图 7-121 所示，完成梁的横截面尺寸的设置。

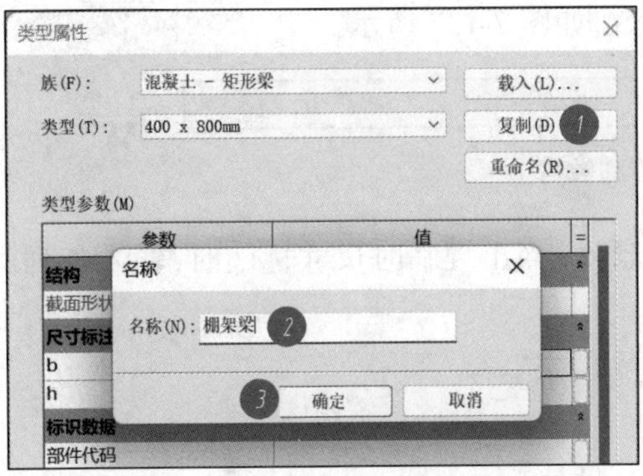

图 7-120　复制并命名梁类型名称

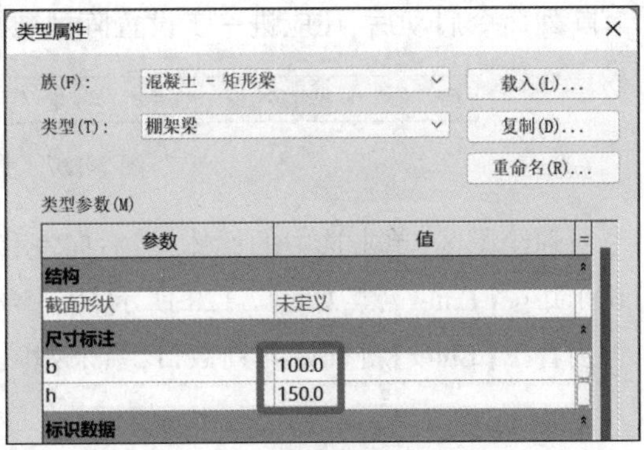

图 7-121　设置梁横截面尺寸

如图 7-122 所示，在【标高 3】楼层平面中绘制两段梁体。梁体绘制完成后，如果在该平面视图中无法拾取梁体图元，则如图 7-123 所示，单击【属性】面板中的【编辑】按钮，弹出图 7-124 所示的【视图范围】对话框后，将【标高】和【底部】的偏移均设置为 –500，单击【确定】按钮，关闭对话框。

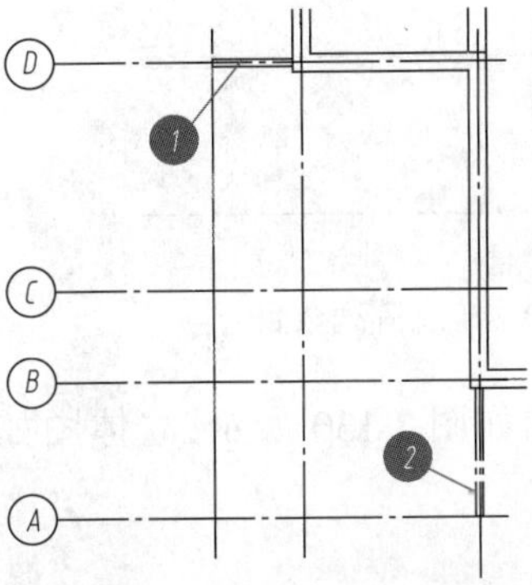

图 7-122　绘制梁

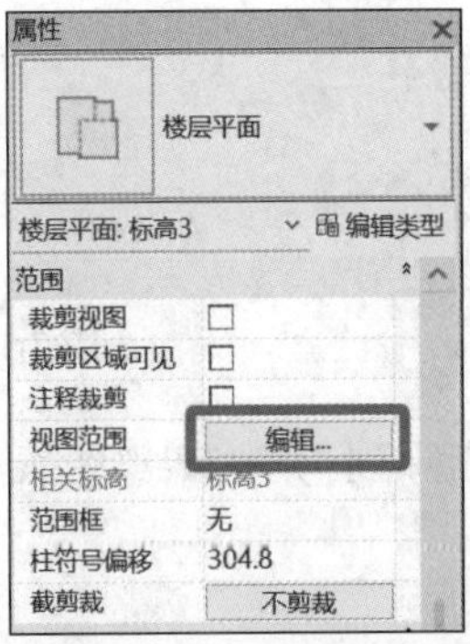

图 7-123　单击【编辑】按钮

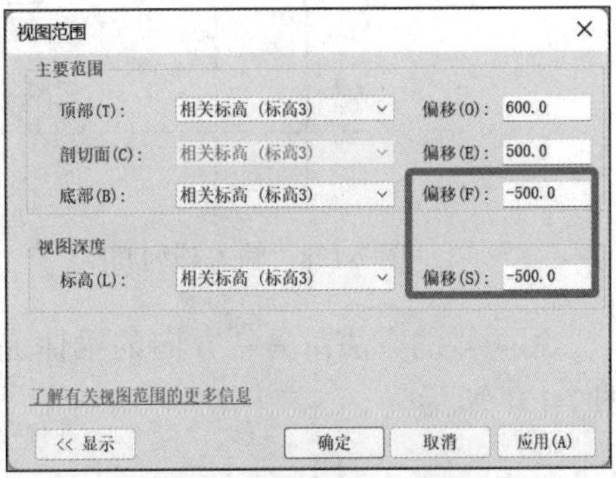

图 7-124　设置视图范围

该操作的目的是：将可视范围从【标高 3】的位置向下移动 500，则梁体将出现在可视范围内，从而便于选取。

创建了两个方向的梁体图元后，下面将对其进行阵列，完成棚架的创建。

如图 7-125 所示，单击选中梁体，然后依次单击【修改 | 结构框架】选项卡→【修改】面板→【阵列】按钮，如图 7-126 所示。

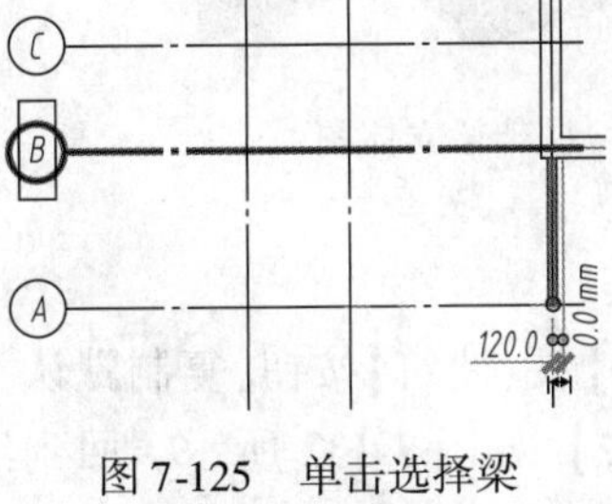

图 7-125　单击选择梁

图 7-126　单击【阵列】命令

阵列命令启动后,还应进一步设置阵列项目个数,如图 7-127 所示。

图 7-127　设置阵列数目

回到绘图区,单击选中的梁体,然后向左移动光标。当出现临时尺寸标注时,输入阵列间距 600 并按【Enter】键,如图 7-128 所示。

接着按【Enter】键确认阵列数目,结果如图 7-129 所示。

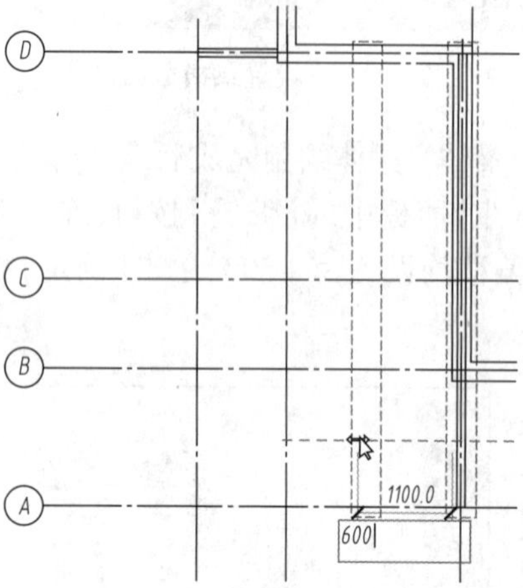

图 7-128　输入阵列间距

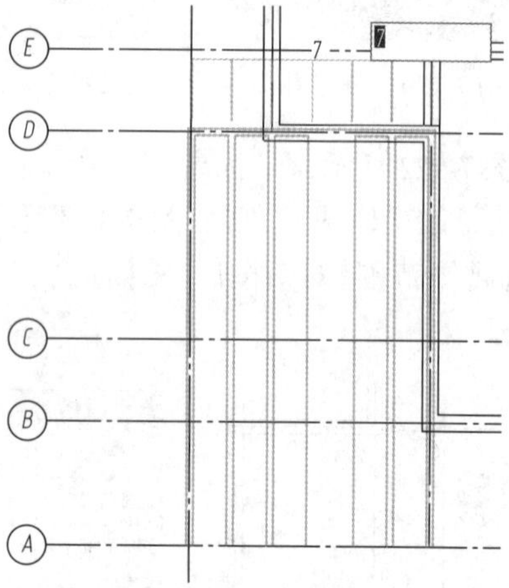

图 7-129　确认阵列数目

用同样的方法对另一方向的梁体完成阵列,则棚架梁平面图如图 7-130 所示,立体图如图 7-131 所示。

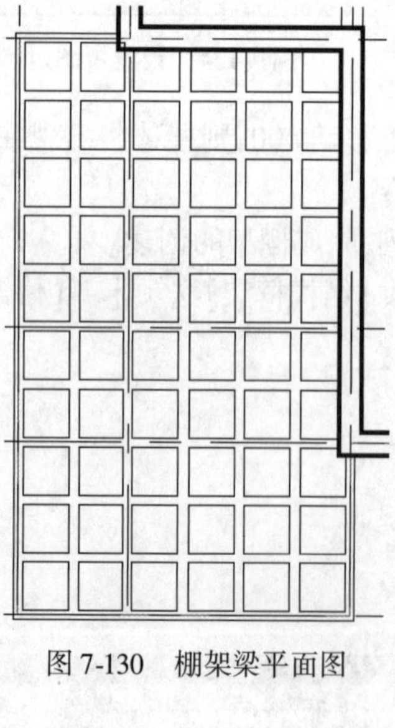

图 7-130　棚架梁平面图

图 7-131　棚架梁立体图

2. 创建立柱

依次单击【建筑】选项卡→【构建】面板→【柱】下拉列表中的【柱:建筑】按钮,复制默认类型并更改柱截面尺寸。然后在选项栏中将【深度】设置为【标高 2】,如图 7-132 所示。回到绘图区,用鼠标捕捉梁体交点并单击,完成立柱创建,结果如图 7-133 所示。

图 7-132　设置立柱的位置范围

3. 创建栏杆

如图 7-134 所示,双击【标高 2】进入楼层平面视图,然后依次单击【建筑】选项卡→【楼梯坡道】面板→【栏杆扶手】按钮,如图 7-135 所示。

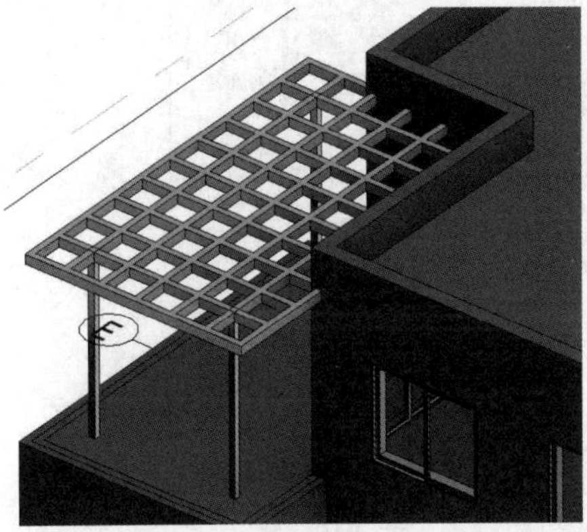

图 7-133　立柱立体图

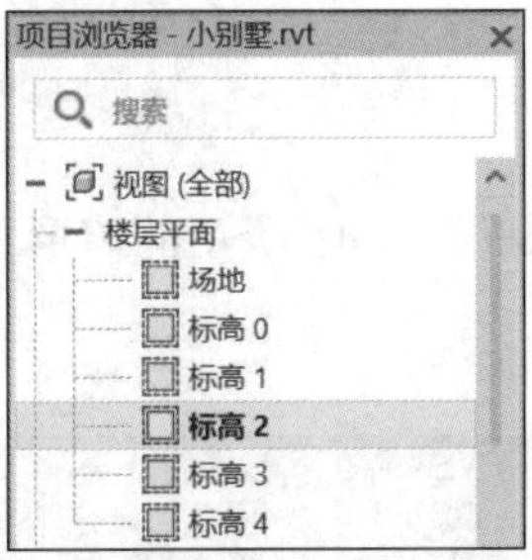

图 7-134　双击【标高 2】

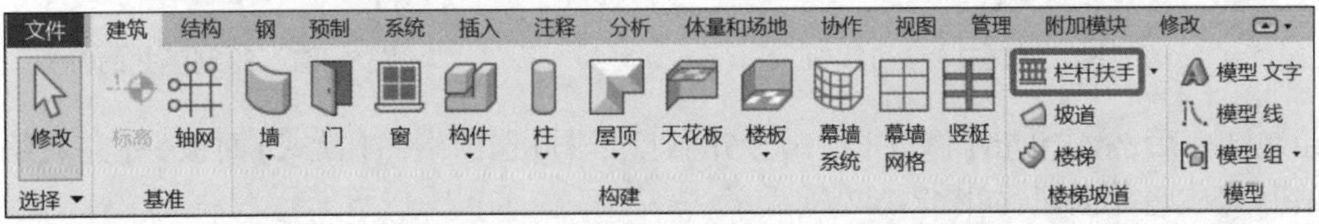

图 7-135　单击【栏杆扶手】按钮

在绘图区中,如图 7-136 所示,用鼠标捕捉交点并创建栏杆路径,创建结束后单击【完成编辑模式】按钮,如图 7-137 所示。栏杆的立体图如图 7-138 所示。

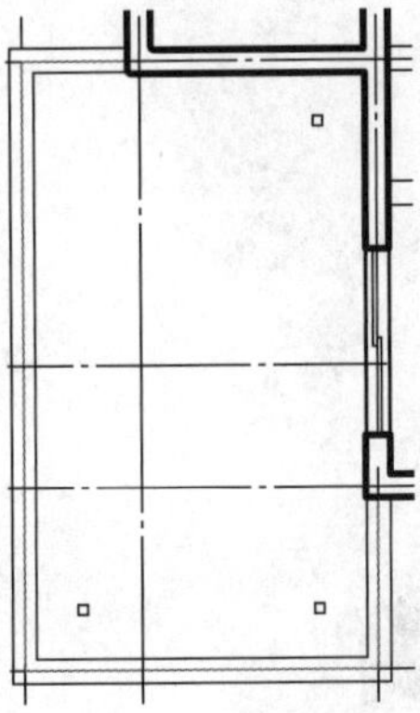

图 7-136　绘制栏杆路径

图 7-137　单击【完成编辑模式】按钮

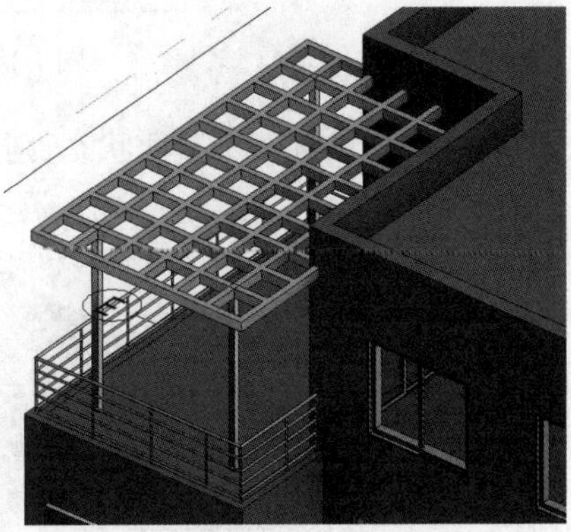

图 7-138　栏杆立体图

7.12 创建楼梯

创建楼梯之前,首先应创建楼梯井,否则各层楼板将会遮挡楼梯的上升通道。如图 7-139 所示,依次单击【建筑】选项卡→【洞口】面板→【竖井】按钮,然后选择【修改 | 绘制竖井洞口草图】选项卡→【绘制】面板→【矩形】按钮,如图 7-140 所示。

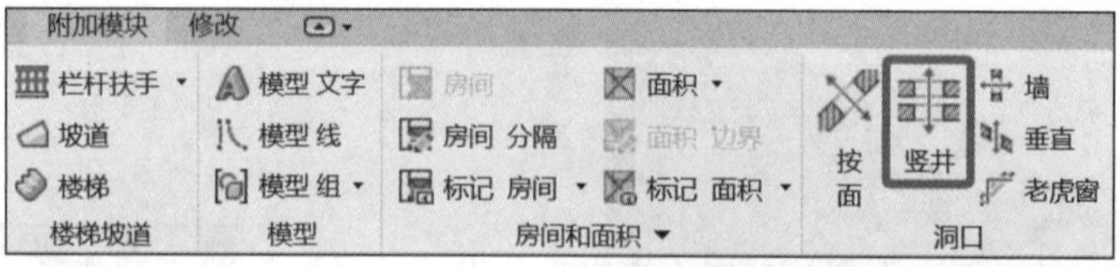

图 7-139 单击【竖井】按钮

绘制图 7-141 所示的矩形,其长度为 2900,宽度为 2400。

图 7-140 单击【矩形】按钮

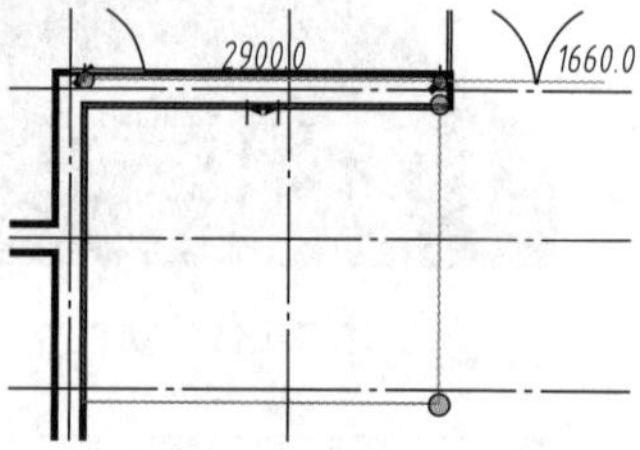

图 7-141 绘制竖井的范围

绘制结束后,依次单击【修改 | 绘制竖井洞口草图】选项卡→【模式】面板→【完成编辑模式】按钮,完成竖井创建,如图 7-142 所示。

图 7-142 单击【完成编辑模式】按钮

将视图切换到三维空间状态,则竖井的立体效果如图 7-143 所示。

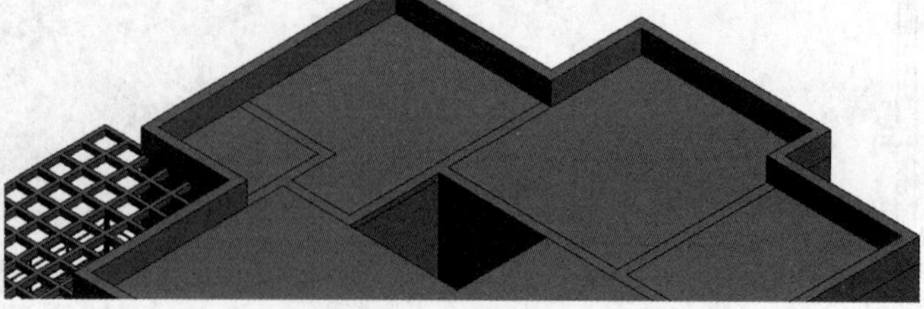

图 7-143 竖井开孔

显然,默认情况下的竖井将会贯通建筑物的高度。由于实例中只需对二层楼板开孔,所以应将竖井的竖向范围进行调整。

回到【标高 1】平面视图,如图 7-144 所示,单击竖井,将【属性】对话框中的【底部偏移】设置为 0、【顶部约束】设置为【标高 2】,然后单击【应用】按钮完成竖井调整。竖井完成后,下面将创建楼梯。

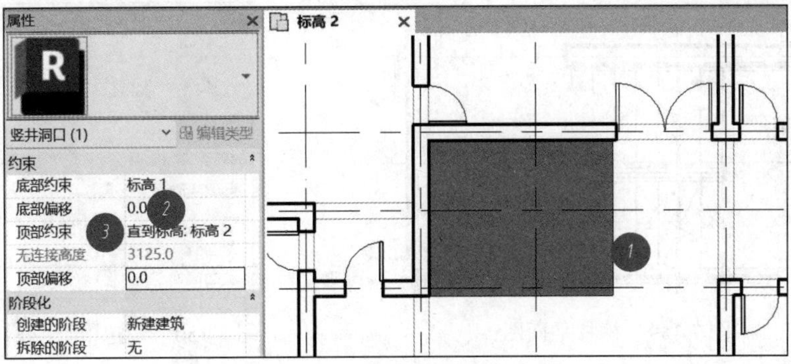

图 7-144　设置竖井高度范围

如图 7-145 所示,依次单击【建筑】选项卡→【楼梯坡道】面板→【楼梯】按钮,在选项栏中将【定位线】设为【梯段:左】,【实际梯段宽度】设为 1150,如图 7-146 所示。

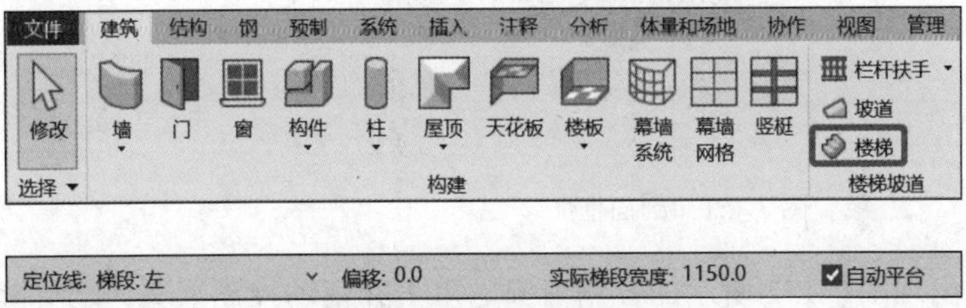

图 7-145　单击【楼梯】按钮

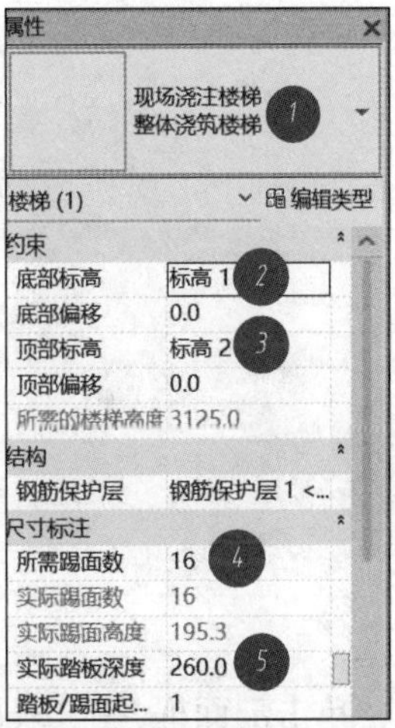

图 7-146　设置楼梯参数

如图 7-147 所示,依次捕捉图中标注的 4 个点,然后单击【完成编辑模式】按钮,如图 7-148 所示,完成楼梯创建,其平面图如图 7-149 所示。

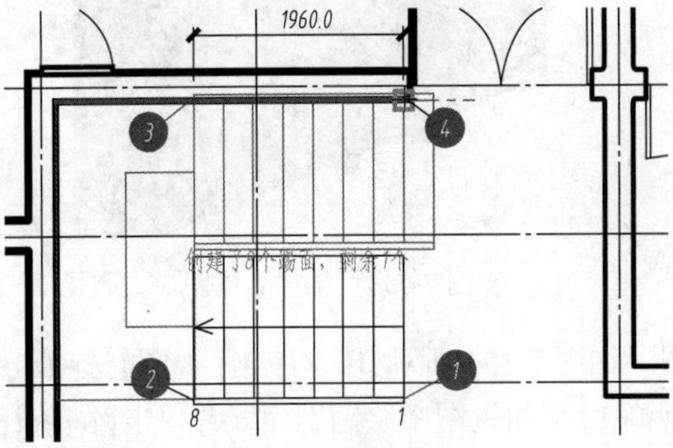

图 7-147　创建楼梯

图 7-148　单击【完成编辑模式】按钮

将视图切换至三维视图，由于楼梯在室内空间，所以在三维视图中无法观察到楼梯的立体效果。为此，单击绘图区的空白处，然后勾选图 7-150 中的【剖面框】复选框，这时绘图区将出现图 7-151 所示的剖面框。

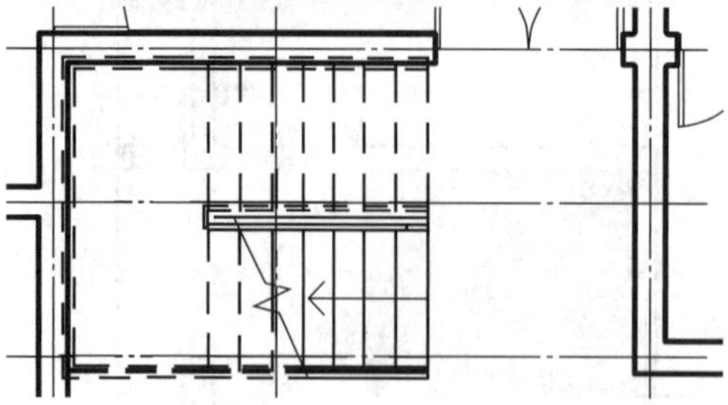

图 7-149　楼梯平面图

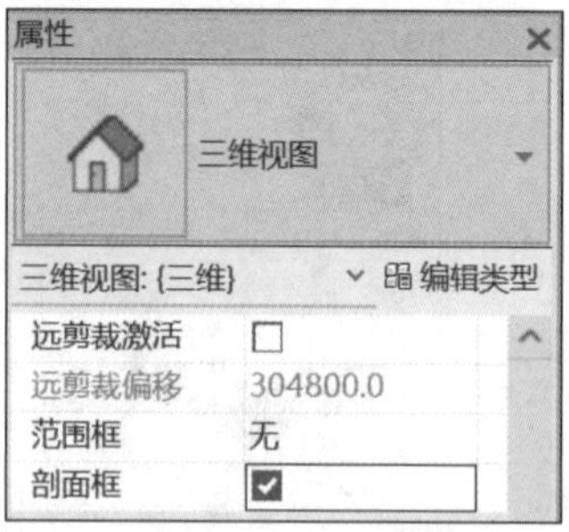

图 7-150　勾选【剖面框】复选框

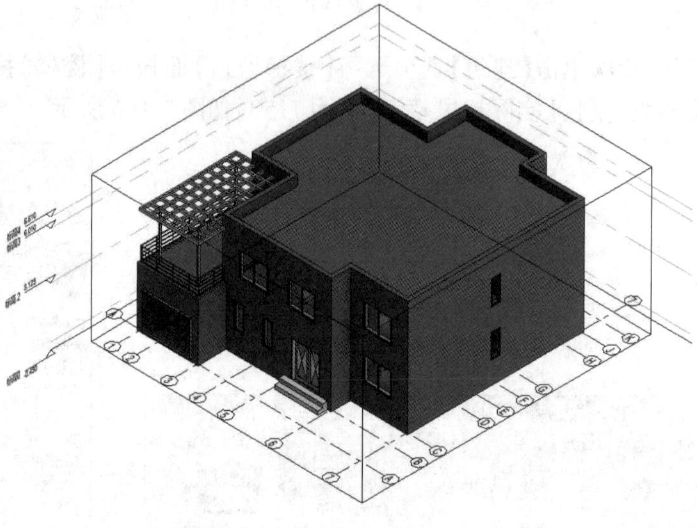

图 7-151　剖面框

单击剖面框，在其表面将出现图 7-152 所示的控制箭头。单击并拖动控制箭头，直到能较好地观察到楼梯的三维效果，如图 7-153 所示。

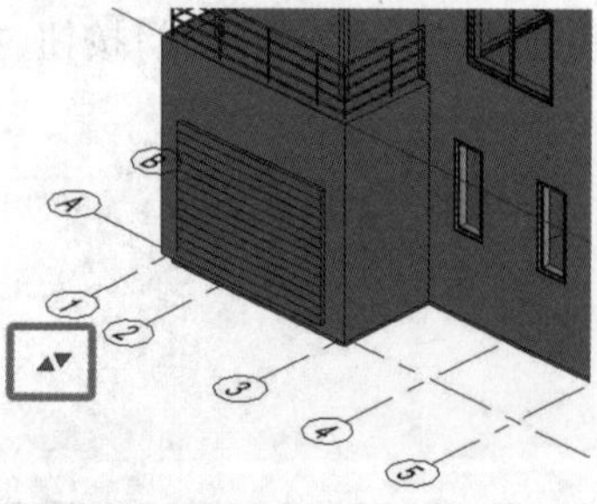

图 7-152　剖面框的控制箭头

图 7-153　楼梯立体图

为了查看楼梯立面图，还需要生成建筑剖面图。如图 7-154 所示，依次单击【视图】选项卡→【创建】面板→【剖面】按钮，如图 7-155 所示，在【标高 1】平面视图中绘制剖面线并单击【翻转】按钮，然后在【项目浏览器】中双击【剖面 1】选项，如图 7-156 所示，则建筑剖面图如图 7-157 所示。

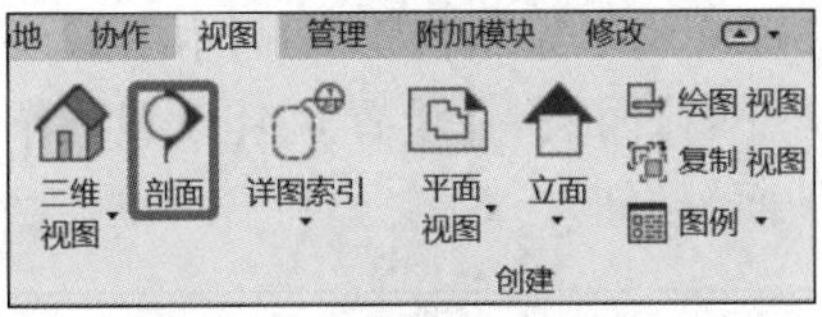

图 7-154　单击【剖面】按钮

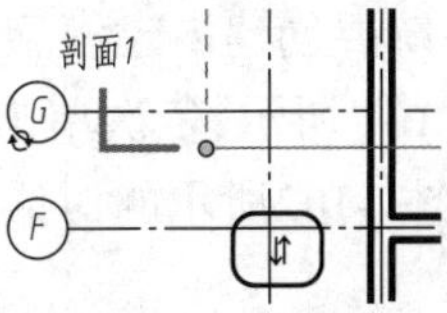

图 7-155　单击【翻转】按钮

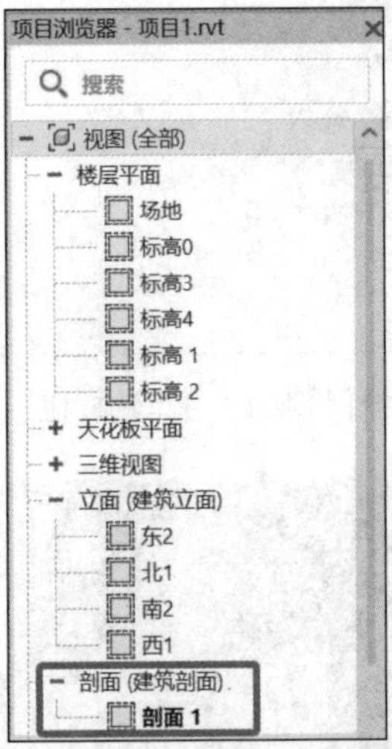

图 7-156　双击【剖面 1】选项

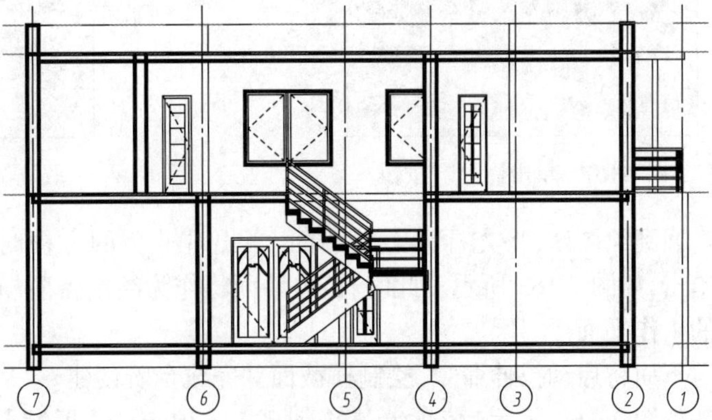

图 7-157　剖面图

7.13　室外台阶和车库坡道

室外台阶和车库坡道可通过拉伸截面的方法完成创建。如图 7-158 所示，依次单击【建筑】选项卡→【构建】面板→【构件】下拉列表中的【内建模型】按钮，弹出图 7-159 所示的对话框后，选择【常规模型】选项并单击【确定】按钮，然后输入模型名称并单击【确定】按钮，如图 7-160 所示。

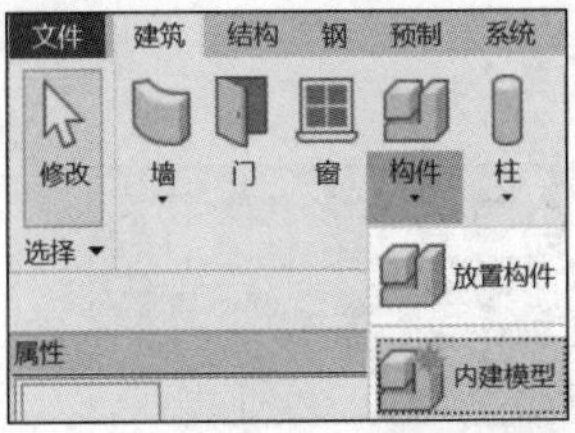

图 7-158　单击【内建模型】按钮

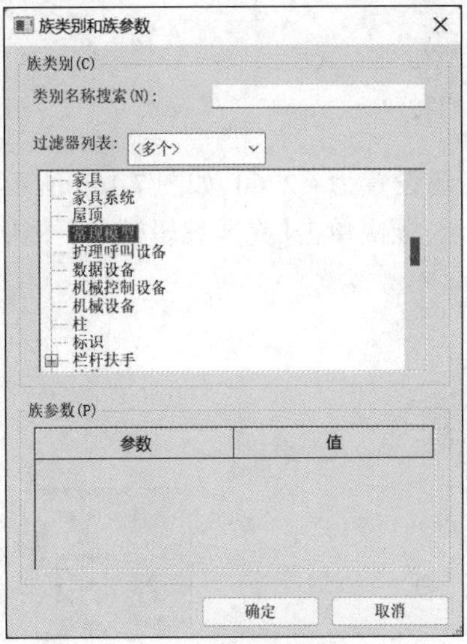

图 7-159　选择【常规模型】选项

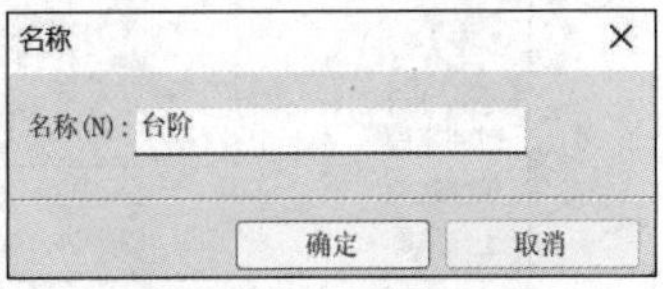

图 7-160　键入名称

告知系统要创建内建模型后，为了方便拉伸操作，还应确定绘制台阶横截面的基准面。

如图 7-161 所示，依次单击【创建】选项卡→【工作平面】面板→【设置】→【设置工作平面】按钮，弹出图 7-162所示的对话框后，单击选择【拾取平面】按钮。

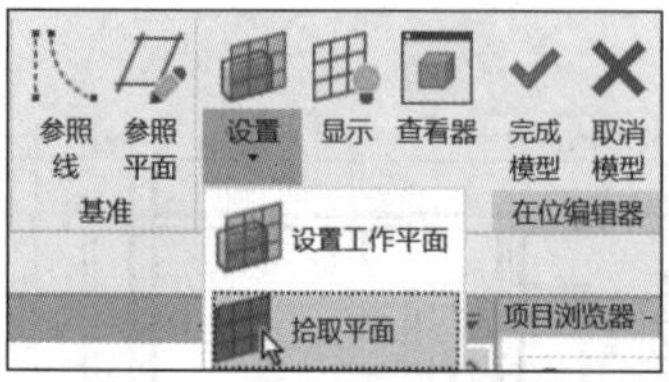

图 7-161　单击【设置】按钮

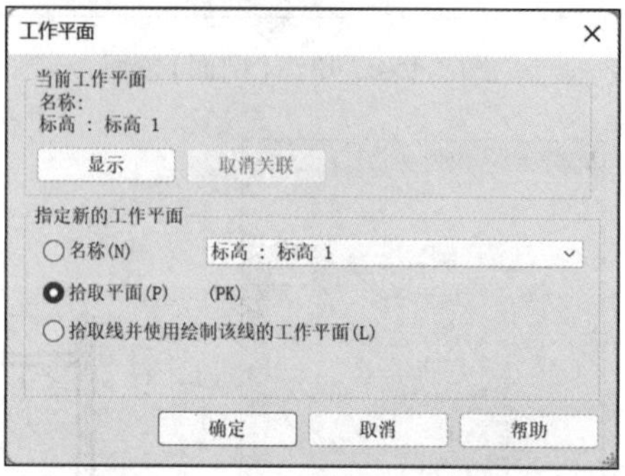

图 7-162　选择【拾取平面】单选按钮

回到绘图区，将光标移至外墙面，当出现蓝色的方框时进行单击，如图 7-163 所示。此时，该外墙面将作为绘制台阶横截面的工作平面。

图 7-163　拾取墙面

下面将启动拉伸命令，绘制横截面并完成台阶创建。

如图 7-164 所示，依次单击【创建】选项卡→【形状】面板→【拉伸】按钮，回到绘图区，在前面创建的工作平面内绘制踏面宽度为 300，台阶高度为 225 的台阶横截面如图 7-165 所示。

图 7-164　单击【拉伸】按钮

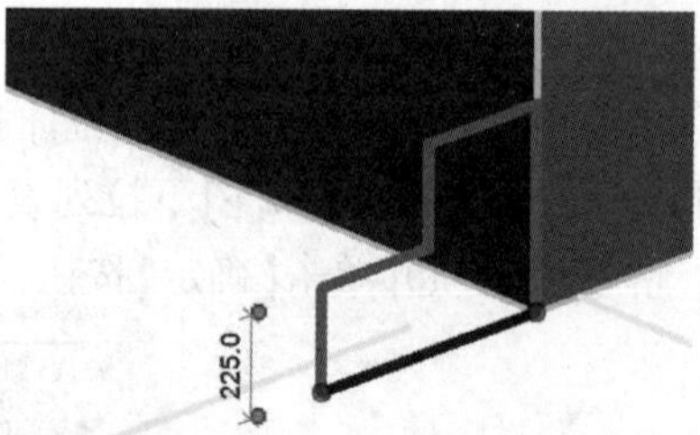

图 7-165　绘制台阶横截面

同时在选项栏中将拉伸距离设置为 –2760，如图 7-166 所示。

如图 7-167 和图 7-168 所示，顺次单击【完成编辑模式】按钮和【完成模型】按钮，完成模型创建，结果如图 7-169 所示。

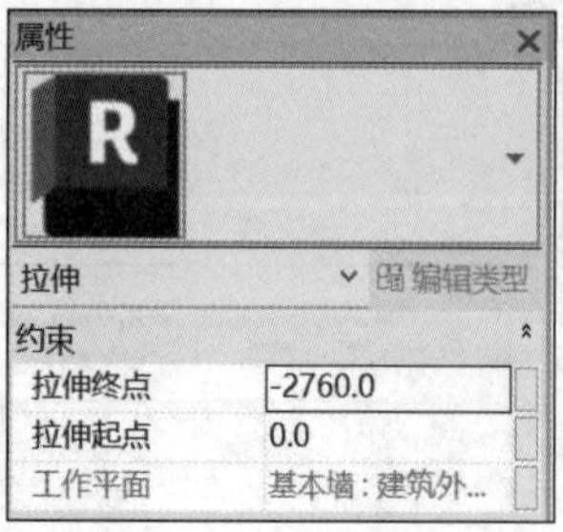

图 7-166　设置拉伸距离

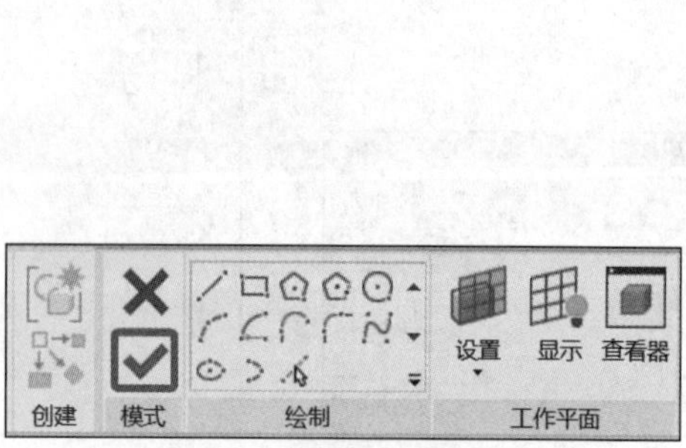

图 7-167　单击【完成编辑模式】按钮

图 7-168　单击【完成模型】按钮

图 7-169　台阶模型

由图可知，台阶模型的位置靠右。所以，还应利用平移命令将其移动至合适的位置。

如图 7-170 所示，双击【标高 0】选项，回到绘图区后，单击选中台阶，然后单击【平移】按钮，勾选选项栏中的【分开】复选框，如图 7-171 所示。

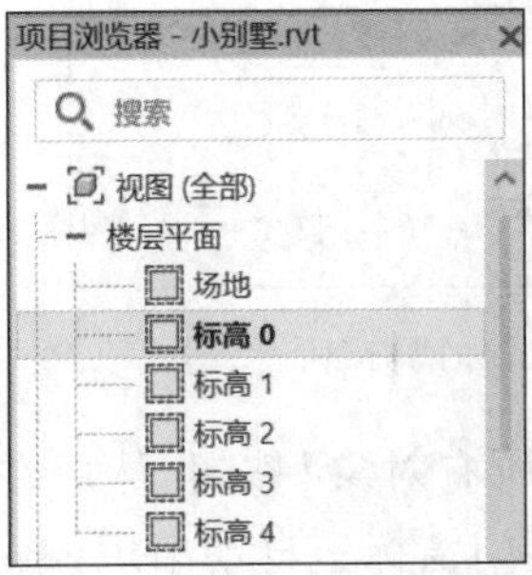

图 7-170　双击【标高 0】选项

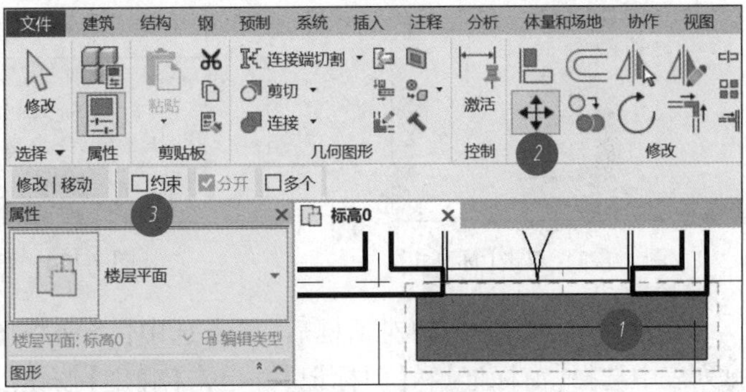

图 7-171　平移台阶

最后，单击台阶并向左移动，输入移动距离 240 并按【Enter】键，完成位置的调整。到此为止，台阶创建完毕。请读者用同样的方法完成车库坡道的创建。完成后的结果如图 7-172 所示。

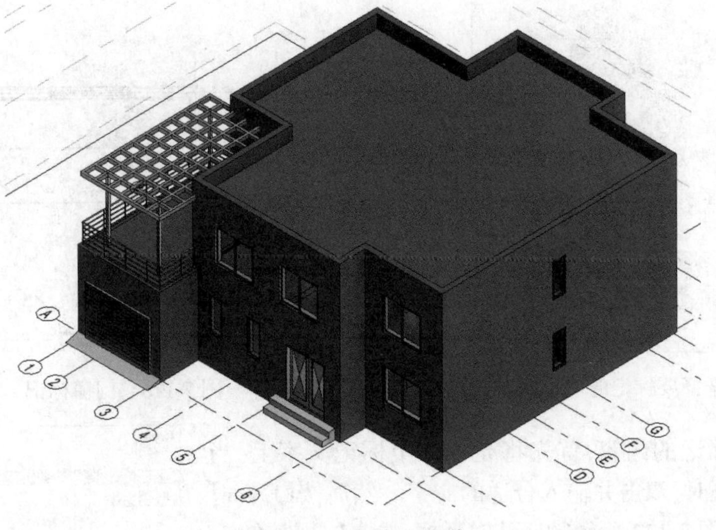

图 7-172　台阶和坡道

7.14 标注一层平面图

创建了立体模型后，在平面视图中已经能观察到房屋建筑的轮廓投影，但是由于该平面图中缺少很多图形中应有的标记，所以还需要进一步创建图形标记并完善平面图。

1. 标记门窗

如图 7-173 所示，双击【标高 1】选项，然后依次单击【注释】选项卡→【标记】面板→【全部标记】按钮，如图 7-174 所示。

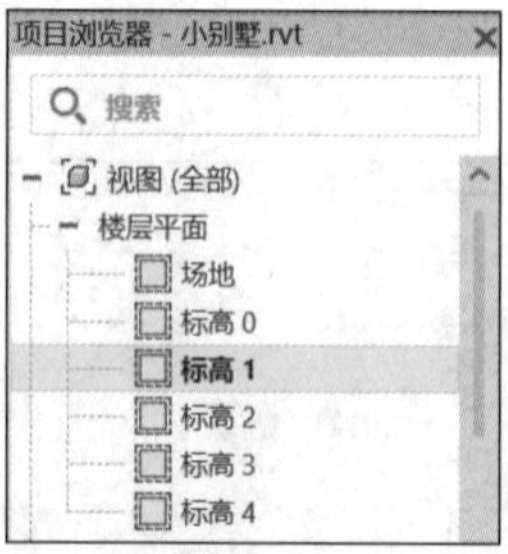

图 7-173　双击【标高 1】

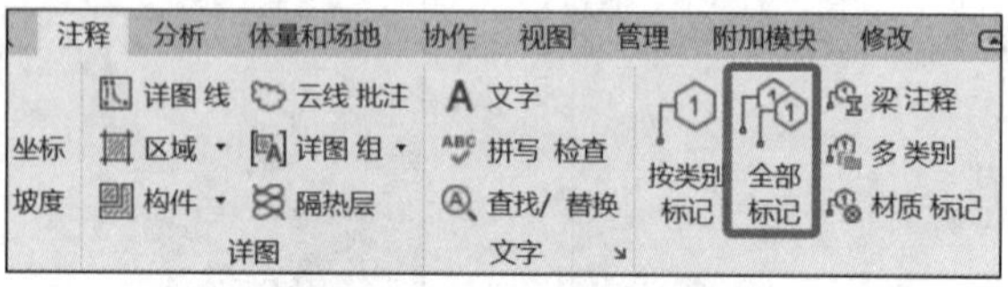

图 7-174　单击【全部标记】按钮

当弹出图 7-175 所示的对话框后，单击选中【当前视图中的所有对象】按钮，然后在【类别】列表中选择【窗标记】和【门标记】并单击【确定】按钮。此时，门窗标记自动出现，结果如图 7-176 所示。由图可知，这些标记的文本内容、文字字头的方向和显示位置都存在问题，所以还需对此进行逐一调整。

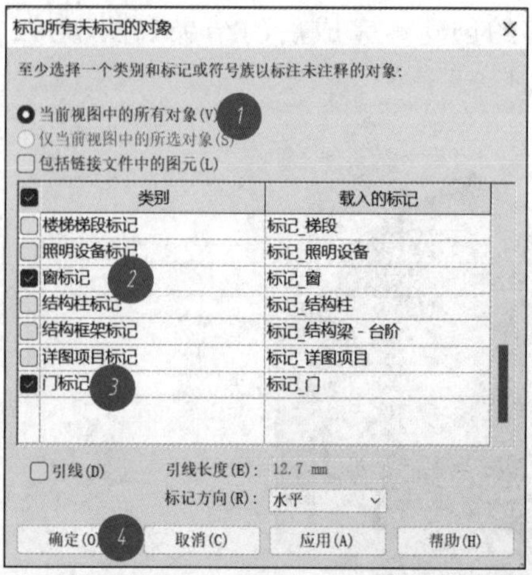

图 7-175　选择要标记的对象

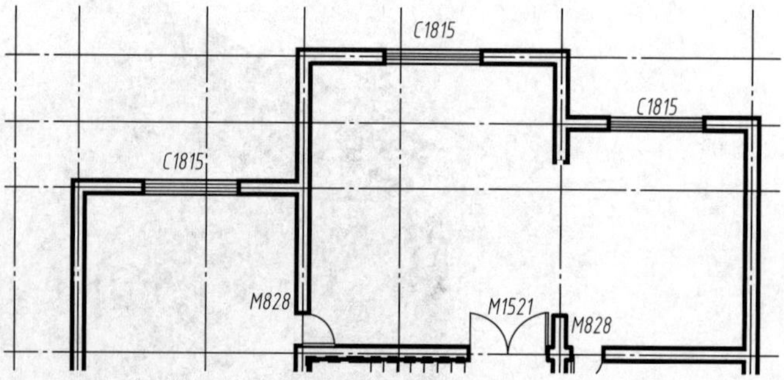

图 7-176　门窗标记

为了改变标记的内容，首先将光标移至标记文字上，当出现蓝色的外框时，双击并输入合适的文字。然后按【Enter】键，此时将弹出图 7-177 所示的确认对话框，单击【是】按钮。

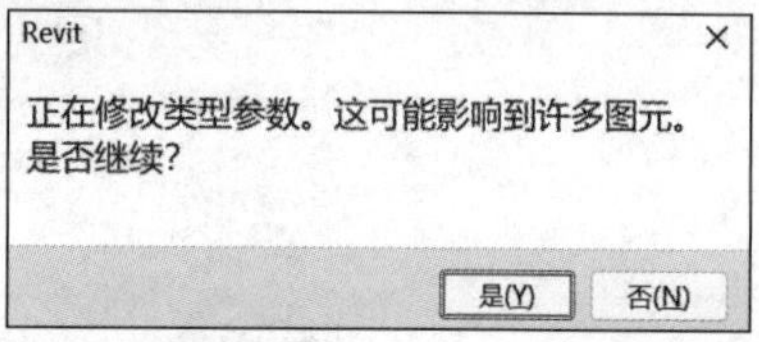

图 7-177　单击【是】按钮

当完成一类族标记的更改后，利用同一个族创建的所有图元将自动更新文本标记。请读者用同样的方法修改其他门窗的标记(**注意**:同类中只修改一个即可)。

如果需要改变文字的注写方向,则单击选中标记文字且按空格键。为了调整标记显示的位置,请将光标移至门窗标记上,当出现蓝色的文字包围框时,按下鼠标并拖动至合适的位置。经过一系列调整后,门窗标记的效果如图 7-178 所示。

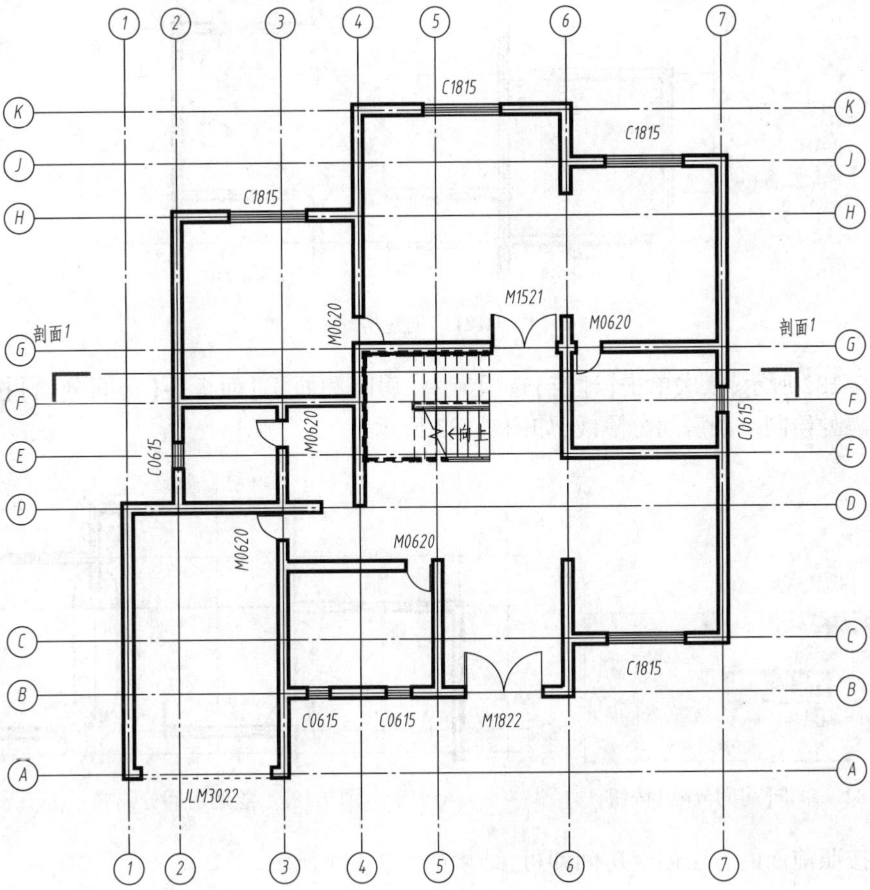

图 7-178　调整后的门窗标记

2. 创建房间并标记

按照 AutoCAD 中绘图的思维,只需要在房间内标注对应的文字即可完成房间的创建。但是在 Revit 中,由于涉及房间数量和面积的统计等工作,必须手工创建房间并完成标记。

如图 7-179 所示,依次单击【建筑】选项卡→【房间和面积】面板→【房间】按钮,将光标移至图 7-180 所示的一个房间内,当跟随光标出现两条相交直线时,单击,完成房间的创建。

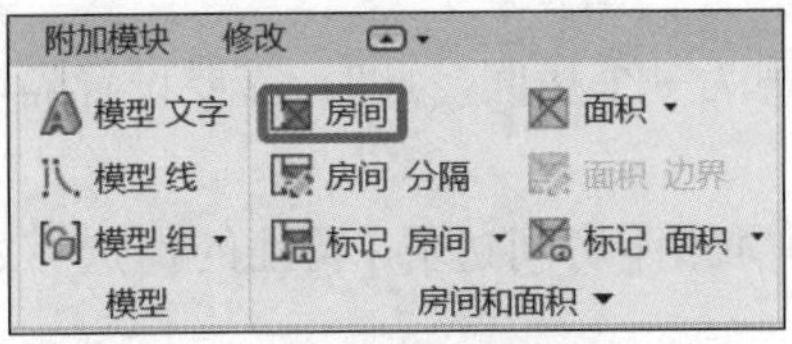

图 7-179　单击【房间】按钮

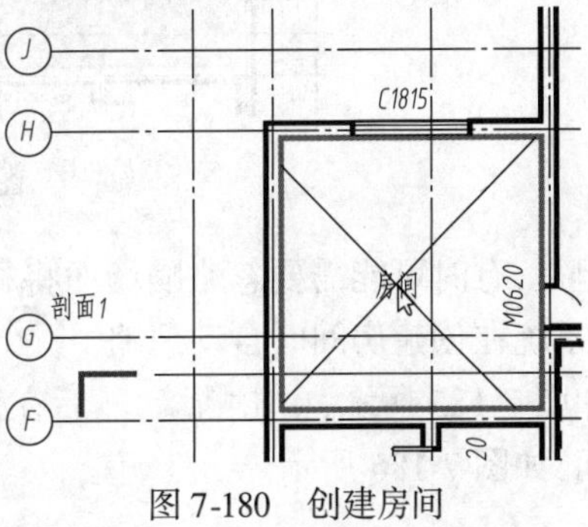

图 7-180　创建房间

如图 7-181 所示，如果在右侧创建房间，则系统将两块面积区域视为一个房间。为了将空间进行分隔，在创建房间前应在两个空间分隔处创建房间分隔线。

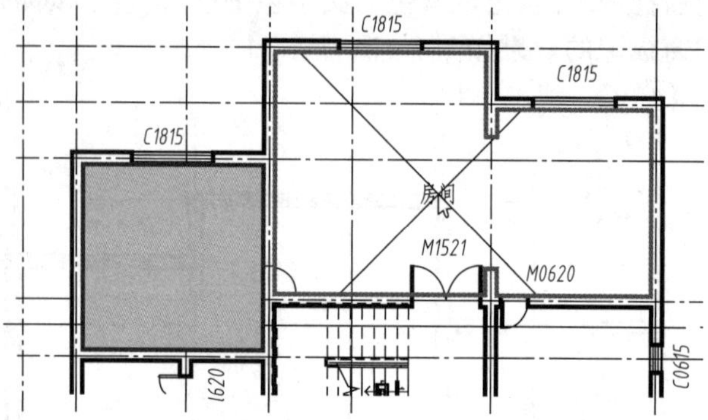

图 7-181　创建房间

如图 7-182 所示，依次单击【建筑】选项卡→【房间和面积】面板→【房间分隔】按钮，然后在房间分隔处绘制一条房间分隔线，如图 7-183 所示。

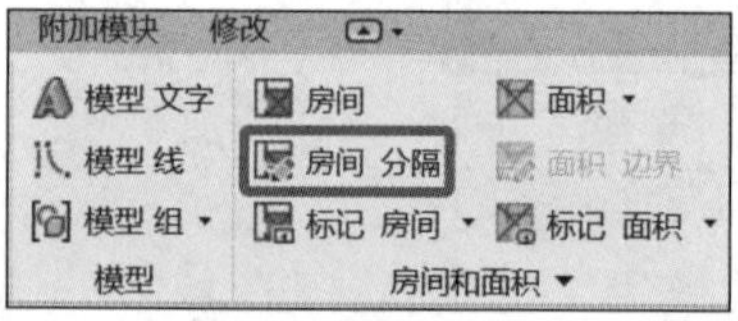

图 7-182　单击【房间分隔】按钮

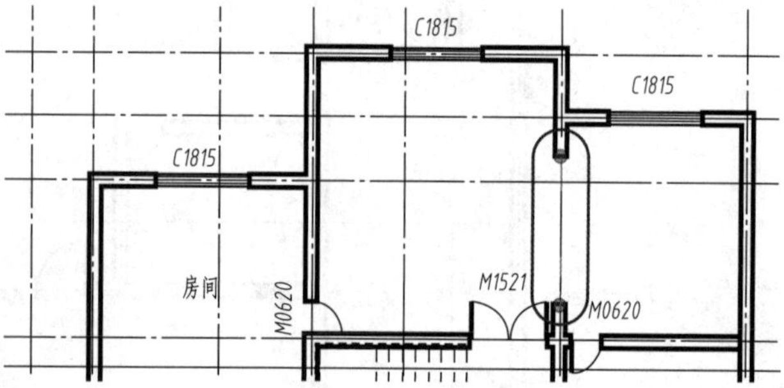

图 7-183　绘制房间分隔线

然后按照前面的方法创建房间即可，结果如图 7-184 所示。

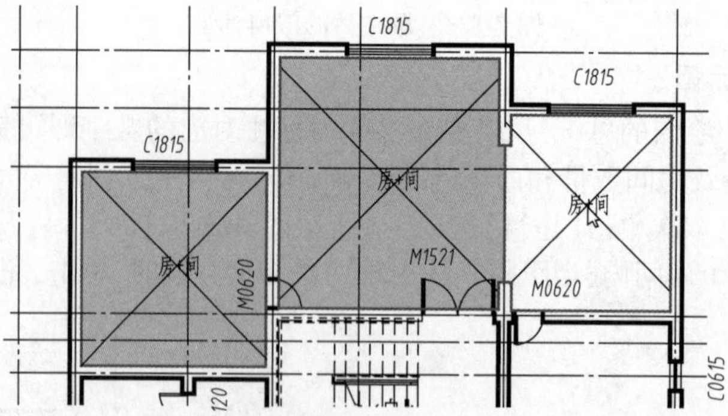

图 7-184　创建房间

但是，有时可能需要忽略隔墙而将相邻的两部分视为一个房间。此时，需要设置隔墙的属性，使系统在创建房间时自动忽略。

如图 7-185 所示，单击隔墙，然后在【属性】面板中取消【房间边界】属性的勾选。之后创建房间，如图 7-186 所示。

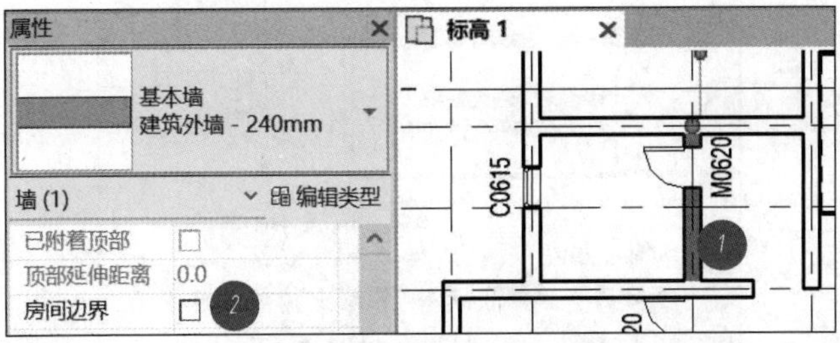

图 7-185　取消房间边界

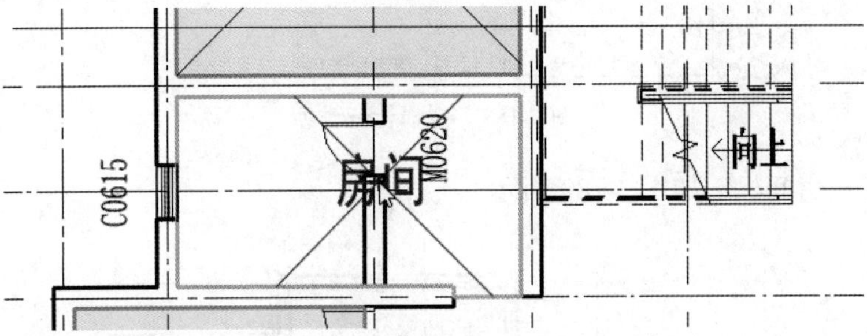

图 7-186　创建房间

由于每个房间的用途有所不同，所以应将房间的标记文字进行调整，方法是：将光标移至文字标记上，当出现蓝色的方框时，双击文字并输入新的文字即可。修改所有房间标记后，将光标移至其中一个标记上并右击，在弹出的快捷菜单中依次选择【选择全部实例】→【在视图中可见】选项，如图 7-187 所示。

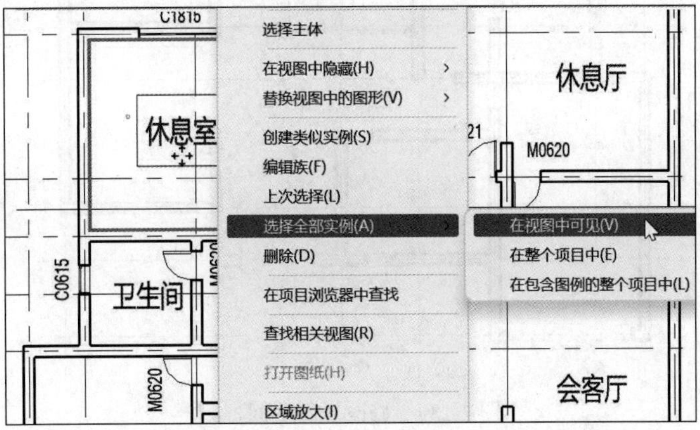

图 7-187　选择全部房间标记

选中所有标记后，在【属性】面板中选择【标记_房间-无面积-施工-仿宋-3mm-0-67】，如图 7-188 所示。

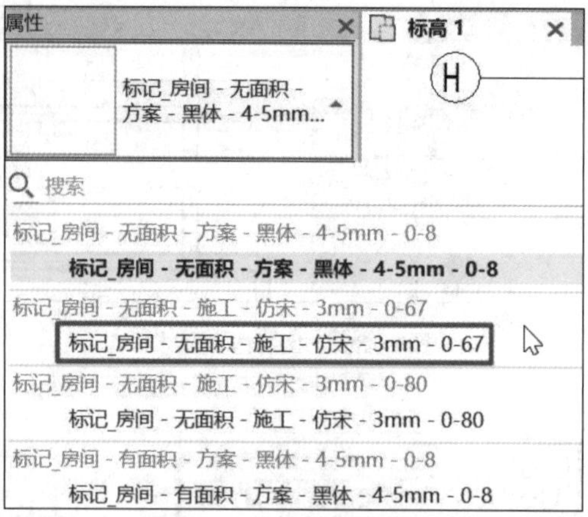

图 7-188　选择标记类型

调整结束后,房间标记如图 7-189 所示。

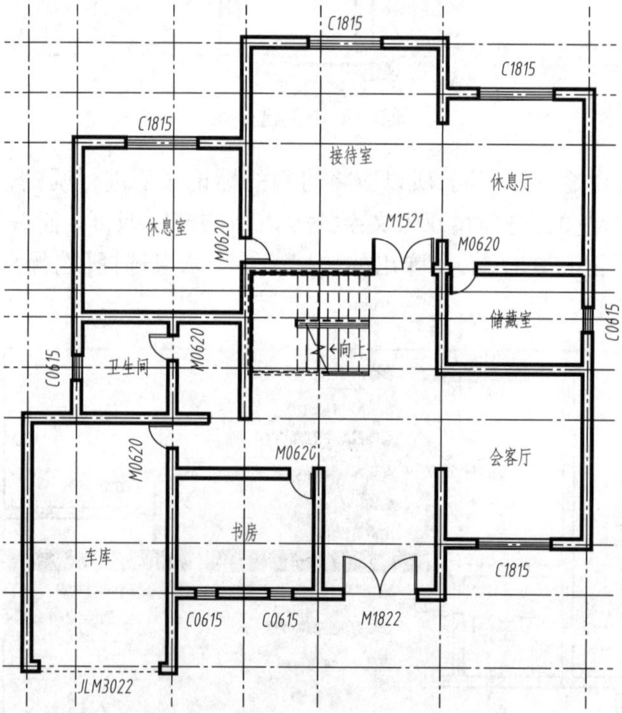

图 7-189　修改后的房间标记

3. 调整轴网

由图 7-1 中的平面图可知,轴网中轴线的长度并非相同。所以,在标注尺寸之前,应完成轴网的长度调整。

如图 7-190 所示,单击选中一条轴线,依次单击【3D】按钮和端部的复选框,然后用鼠标拖动其端点移动至合适的位置。完成所有轴线的调整后,结果如图 7-191 所示。

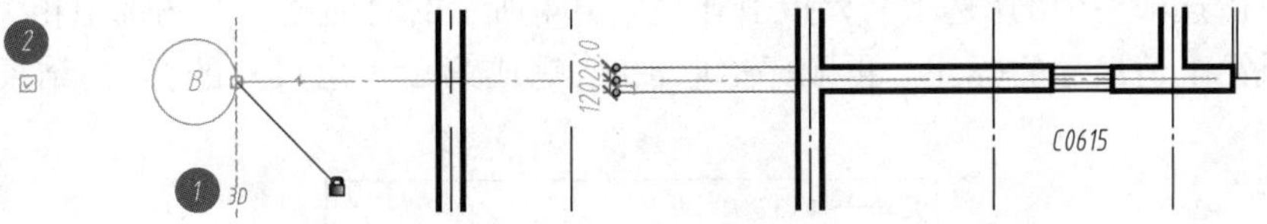

图 7-190　设置轴网

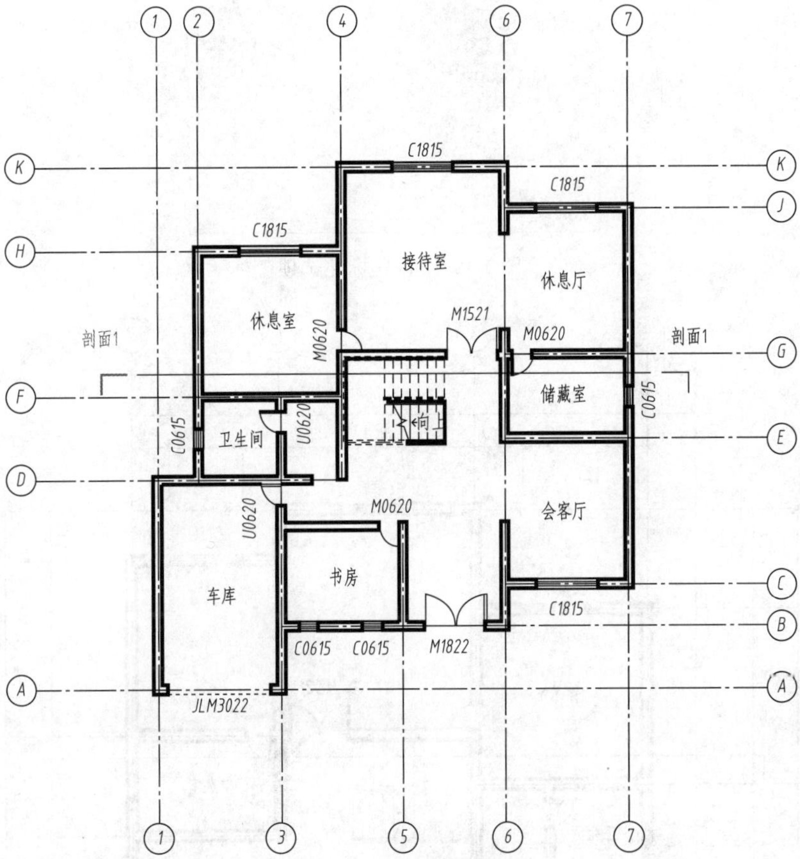

图 7-191　调整后的轴网

4. 完成平面图形的尺寸标注

如图 7-192 所示，依次单击【注释】选项卡→【尺寸标注】面板→【对齐】按钮，在选项栏中将【拾取】设置为【整个墙】，如图 7-193 所示。

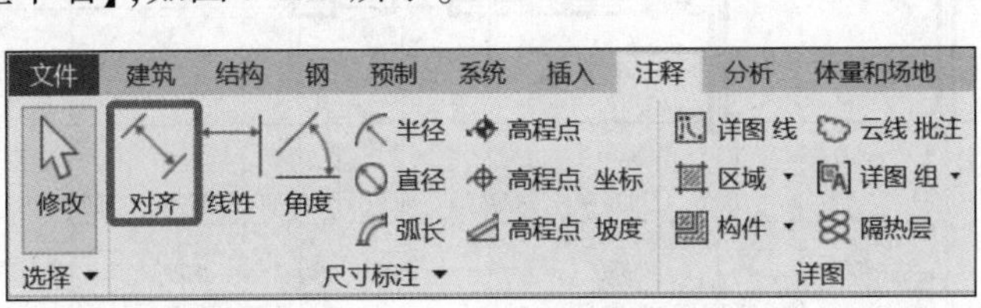

图 7-192　单击【对齐】按钮

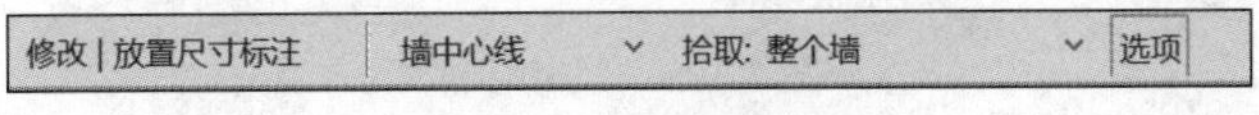

图 7-193　设置选项栏

接着单击选项栏中的【选项】按钮，弹出图 7-194 所示的对话框。如图选中相关选项后，拾取外墙完成第 1 道尺寸的标注。再顺序拾取轴线，完成第 2、3 道尺寸的标注，结果如图 7-195 所示。

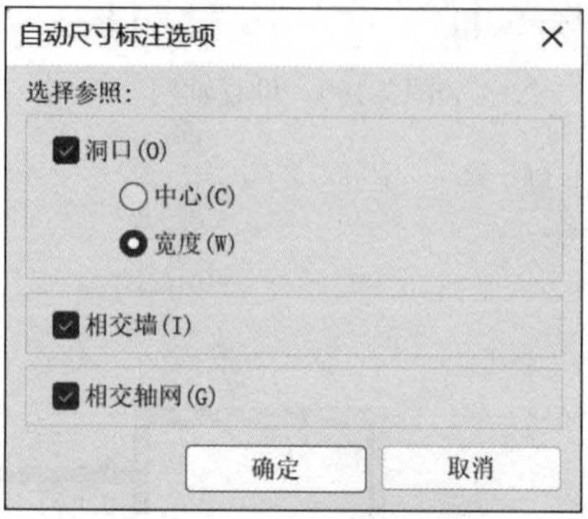

图 7-194　设置标注选项

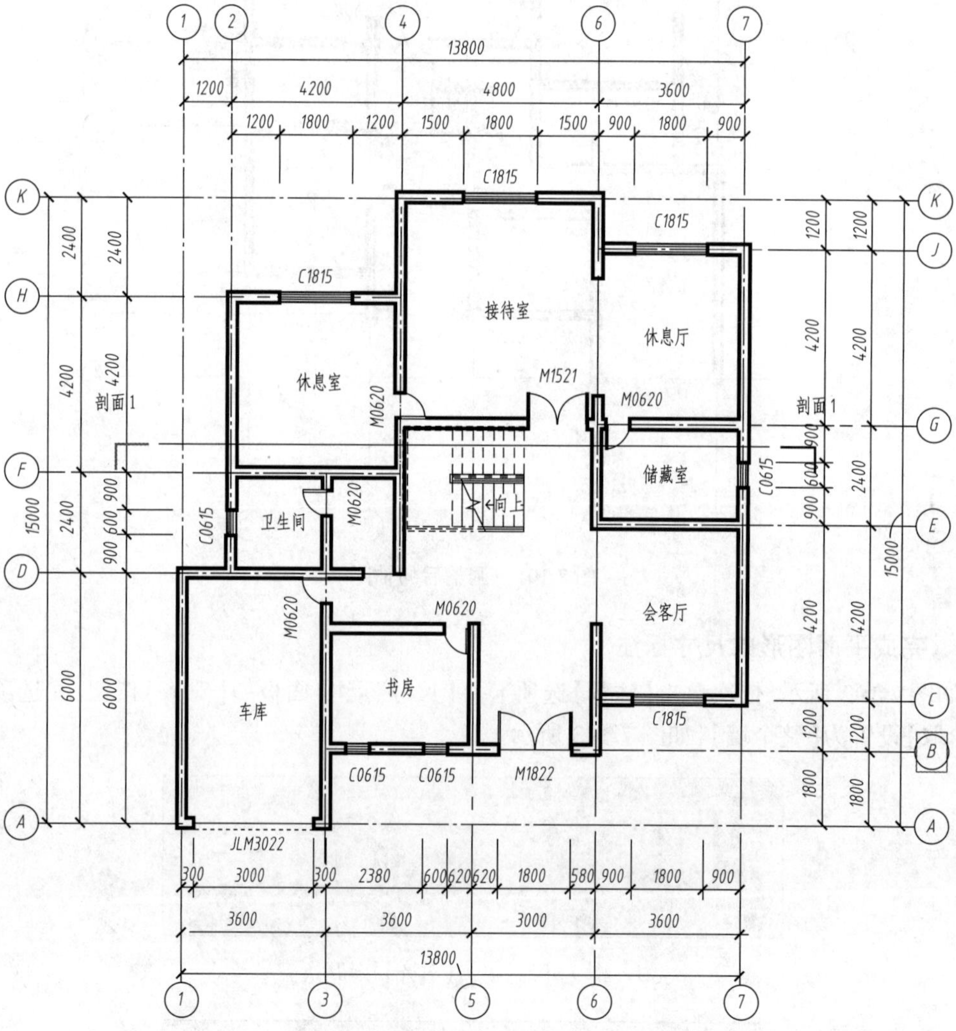

图 7-195　尺寸标注

至此,已经完成了一层平面图的创建。为了创建其他各层平面图,可用同样的方法完成创建和标注。为了提高效率,可复制一层平面图中的门窗标记和尺寸标注至其他层,然后进行必要的调整即可。为了复制一层平面图中的门窗标记和尺寸标注,首先框选一层中的全部图元,然后如图 7-196 所示,依次单击【修改 | 选择多个】选项卡→【选择】面板→【过滤器】按钮,弹出图 7-197 所示的对话框后,选中【尺寸标注】、【窗标记】和【门标记】并单击【确定】按钮。

图 7-196　单击【过滤器】按钮

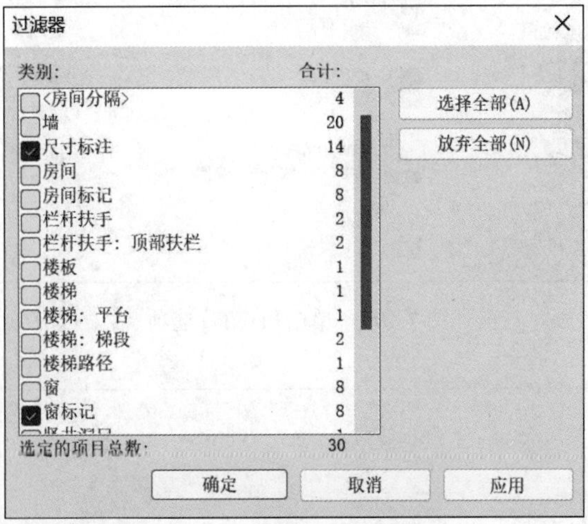

图 7-197　选择要复制的类别

在【项目浏览器】面板中,双击【标高 2】,然后依次单击【修改 | 选择多个】选项卡→【剪贴板】面板→【复制】和【粘贴】下拉列表中的【与当前视图对齐】按钮,如图 7-198 所示,完成图元的复制。

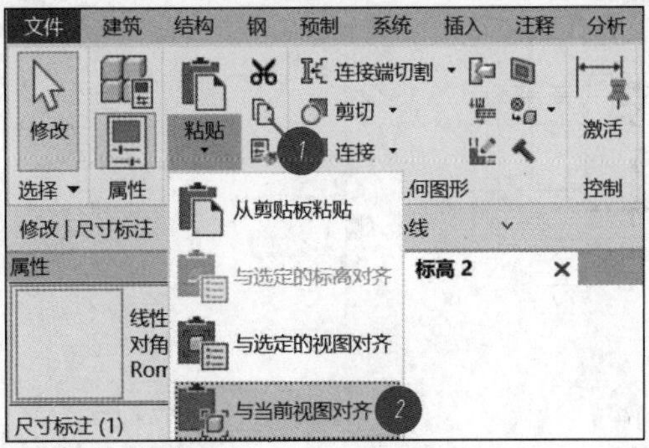

图 7-198　复制并粘贴

复制结束后,请读者对其中的图元进行调整,直至满足要求。此处省略有关的操作步骤。

7.15　导出 DWG 格式的平面图

如图 7-199 所示，依次单击【文件】→【导出】→【CAD 格式】→【DWG】选项，弹出图 7-200 所示的对话框后，单击【下一步】按钮。指定保存路径并输入文件名后单击【保存】按钮。在 AutoCAD 2025 中打开导出的文件，结果如图 7-201 所示。

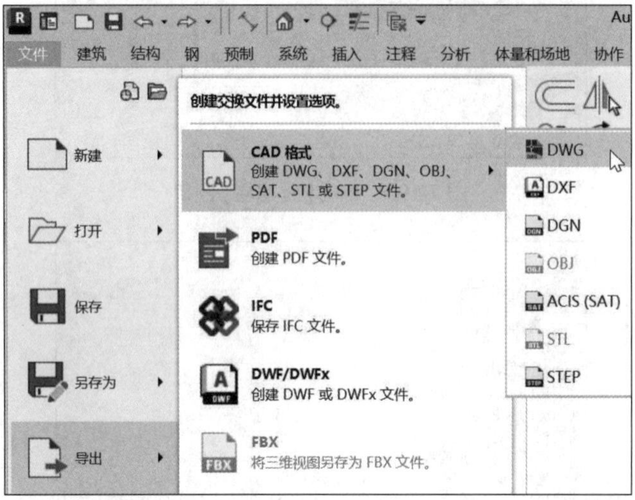

图 7-199　单击【DWG】选项

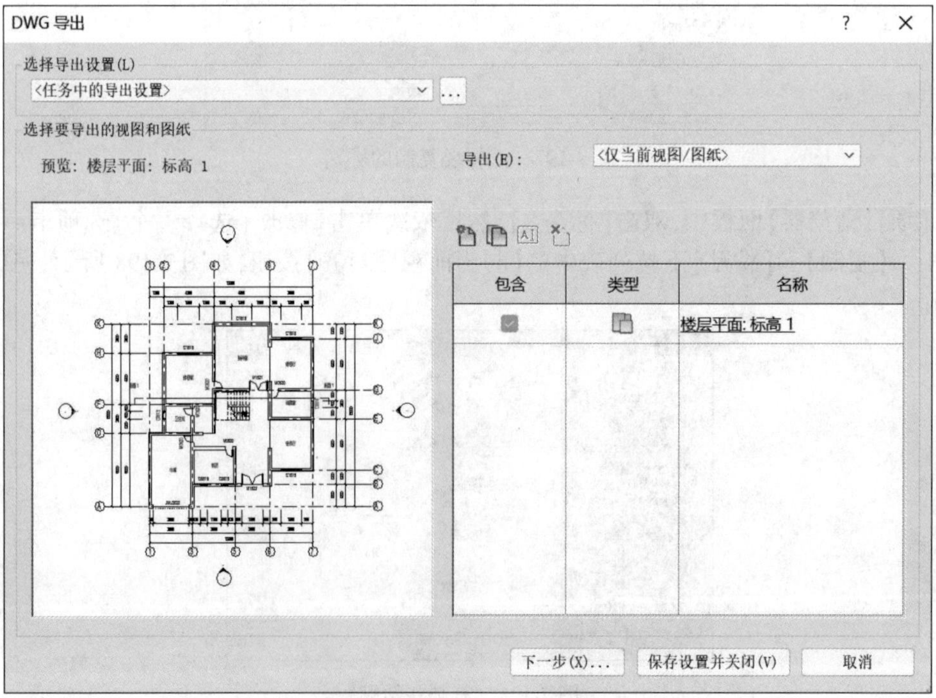

图 7-200　单击【下一步】按钮

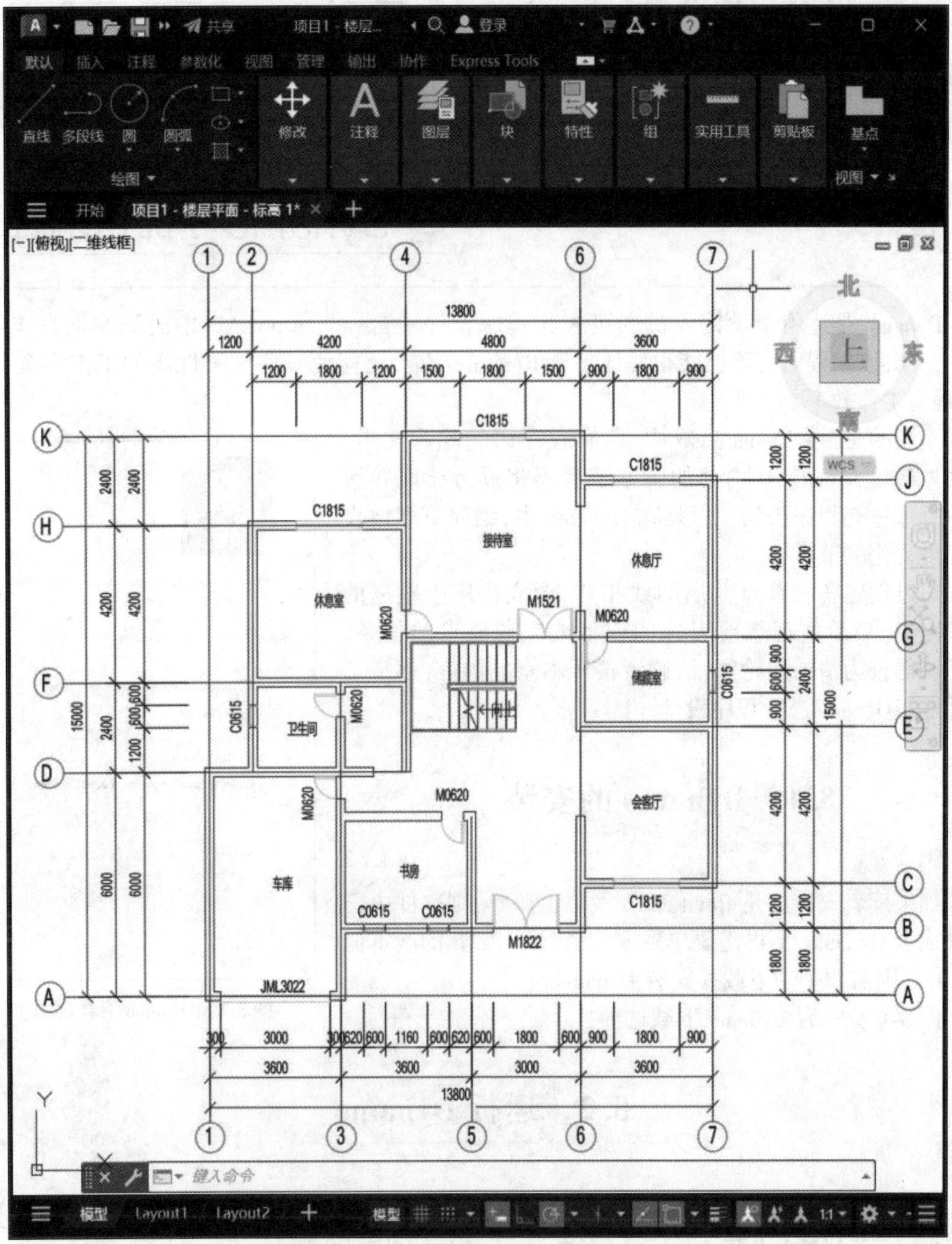

图 7-201　用 AutoCAD 2025 打开平面图

第8章 Dynamo可视化编程

Dynamo 是适用于设计人员的可视化程序设计平台。与 AutoCAD 中的脚本语言 Visual Lisp 一样,该编程语言不但能很好地扩充 Revit 的功能,还能使一些重复性高的工作完全自动化,提高工作效率。

不同的是,在 Visual Lisp 中,所有程序语句均为文本,程序加载后,AutoCAD 内部的脚本解释器将逐行读取并解释执行每一句程序语句。但是在 Dynamo 中,编程更多地表现为可视化的节点。

通过创建各种节点并用图线相连,形成程序中数据的传输路线,最后实现想要表达的模型或完成要求的任务。为了获得较为清晰的轮廓,请读者按照本章的内容,逐步了解并运用Dynamo进行程序设计。

8.1 Dynamo 的安装

如果读者安装的是 Revit 2018 及以上版本,则软件中已经集成了 Dynamo,不再需要单独安装。如果 Revit 的版本低于 2017,则需要手动下载并安装 Dynamo。

图 8-1 所示为 Dynamo 下载选项。

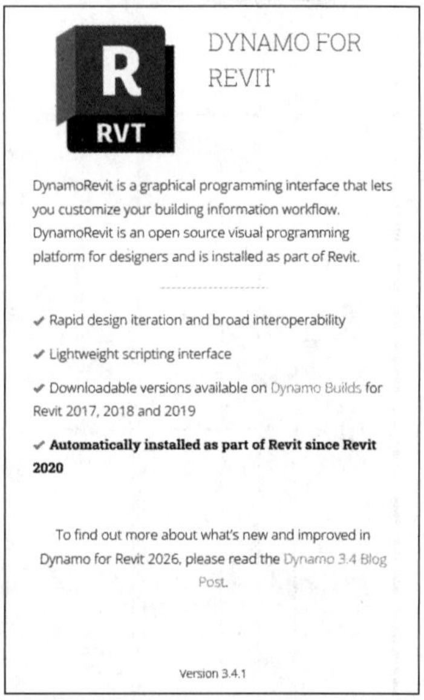

图 8-1　Dynamo 下载选项

8.2 运行 Dynamo

安装 Dynamo 后,首先创建建筑样板项目,然后依次单击【管理】选项卡→【可视化编程】面板→【Dynamo】按钮,如图 8-2 所示,则 Dynamo 的初始界面如图 8-3 所示。

图 8-2　单击【Dynamo】按钮

为了进行可视化编程,在图 8-3 中单击【新建】按钮,则出现图 8-4 所示的工作界面。其中,右侧白色背景区域为可视化节点和模型的显示区。

图 8-3　Dynamo 初始界面

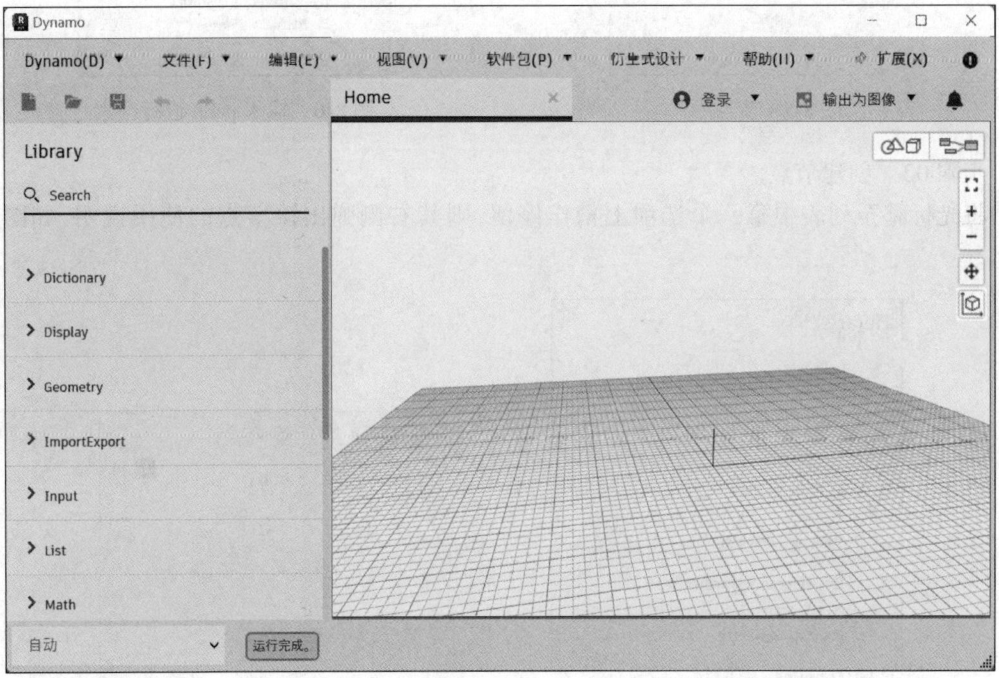

图 8-4　Dynamo 工作界面

8.3 节点的绘制

空间最简单的图元就是一个点。为了绘制一个点,应向右侧白色背景的工作空间添加一个绘制点的可视化节点。步骤如下:

步骤 01　搜索用于绘制点的节点。

图 8-5 所示为 Dynamo 提供的节点库。当需要某个节点时,可在节点库上方的搜索框中键入关键词进行搜索。为了绘制点,输入 point 进行搜索,搜索结果列表显示如图 8-6 所示。

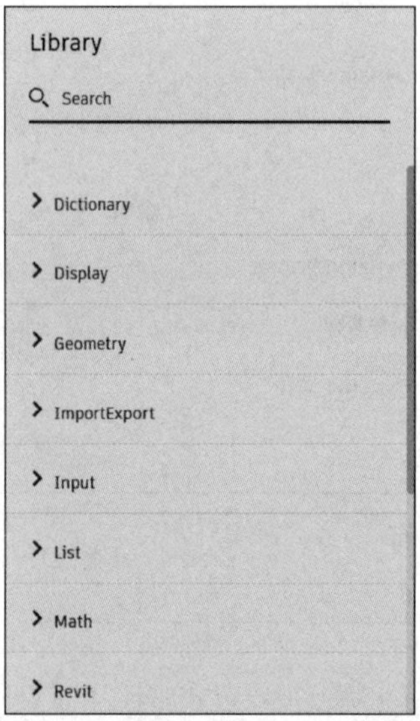

图 8-5　节点库

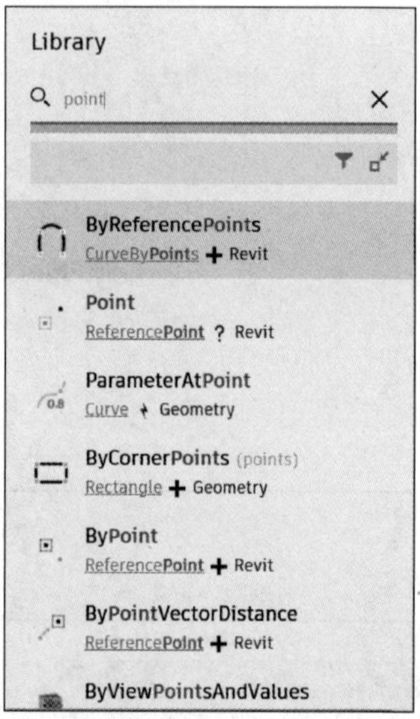

图 8-6　输入 point 进行搜索

步骤 02　创建节点。

将光标移至列表中第一个选项上稍作停留,则其右侧弹出该节点的使用说明,如图 8-7 所示。

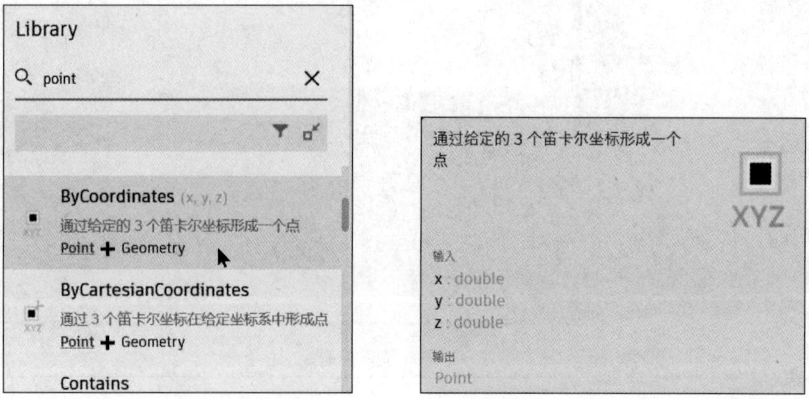

(a)　(b)

图 8-7　节点使用说明

单击节点，则该节点出现在工作空间中，同时在坐标系原点处绘制了一个点，如图 8-8 所示。到此为止，我们已经绘制了一个点。为了更好地理解这个简单的程序，看看节点的结构。图 8-9 所示是一个常见的节点。该节点共包括以下 5 部分。

① 节点名称：初次创建节点时，节点都有一个默认的名称。为了重新命名节点，可双击节点名称，然后在弹出的对话框中输入新的名称即可。

由于默认节点名能很好地表明该节点的用途，所以建议初学者采用默认名称。

② 节点输入项：该节点的输入项包括 3 项，也就是直角坐标系中的 3 个坐标分量。默认情况下，x、y、z 的值均为 0。

将光标移至输入项上稍作停留，系统将弹出该输入项的数据类型和默认值。

③ 节点输出项：节点输出项表明该节点将会输出什么内容。图 8-9说明，当指定 3 个坐标分量后，节点将在绘图区绘制一个点。

④ 连缀图标：表明节点的连缀状态。通过改变连缀方式，就会得到完全不同的运算结果。由于该节点较为抽象，读者可暂时忽略。

⑤ 节点面板：用来放置以上项目。当右击面板时，系统弹出图 8-10所示的快捷菜单。通过菜单项的选择，可完成对节点的相关操作。

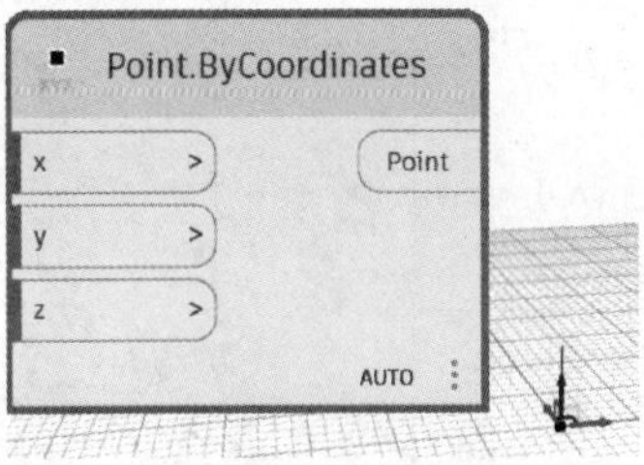

图 8-8　绘制点

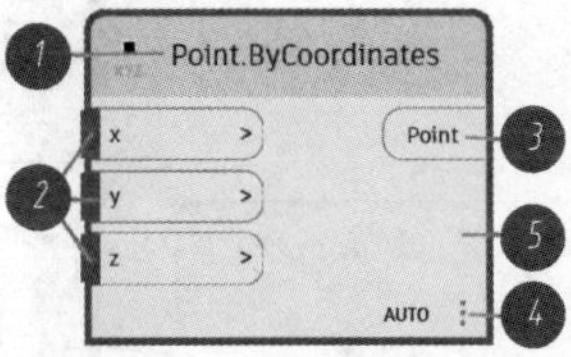

图 8-9　节点构成

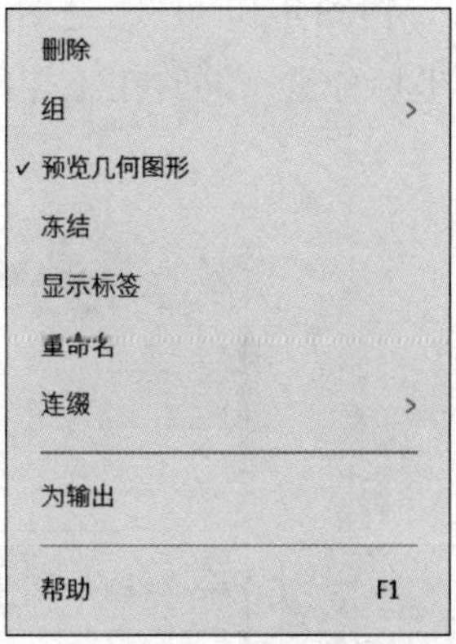

图 8-10　快捷菜单

8.4　直线的绘制

看过前面的例子，读者可能马上想到了直线的绘制。绘制直线时，首先应确定直线的两个端点，然后将两个点相连即可。在前面的例子中，已经创建了一个点，如果将已有的节点进行复制，则工作空间中将出现一个新的节点，如图 8-11 所示。

默认情况下，两个节点将分别在坐标系原点处绘制一个点。为了使第二个节点在不同位置绘制点，就需要改变坐标分量的默认值。

为了更改某个节点中坐标分量的默认值，应在工作空间中创建新的节点并将其值赋给节点坐标分量，方法如下。

步骤 01　在节点库的搜索框中输入 number，当列表中出现图 8-12 所示的 Number 节点名时，单击，完成新节点的创建。

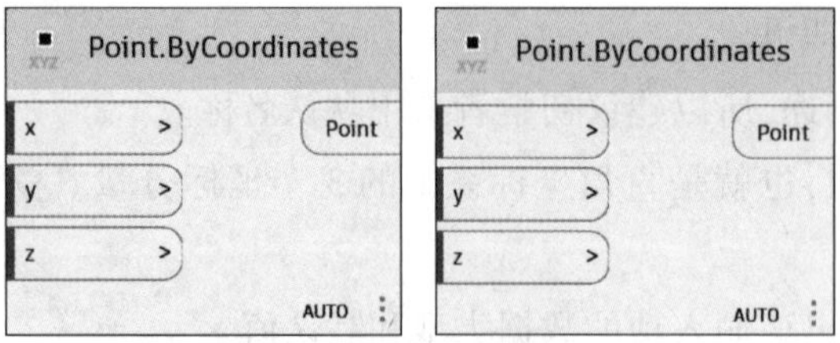

图 8-11　复制节点

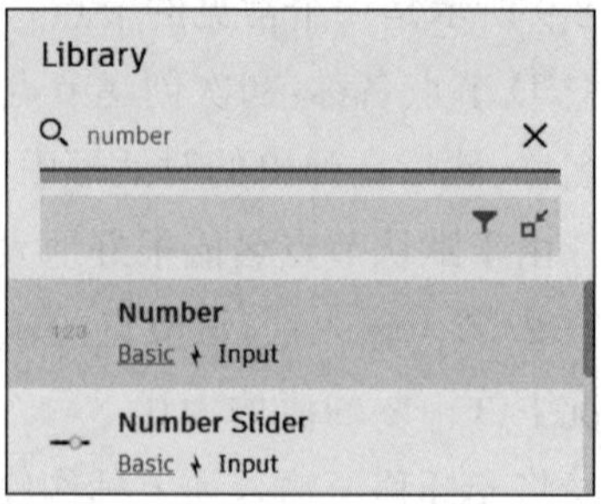

图 8-12　搜索 Number 节点

步骤 02　节点被创建后，其位置是任意的。为了方便后面的操作，请将其拖动到合适的位置，如图 8-13 所示。

步骤 03　在 Number 节点中，单击默认值，然后键入想要的数字，比如 10。

步骤 04　为了将 10 赋值给 x 坐标分量，请先单击 Number 节点右侧的箭头，然后将光标移动到第二个 Point. ByCoordinates 节点上并单击 x，结果如图 8-14 所示。

由图 8-14 可知，这两个节点之间已经出现了一条连线，这就说明 10 已经被成功地赋值给 x 坐标分量。同时在工作区的右侧出现了两个点，其坐标分别为(0,0,0)和(10,0,0)。

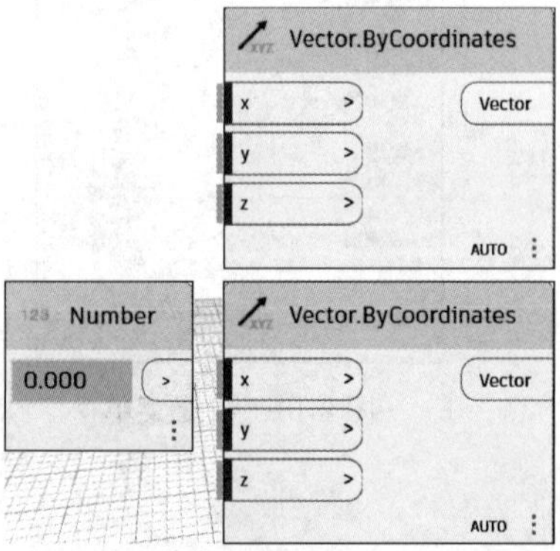

图 8-13　创建 Number 节点

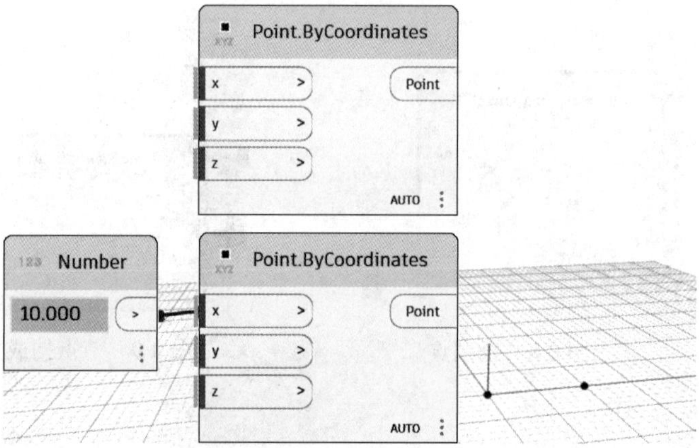

图 8-14　绘制两个点

确定了直线的两个端点后，只需要将两个端点相连便可生成一条直线。具体的做法如下。

步骤 01　效仿前面的方法，首先在节点库的搜索框中输入 bystar 进行搜索，搜索结果如图 8-15所示。

步骤 02　单击第 1 个列表项，则工作空间中出现了一个新的节点，如图 8-16 所示。由图可知，该节点有两个输入项，分别为直线的起点和端点。

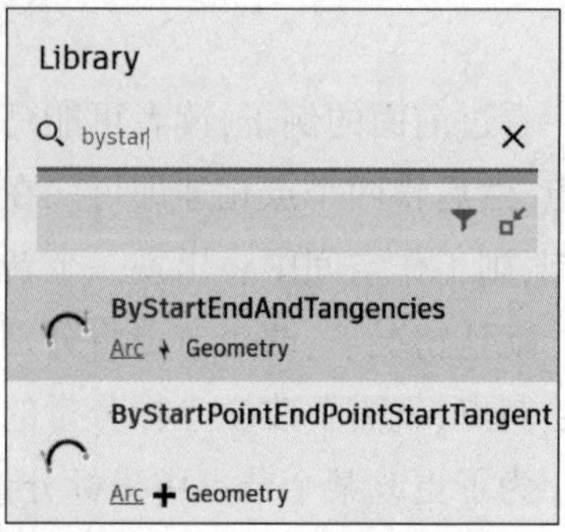

图 8-15　搜索绘制直线的节点

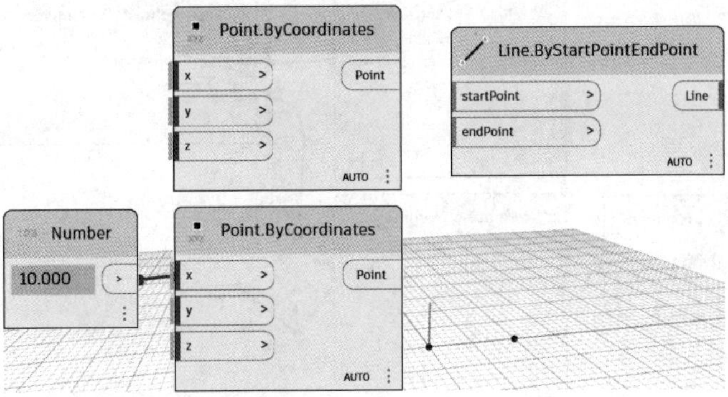

图 8-16　创建新的节点

步骤 03　单击第一个 Point. ByCoordinates 节点的输出项 Point，然后单击新节点 Line. ByStartPointEndPoint 的输入项 startPoint，连线如图 8-17 所示。

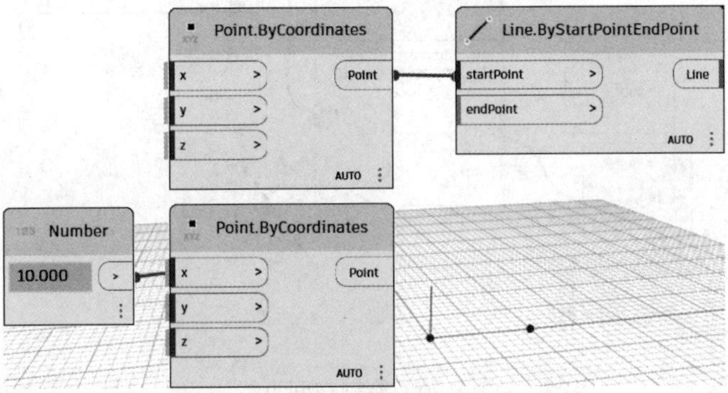

图 8-17　连接节点

步骤 04　同样地，单击第二个 Point. ByCoordinates 节点的输出项 Point，然后单击新节点 Line. ByStartPointEndPoint 的输入项 endPoint，直线如图 8-18 所示。

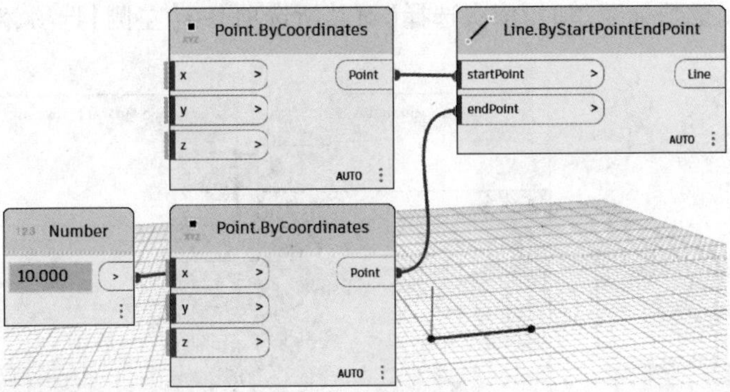

图 8-18　绘制直线

至此，就完成了一条自定义直线的绘制。

如果需要将直线端点的 y 坐标分量设为 10，则可以按照图 8-19 所示进行连接。

当然，如果点的坐标分量各不相同，则应创建三个 Number 节点，然后完成对应赋值。下面从(0,0,0)到(10,5,9)绘制一条直线，相应的节点程序如图 8-20 所示。

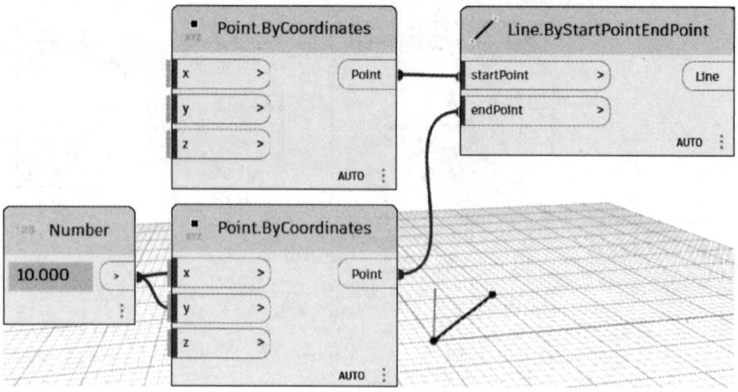

图 8-19　多次赋值

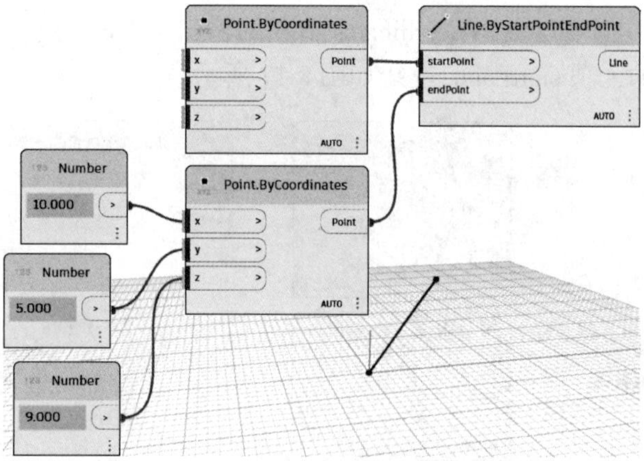

图 8-20　绘制空间直线

注意：(1)为了取消连线，请先单击目标节点的输入项，然后在工作空间的空白区单击完成取消；

(2)如果要对齐某些节点，可先框选所有要对齐的节点，然后将光标移动到空白处右击，当弹出图 8-21 所示的快捷菜单时，依次选择【对其所选项】→【左侧】选项，对齐之后的结果如图 8-22 所示。

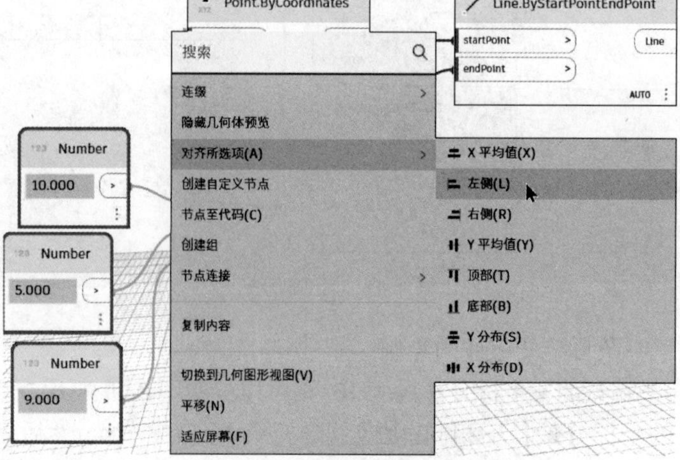

图 8-21　单击【左侧】选项

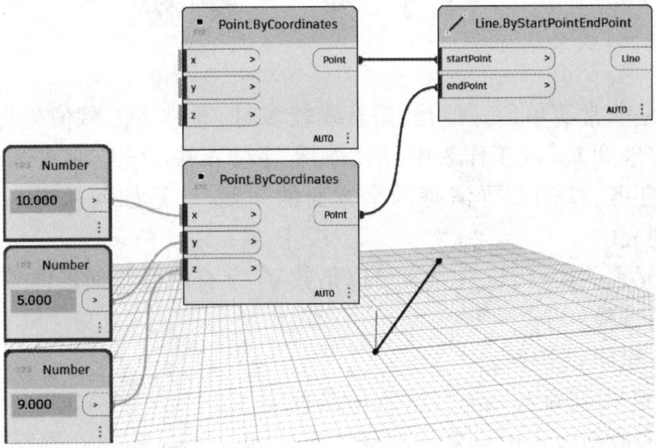

图 8-22 对齐节点

(3)节点之间的连接线可以是曲线,也可以是折线。默认情况下,其连接线为曲线;要改为折线时,如图 8-23 所示,依次选择【视图】→【连接件】→【连接件类型】→【多段线】选项,连线效果如图 8-24 所示。

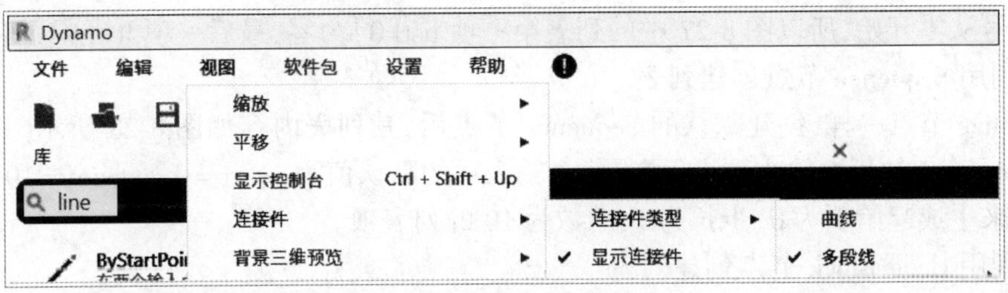

图 8-23 单击【多段线】选项

(4)为了对模型进行平移和旋转等三维操作,应首先单击工作空间中右上角的【模型预览】按钮,如图 8-25 所示,然后单击【平移】或【旋转】按钮,对模型进行三维操作。

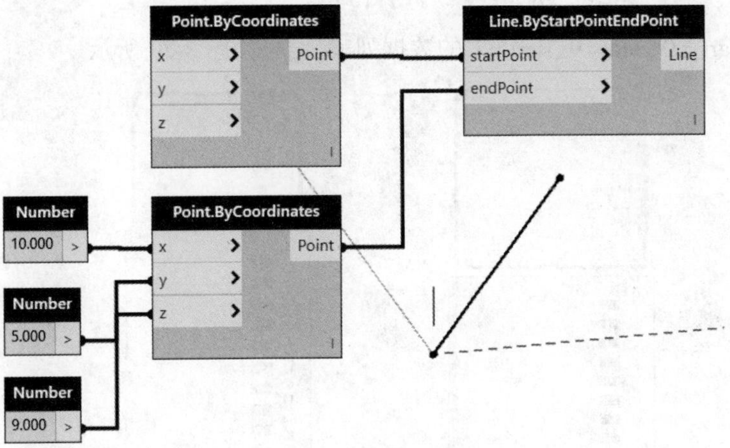

图 8-24 多段线连接

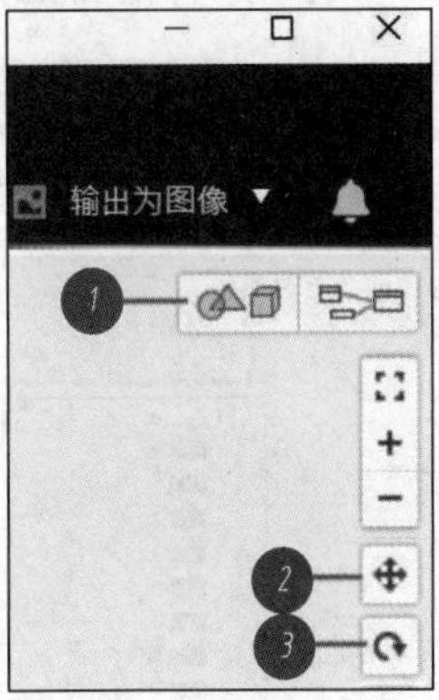

图 8-25 模型操作按钮

8.5 列　　表

绘制一条直线是非常简单的。但是,当直线较多时,通过手工赋值坐标的方式是低效的。所以,将点的坐标整理到 Excel 工作表中,然后用程序读入并连续绘制直线。

为了完成这个任务,首先要弄清楚两个方面的问题:一是如何从 Excel 工作表中读取数据;二是如何操作列表。

列表是一系列元素的集合,这些元素可以是数字、字符串或几何形体等。创建列表的方法较多,下面是常用的三种:

(1)利用 Range 节点创建列表

在节点库的搜索框中输入 range,然后单击搜索结果中的 Range 节点完成新节点的创建。回到工作空间,将光标移至新节点的输出项 seq 上,如图 8-26 所示。当节点面板的下方出现 List 选项时,再将光标移至其右侧,新的列表如图 8-27 所示。

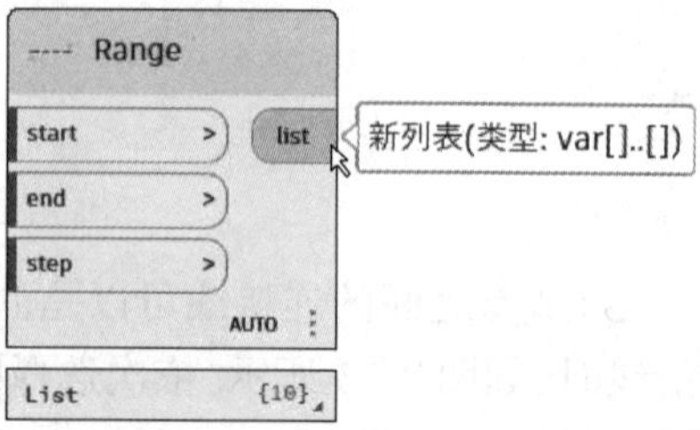

图 8-26　将鼠标移至输出项

如果将光标移至 Range 节点的输入项,可获得每个输入项的默认值为:start = 0、end = 9、step = 1。由于列表的索引号从零开始,所以图 8-27 中的列表第一项 list[0]为零,最后一项 list[9]的值为 9。

(2)利用 Sequence 节点创建列表

和 Range 节点一样,创建默认的 Sequence 节点后,其列表内容如图 8-28 所示。将光标移至 Sequence 节点的每个输入项上,可得每个输入项的默认值为:start = 0、amount = 10、step = 1。也就是用来生成起始项为 0、步长为 1、总数为 10 的列表项。

(3)利用 Code Block 节点创建列表

创建 Code Block 节点没有前面那么复杂,只需在工作空间的空白处双击,即可完成新节点的创建。

初始情况下,Code Block 节点是空白的。为了生成新的列表数据,需要在 Code Block 节点中按照下面的格式输入初始条件:

0··50··5;

这个条件的目的是创建 start = 0、end = 9、step = 1 的数据列表,结果如图 8-29 所示。

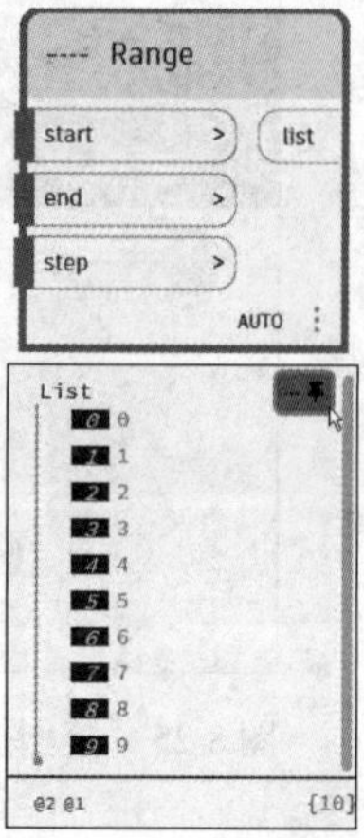

图 8-27　新建列表

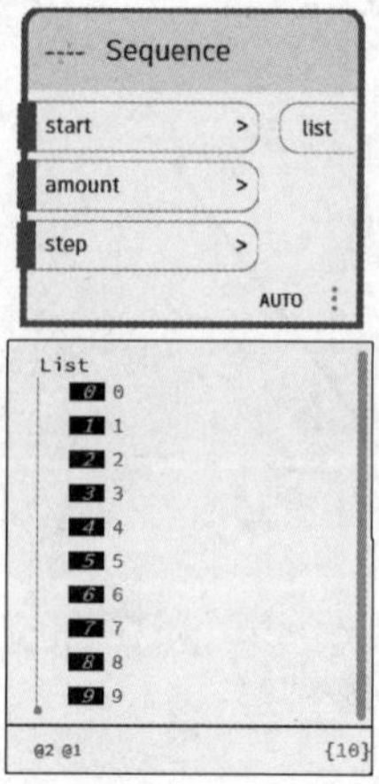

图 8-28　Sequence 节点

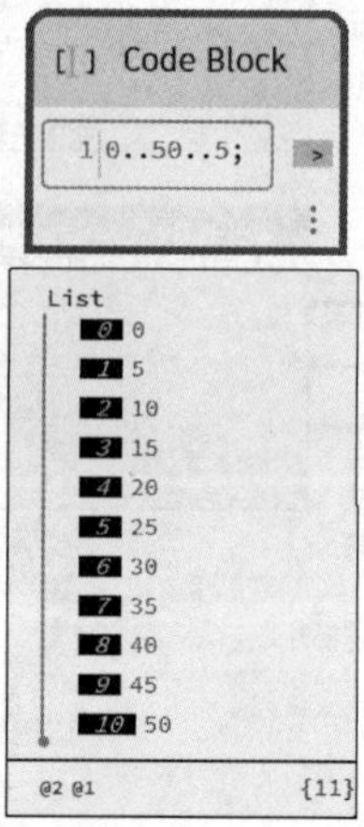

图 8-29　Code Block 节点

有了数据列表，程序中经常需要对其进行相关操作，下面是一些常用的操作方法。

(1)列表的合并

List. Create 节点可将多个子列表合并为一个大列表，下面是一个列表合并的例子。

首先创建图 8-30 所示的三个子列表；然后创建图 8-31 所示的 List. Create 节点。为了合并左侧的三个列表，单击 List. Create 节点面板中的【 + 】按钮，用鼠标将左侧三个节点的输出项和 List. Create 节点的输入项对应相连，如图 8-32 所示。

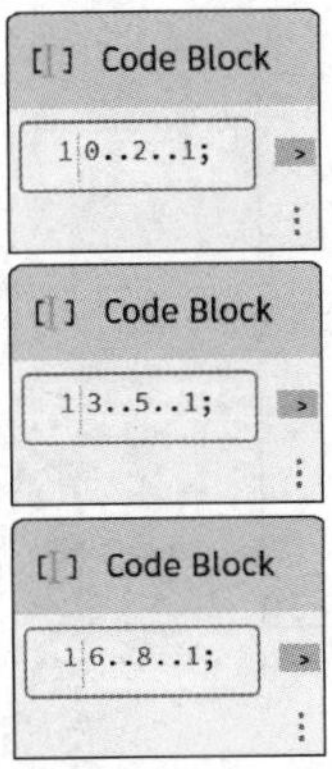

图 8-30　创建三个列表

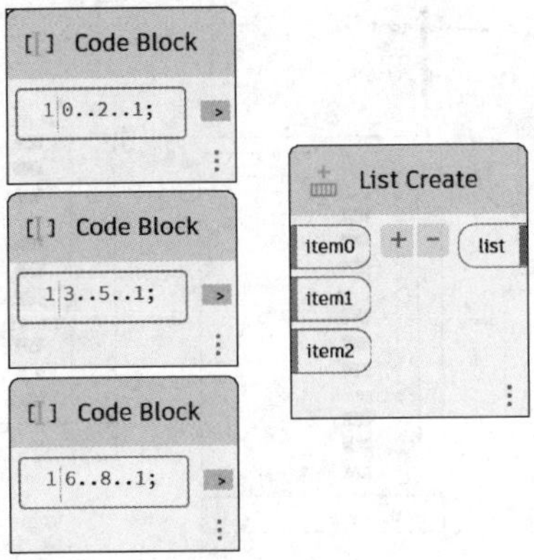

图 8-31　创建 List. Create 节点

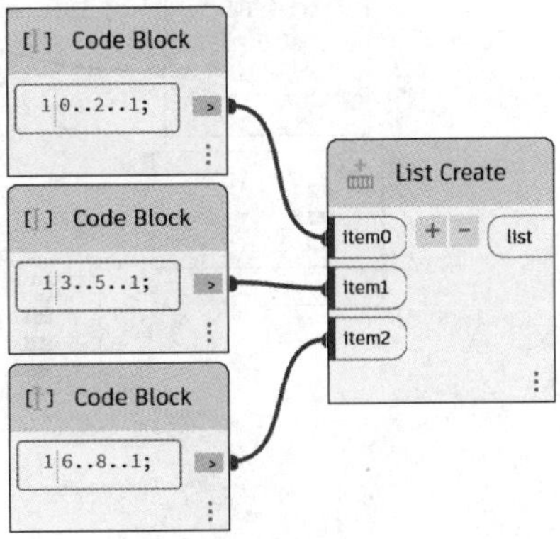

图 8-32　列表合并

合并前后的数据对比如图 8-33 所示。由此可见，列表合并后形成了一个嵌套的大列表，原列表中的数据在大列表中呈现并列关系。

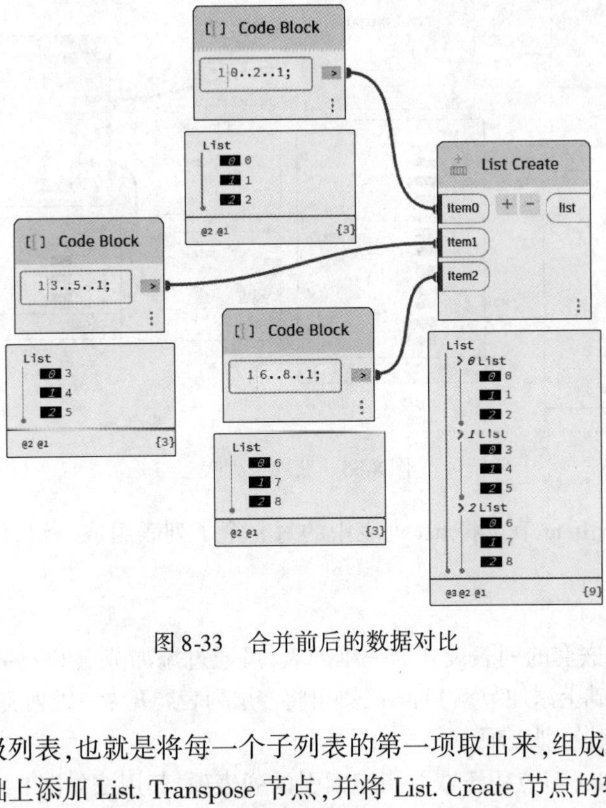

图 8-33　合并前后的数据对比

(2)列表的转置

转置常用于多级列表，也就是将每一个子列表的第一项取出来，组成新列表的第一项。如果在前一例子的基础上添加 List. Transpose 节点，并将 List. Create 节点的输出项和其输入项连接，则得到列表的转置，结果如图 8-34 所示。

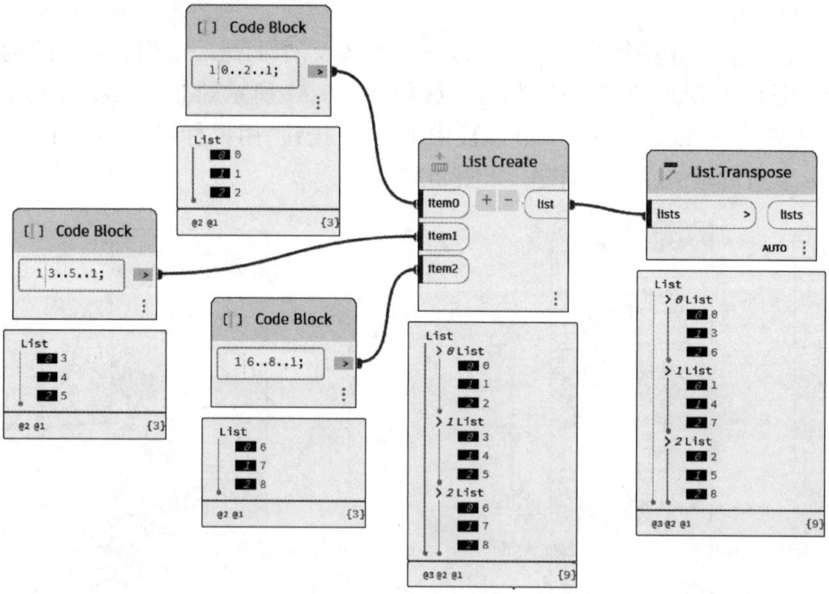

图 8-34 列表转置

(3)获取子列表

List. TakeEveryNthItem 节点用来获取子列表。

如图 8-35 所示，如果在前面例子的基础上添加该节点，则可获得大列表中的子列表项。

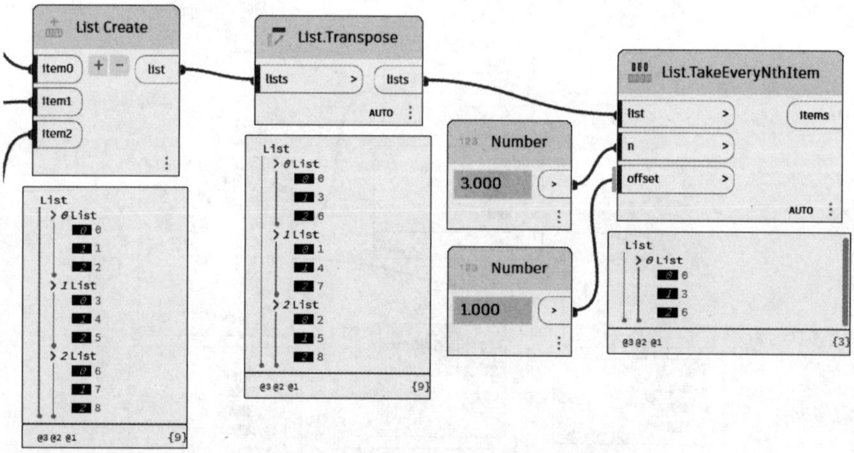

图 8-35 获取子列表

List. TakeEveryNthItem 节点将 list 列表中的每 n 个子列表组成一组，然后提取每组中的第 offset 个子列表。

(4)列表的展开

经常需要将多层嵌套的列表展开为一维列表，可通过添加节点 Flatten 来实现。

在前面例子的基础上添加节点 Flatten，则可将多层列表展开为一维列表，结果如图 8-36 所示。

(5)获取指定索引的列表项

List. GetItemAtIndex 节点用于获取指定索引的列表项，其用法如图 8-37 所示。

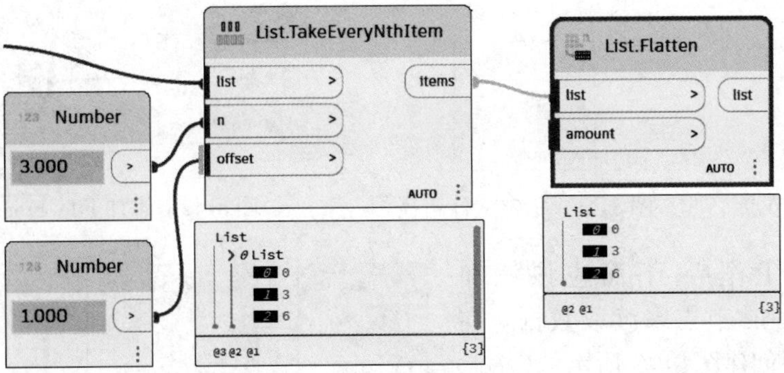

图 8-36　展开列表

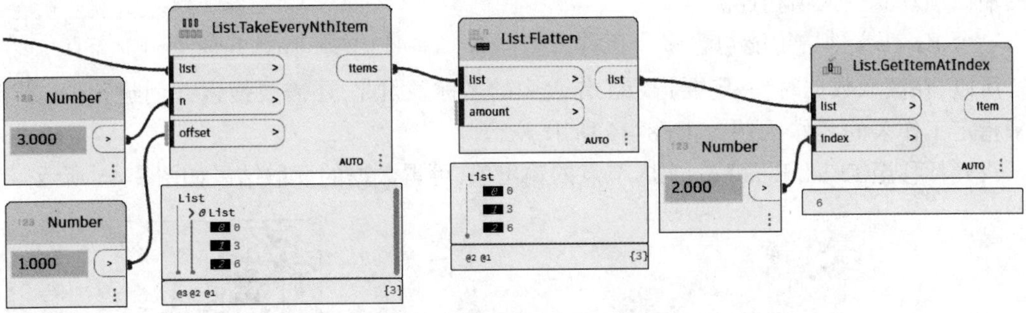

图 8-37　获取指定索引的列表项

8.6　获取 Excel 中的数据并绘制点

当点或直线的数量较多时，通过节点给定坐标的方法是不可取的。经常采用的方法是，将点的坐标和直线的连线方式输入 Excel 表格，然后用节点读取点的坐标并绘制图形。

为了绘制一个长为 10，宽为 5 的长方形，首先创建图 8-38 所示的 Excel 工作表，然后录入长方形四个顶点的坐标如图 8-39 所示。

图 8-38　Excel 文件名

	A	B	C
1	0	0	0
2	10	0	0
3	10	5	0
4	0	5	0

图 8-39　Excel 数据文件中的数据

将数据录入并保存后，退出 Excel 软件。下面将创建合适的节点，完成点坐标的读取。

读取文件中的数据之前，首先要告诉系统相关数据文件所在的路径。为此，请搜索并创建图 8-40 所示的节点。

File Path 节点用来获取文件所在的路径。Dynamo 中，文件的获取是非常简单的，只要单击 File Path 节点中的【浏览】按钮，在弹出的对话框中找到相应的数据文件并双击即可，结果如图 8-41 所示。

指定文件的保存路径后，就可以获取该路径位置的 Excel 文档。在节点库中搜索并创建图 8-42 所示的 File. FromPath 节点，并将 File Path 节点的输出项和其输入项相连。

图 8-40　创建节点

图 8-41　指定文件路径

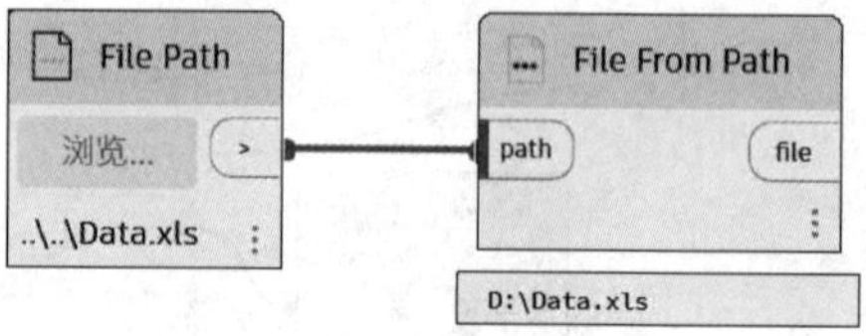

图 8-42　添加 File. FromPath 节点

做好准备工作后，下面应该添加 Excel. ReadFromFile 节点来读取数据。在节点库中搜索并创建图 8-43 所示的Excel. ReadFromFile 节点，并将 File. FromPath 节点的输出项和其输入项相连。

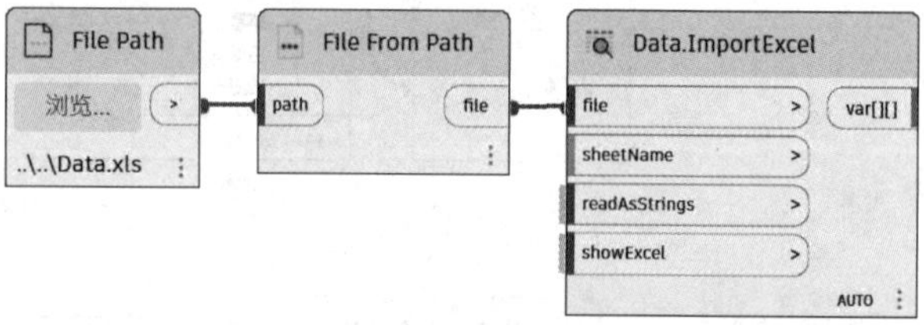

图 8-43　添加 Excel. ReadFromFile 节点

一个 Excel 文件中可能包含多个工作表。所以，在读取数据时，一定要指定工作表中的名称。因此，还需要搜索并创建 String 节点，用来指定工作表的名称，结果如图 8-44 所示。

将光标移至 Excel. ReadFromFile 节点的输出项，可得数据的读取结果如图 8-45 所示。

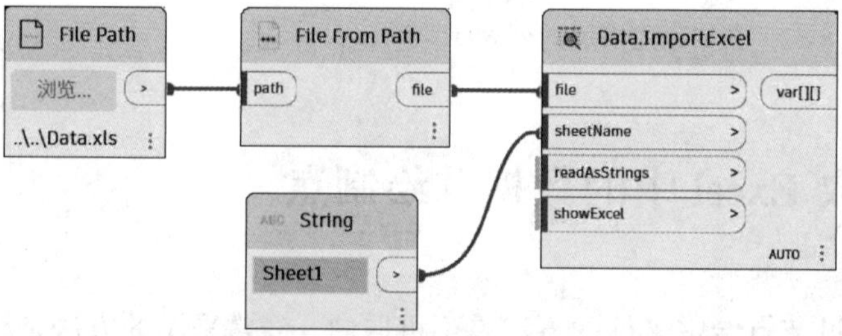

图 8-44　创建 String 节点

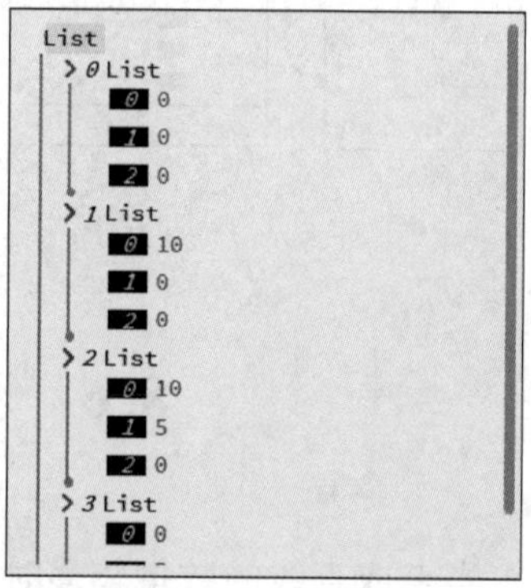

图 8-45　读取结果

接着前面的工作，在工作空间绘制四个点。如果读者还没有任何绘图的思路，请回看图 8-8。由图可知，只要从图 8-45 中获取每个坐标点的三个坐标分量，然后将其分别赋值给图 8-8 中的三个输入项，则系统将在对应坐标点处绘制点。所以，问题的关键在于如何获取每个坐标点的三个坐标分量，列表的操作，如图 8-46所示。

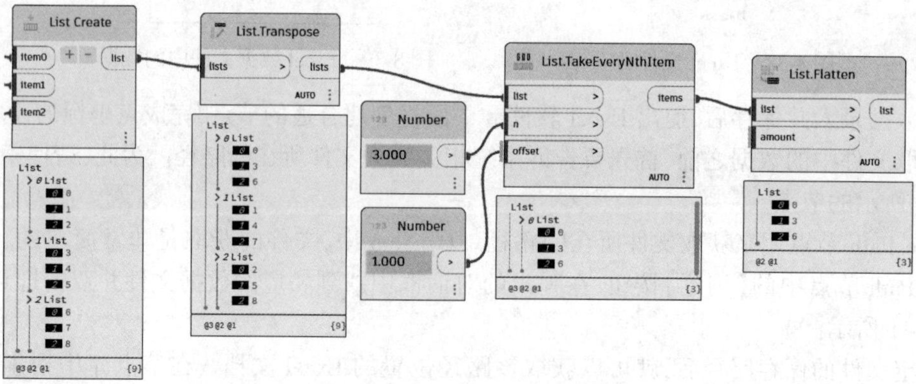

图 8-46　列表的操作

比较图 8-45 和图 8-46 中左侧的列表，发现它们的结构是一样的。因此，用图 8-45 所示的列表替换图 8-46 中左侧的列表，可得到所有点的 x 坐标分量，结果如图 8-47所示。

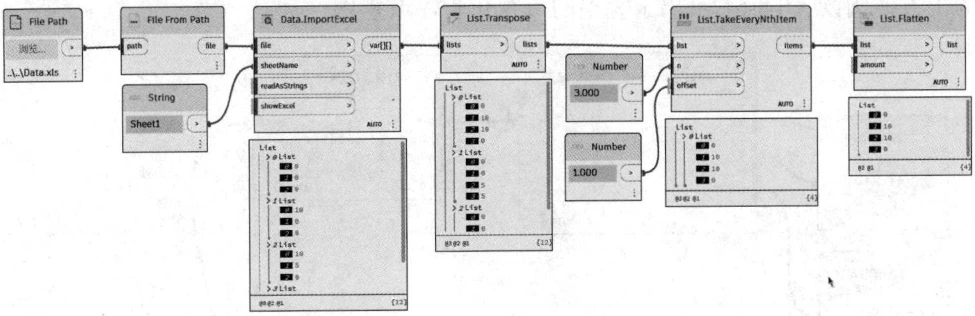

图 8-47　提取点的 x 坐标分量

用同样的方法可以获得所有点的 y、z 坐标分量，可视化程序如图 8-48 所示。

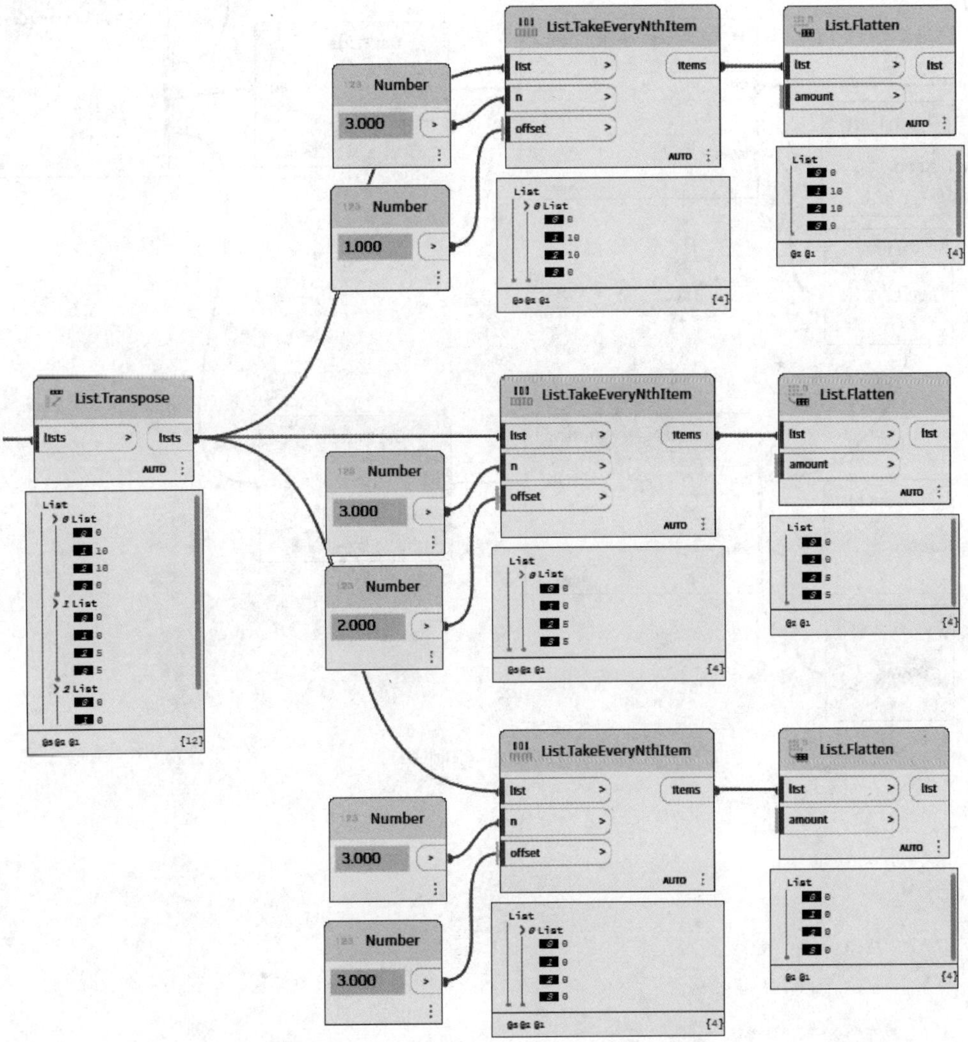

图 8-48　分别提取点的三个坐标分量

最后,将点的坐标分量分别赋值给图 8-8 中的三个输入项,完成点的绘制。程序如图 8-49 所示,绘制结果如图 8-50 所示。

为了方便阅读,图 8-51 给出了完整的可视化程序节点图。

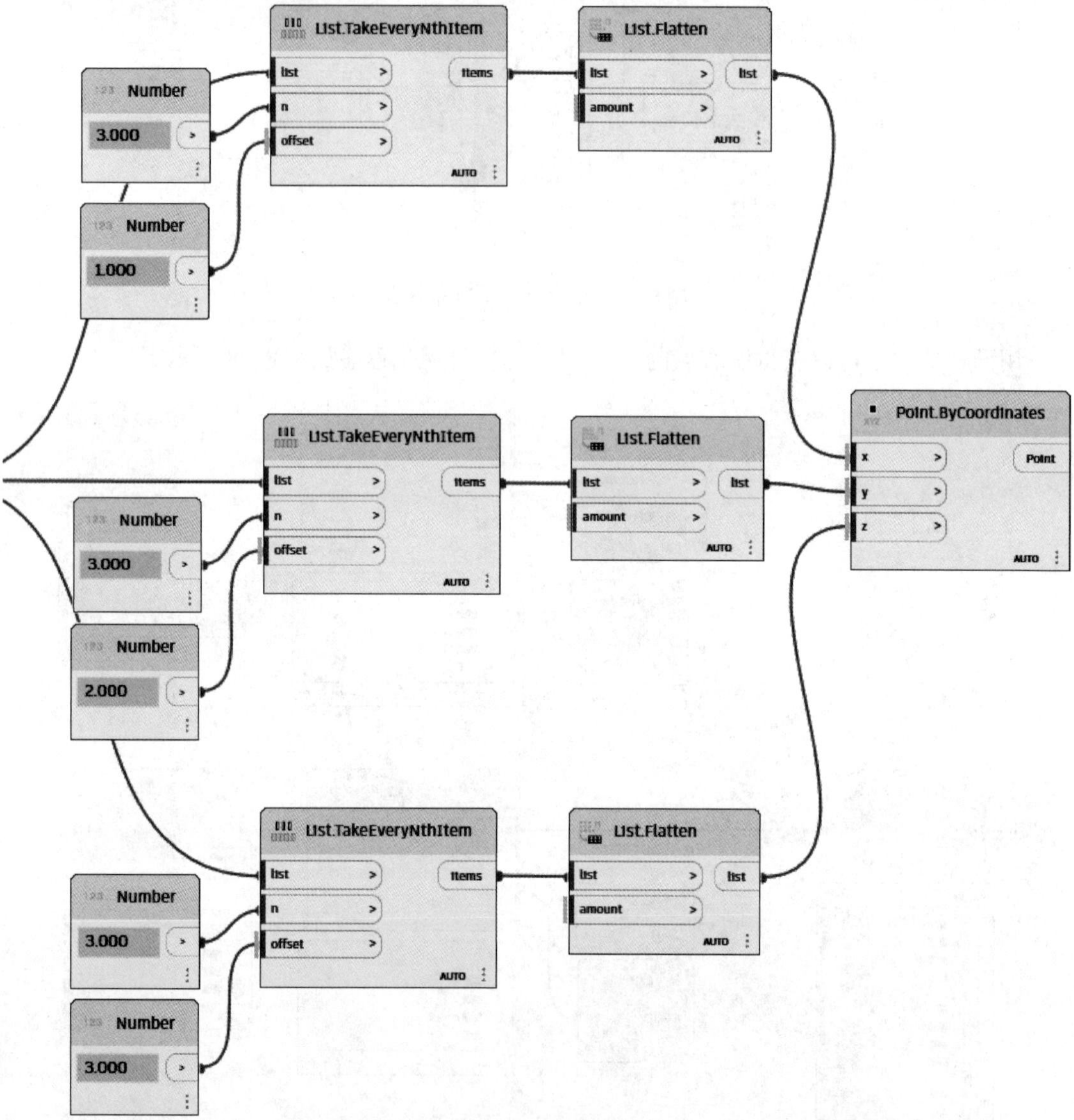

图 8-49　绘制点

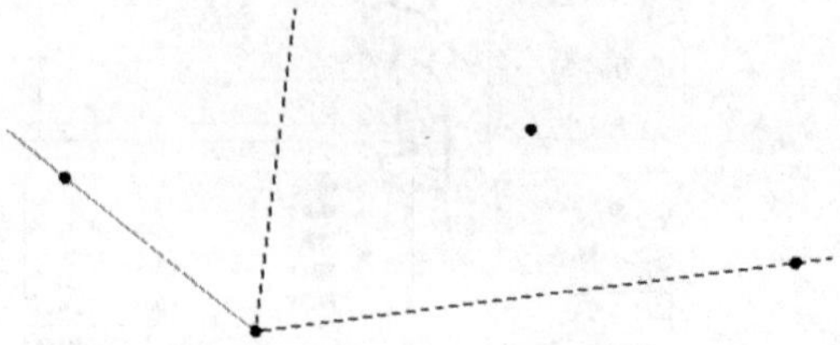

图 8-50　长方形的四个顶点

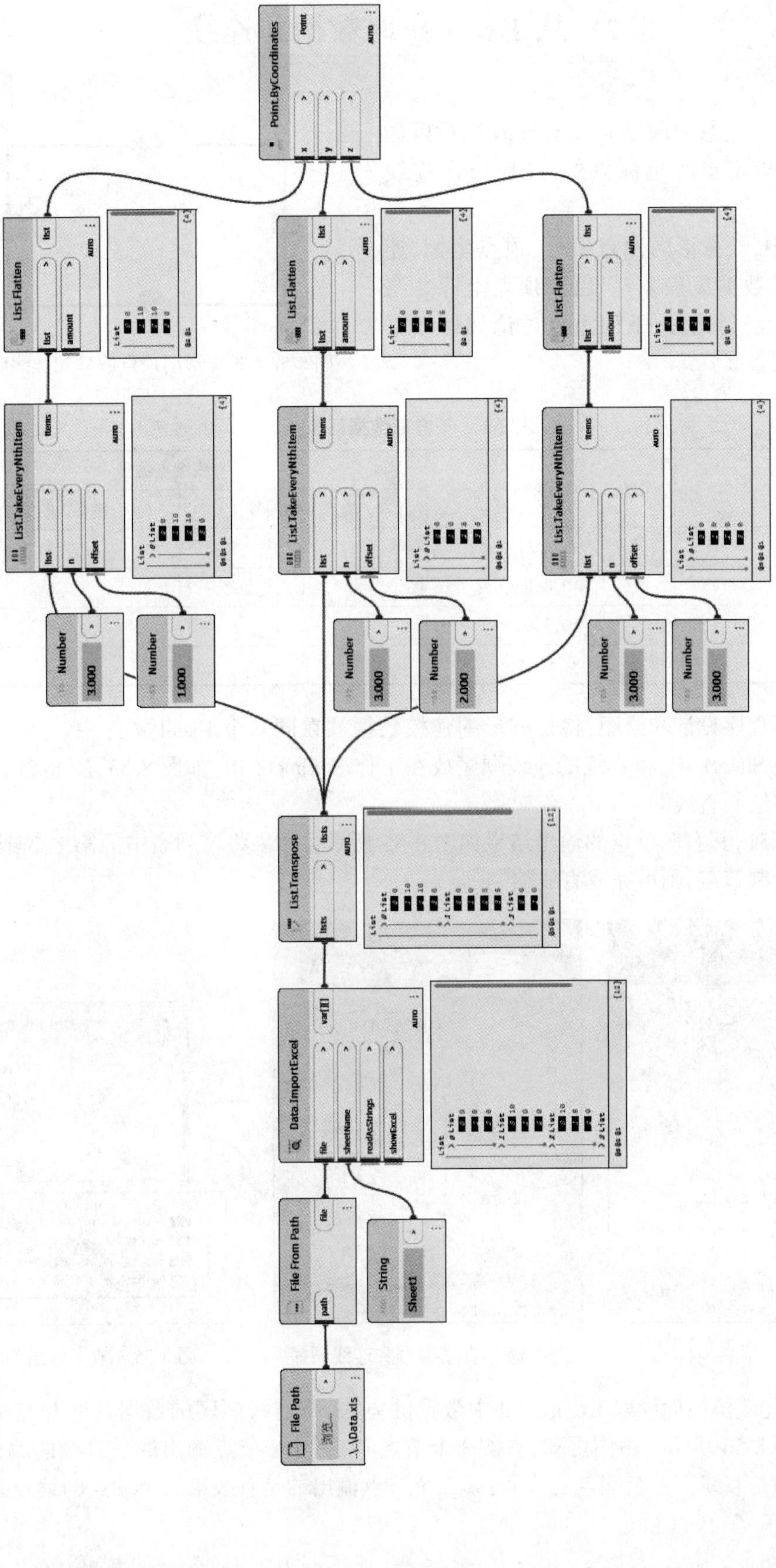

图8-51　完整的可视化程序节点图

8.7 从 Excel 获取数据并连线

当点和直线的数目较多且没有连线规律可循时,除了需要指定点的坐标以外,还应指定连线顺序。

图 8-52 中,长方形的顶点编号、顶点坐标、连线顺序等相关数据见表 8-1。已知顶点坐标并绘制点的问题已经讨论过,下面重点讨论如何根据连线顺序绘制直线?

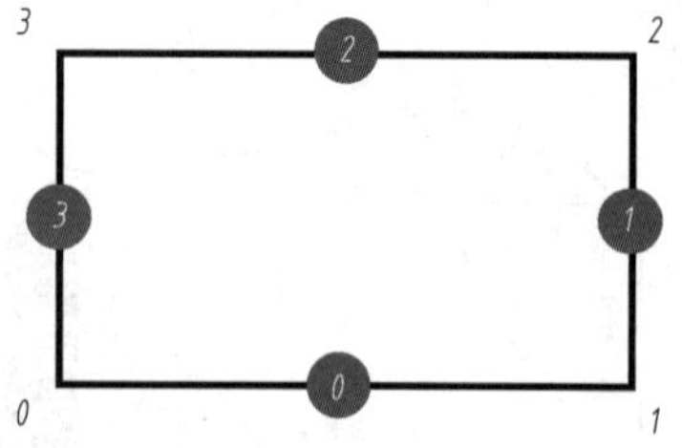

图 8-52 长方形的顶点编号和连线顺序

表 8-1 长方形数据列表

编号	顶点坐标	直线端点编号	
		端点 1 的编号	端点 2 的编号
0	(0,0,0)	0	1
1	(10,0,0)	1	2
2	(10,5,0)	2	3
3	(0,5,0)	3	0

为了方便程序设计和绘图,将长方形的建模数据放在同一个 Excel 文件中。如将顶点坐标放在工作表 Sheet1 中,将直线的连线顺序放在工作表 Sheet2 中,如图 8-53、图 8-54 所示,然后读取数据并绘制直线即可。

回看图 8-51,其右侧节点的输出结果如图 8-55 所示。如果将该列表中的第 1、2 项取出并输入直线的绘制节点,则可完成直线绘制。

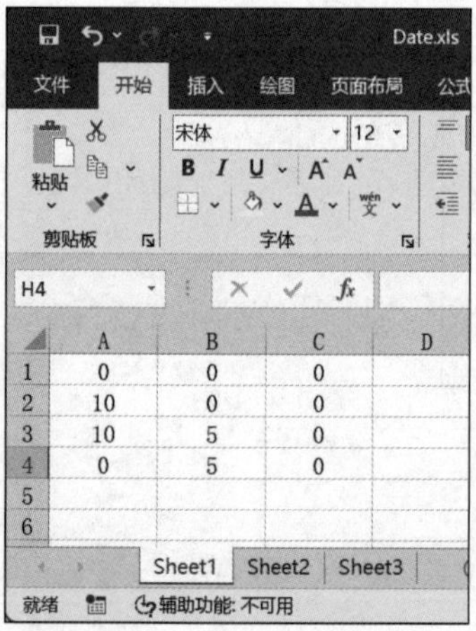

图 8-53 顶点坐标

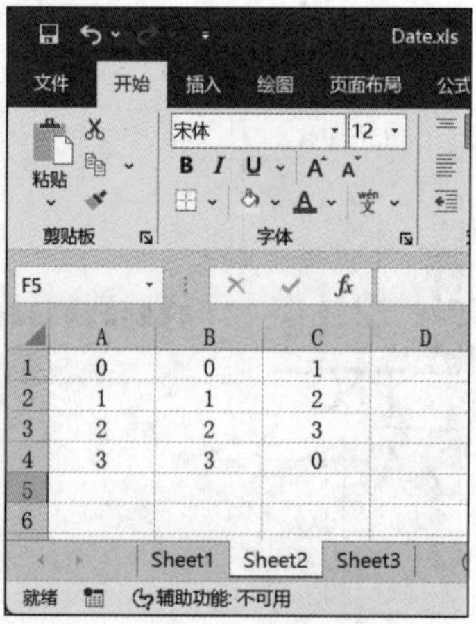

图 8-54 直线编号和连线顺序

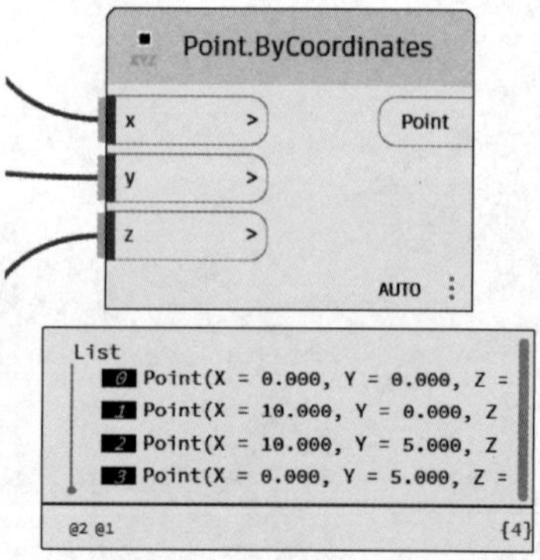

图 8-55 节点输出列表

为此,首先效仿前面读取 Excel 文件中数据的方法,将连线顺序的数据读取并显示出来,程序节点如图 8-56 所示。由图可知,右侧 3 个节点中,第 1 个节点输出的是直线的编号;第 2 个节点输出的是直线第一个端点的编号;第 3 个节点输出的是直线第二个端点的编号。

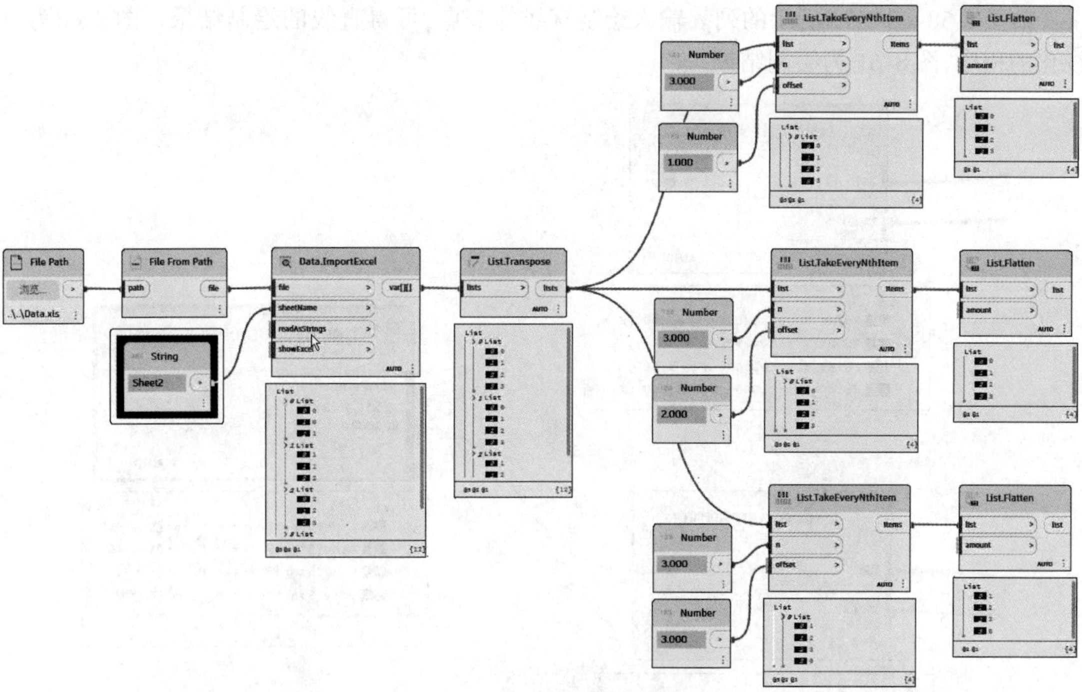

图 8-56　读取连线顺序

下面将利用图 8-56 中的输出信息从图 8-55 所示的列表中获取需要的坐标点。于是，向工作空间再添加一个节点 List. GetItemAtIndex，如图 8-57 所示。

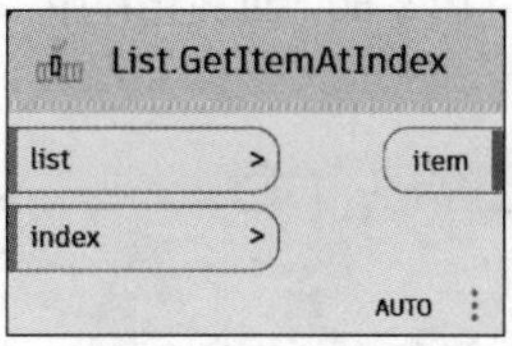

图 8-57　创建 List. GetItemAtIndex 节点

该节点可从 list 列表中根据 index 提供的索引号获取列表项。

将图 8-55 所示的节点数据输入图 8-57 所示的 list 项，将图 8-56 中右侧的第 2 项输入图 8-57 所示的 index 项，结果如图 8-58 所示，完成了所有直线第 1 个端点的坐标的提取。

用同样的方法可获得直线上第 2 个端点的坐标，如图 8-59 所示。

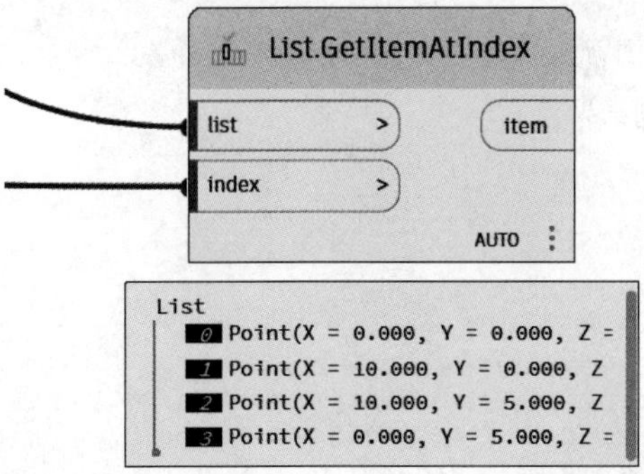

图 8-58　提取直线上第 1 个端点的坐标

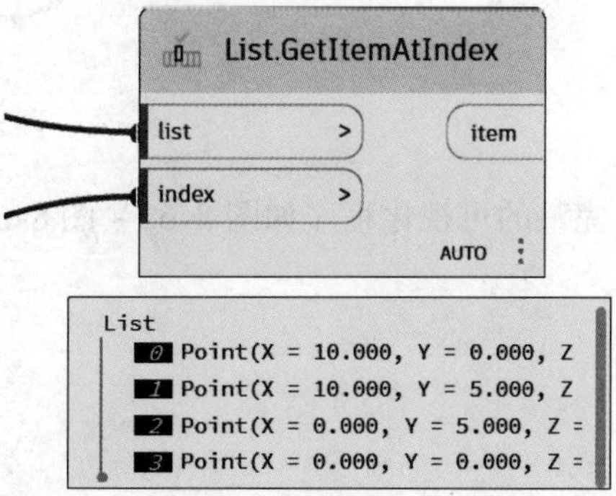

图 8-59　提取直线上第 2 个端点的坐标

将图 8-58、图 8-59 所示的列表输入绘制直线的节点，可得直线的绘制结果。图 8-60 为可视化的程序，图 8-61 为绘制结果。

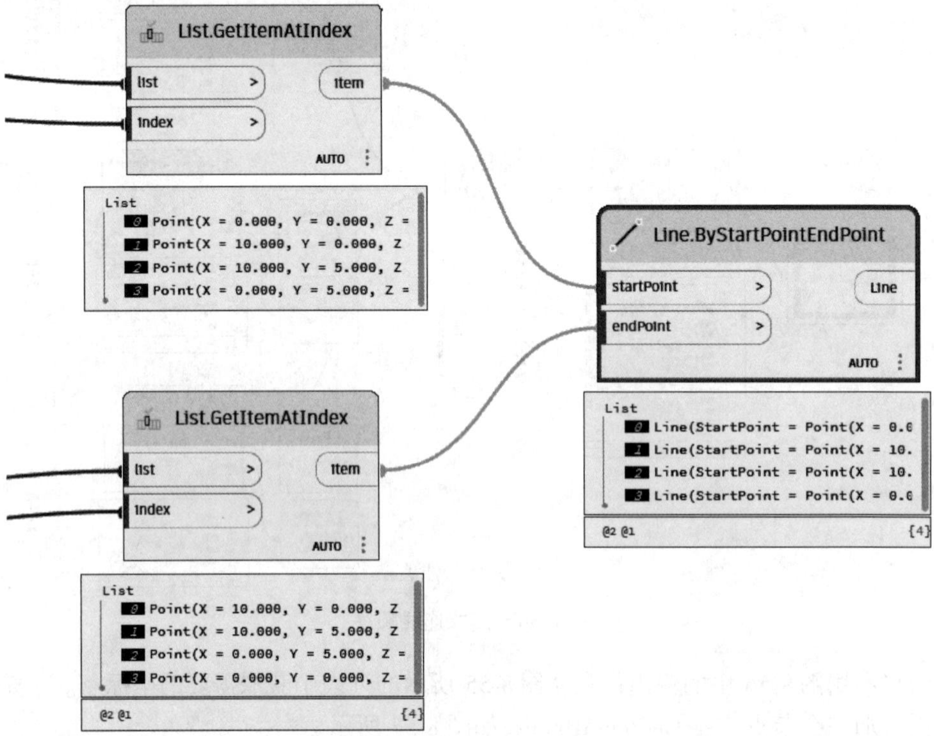

图 8-60 可视化程序

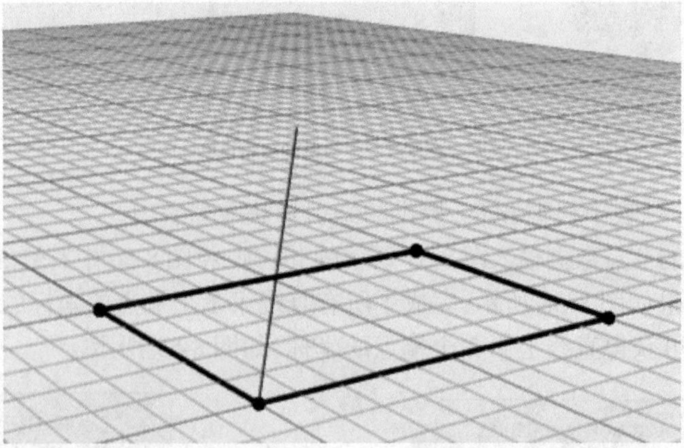

图 8-61 绘制结果

完整的可视化程序如图 8-62 ~ 图 8-64 所示。

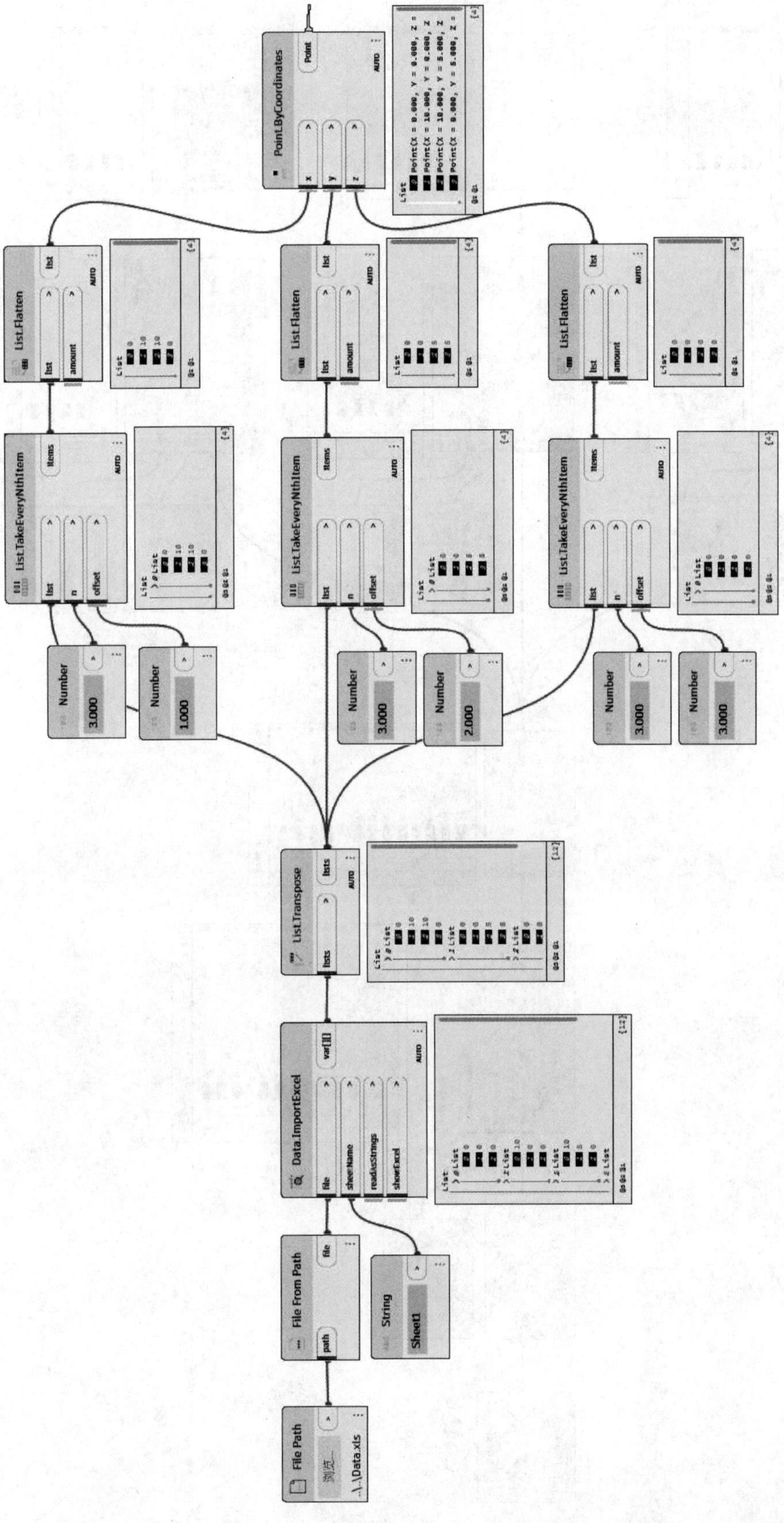

图8-62 完整的可视化程序（一）

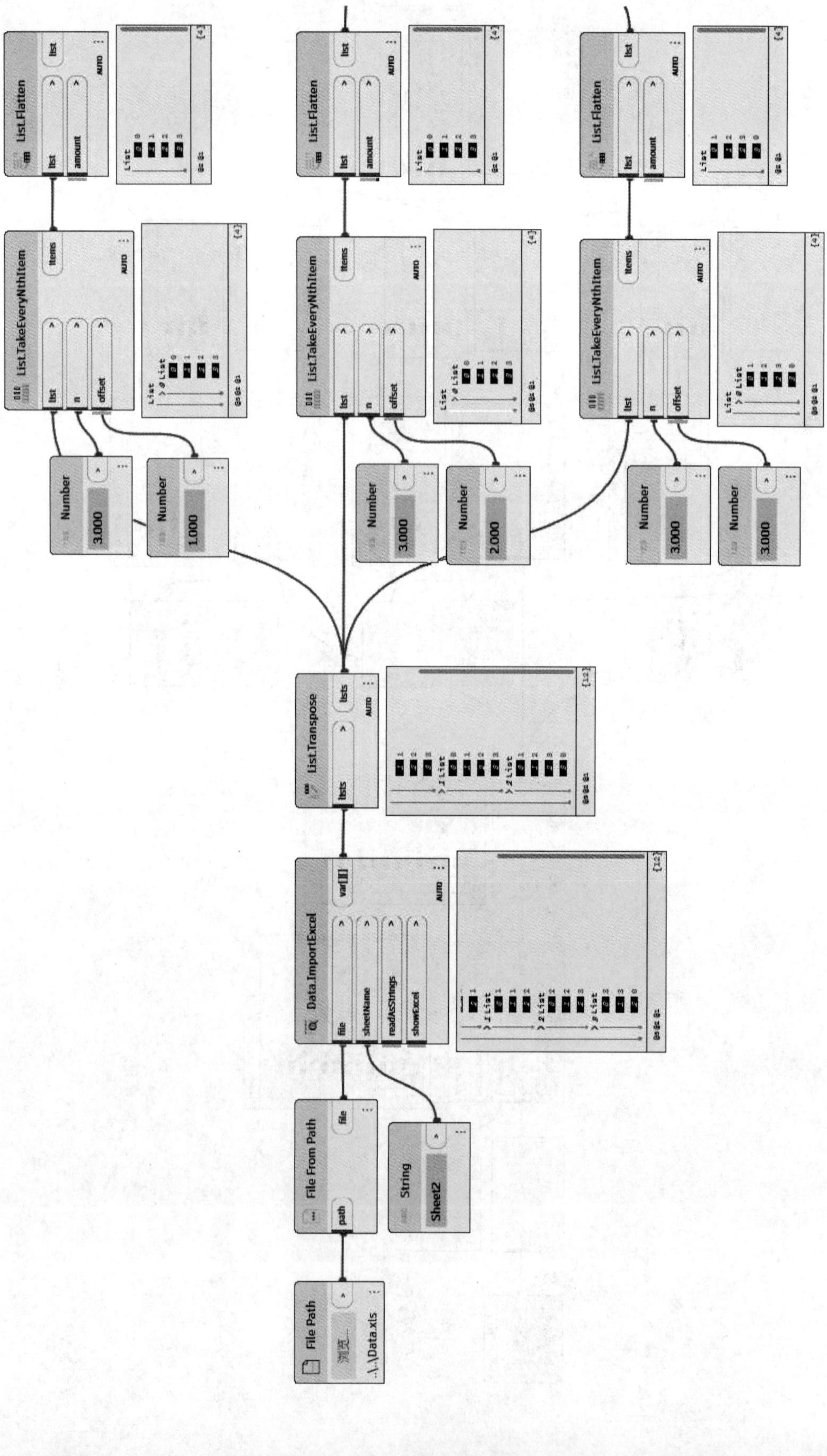

图8-63 完整的可视化程序（二）

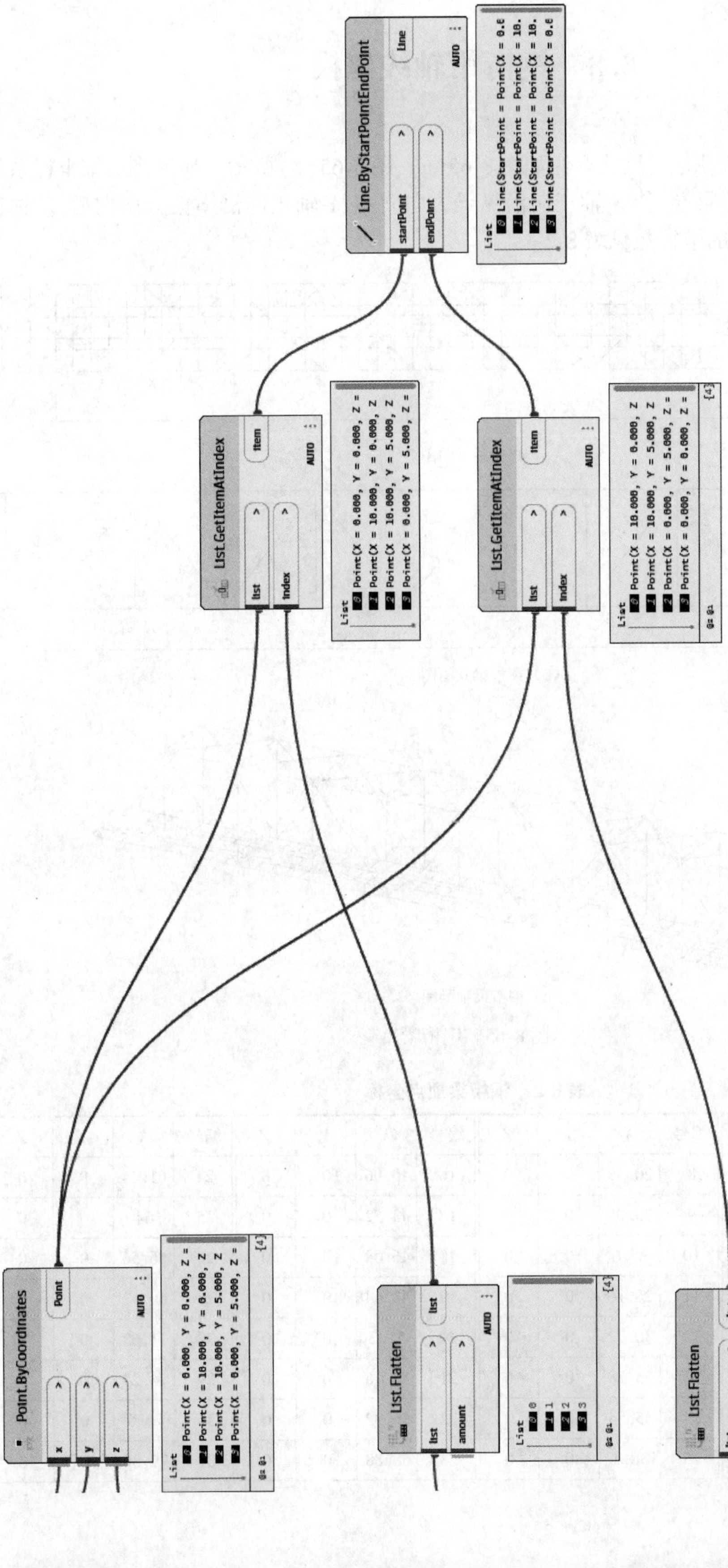

图8-64　完整的可视化程序（三）

8.8 钢桁梁轴线建模

图 8-65 所示为一钢桁梁,尺寸标注如图 8-65(a)、图 8-65(b)所示。如果将三维坐标系的原点置于钢桁梁的纵梁梁端,使 X 轴正向沿纵梁方向向右、Y 轴正向沿横梁方向向后、Z 轴正向竖直向上,各个顶点的坐标数见表 8-2。

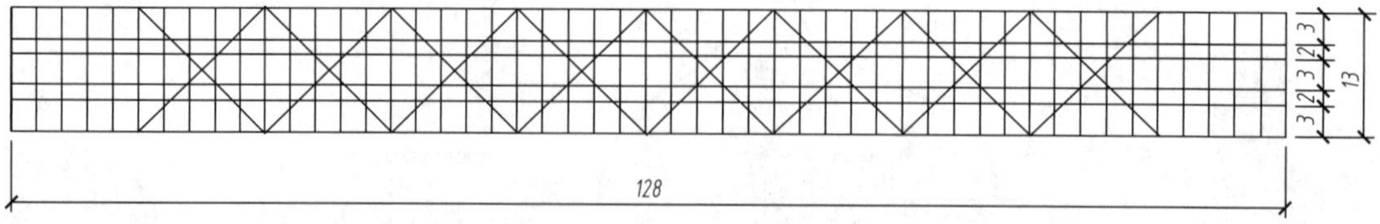

(a) 钢桁梁平面图

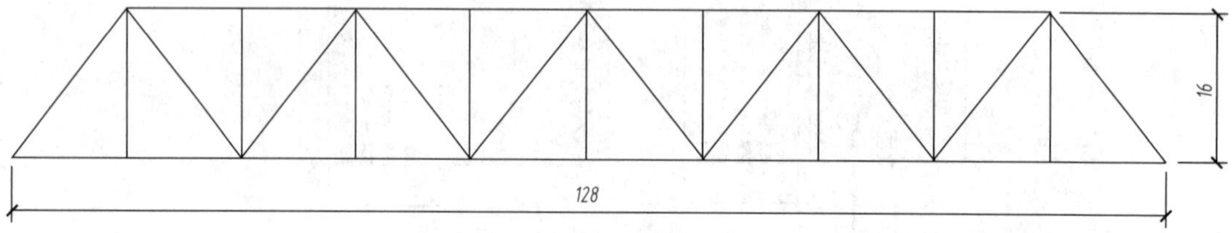

(b) 钢桁梁立面图

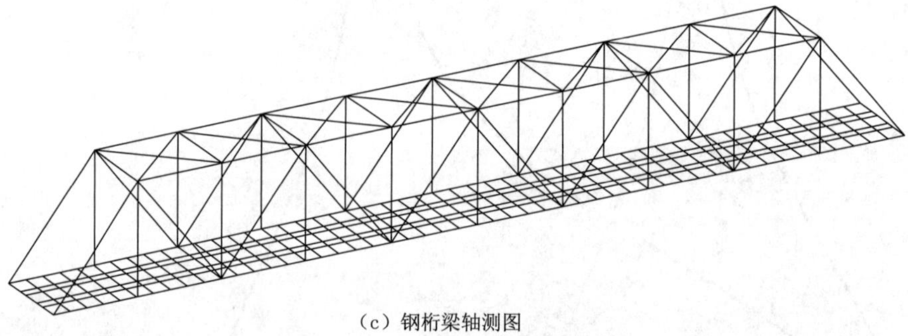

(c) 钢桁梁轴测图

图 8-65 钢桁梁

表 8-2 钢桁梁顶点坐标

编号	X	Y	Z	编号	X	Y	Z	编号	X	Y	Z	编号	X	Y	Z
0	0	0	0	8	20.48	0	0	16	40.96	0	0	24	61.44	0	0
1	2.56	0	0	9	23.04	0	0	17	43.52	0	0	25	64	0	0
2	5.12	0	0	10	25.6	0	0	18	46.08	0	0	26	66.56	0	0
3	7.68	0	0	11	28.16	0	0	19	48.64	0	0	27	69.12	0	0
4	10.24	0	0	12	30.72	0	0	20	51.2	0	0	28	71.68	0	0
5	12.8	0	0	13	33.28	0	0	21	53.76	0	0	29	74.24	0	0
6	15.36	0	0	14	35.84	0	0	22	56.32	0	0	30	76.8	0	0
7	17.92	0	0	15	38.4	0	0	23	58.88	0	0	31	79.36	0	0

续表

编号	X	Y	Z	编号	X	Y	Z	编号	X	Y	Z	编号	X	Y	Z
32	81.92	0	0	56	12.8	13	0	80	74.24	13	0	104	0	8	0
33	84.48	0	0	57	15.36	13	0	81	76.8	13	0	105	0	10	0
34	87.04	0	0	58	17.92	13	0	82	79.36	13	0	106	128	3	0
35	89.6	0	0	59	20.48	13	0	83	81.92	13	0	107	128	5	0
36	92.16	0	0	60	23.04	13	0	84	84.48	13	0	108	128	8	0
37	94.72	0	0	61	25.6	13	0	85	87.04	13	0	109	128	10	0
38	97.28	0	0	62	28.16	13	0	86	89.6	13	0	110	12.8	0	16
39	99.84	0	0	63	30.72	13	0	87	92.16	13	0	111	25.6	0	16
40	102.4	0	0	64	33.28	13	0	88	94.72	13	0	112	38.4	0	16
41	104.96	0	0	65	35.84	13	0	89	97.28	13	0	113	51.2	0	16
42	107.52	0	0	66	38.4	13	0	90	99.84	13	0	114	64	0	16
43	110.08	0	0	67	40.96	13	0	91	102.4	13	0	115	76.8	0	16
44	112.64	0	0	68	43.52	13	0	92	104.96	13	0	116	89.6	0	16
45	115.2	0	0	69	46.08	13	0	93	107.52	13	0	117	102.4	0	16
46	117.76	0	0	70	48.64	13	0	94	110.08	13	0	118	115.2	0	16
47	120.32	0	0	71	51.2	13	0	95	112.64	13	0	119	12.8	13	16
48	122.88	0	0	72	53.76	13	0	96	115.2	13	0	120	25.6	13	16
49	125.44	0	0	73	56.32	13	0	97	117.76	13	0	121	38.4	13	16
50	128	0	0	74	58.88	13	0	98	120.32	13	0	122	51.2	13	16
51	0	13	0	75	61.44	13	0	99	122.88	13	0	123	64	13	16
52	2.56	13	0	76	64	13	0	100	125.44	13	0	124	76.8	13	16
53	5.12	13	0	77	66.56	13	0	101	128	13	0	125	89.6	13	16
54	7.68	13	0	78	69.12	13	0	102	0	3	0	126	102.4	13	16
55	10.24	13	0	79	71.68	13	0	103	0	5	0	127	115.2	13	16

对各顶点进行编号后，可得到每一条直线两个端点的编号情况，汇总结果见表 8-3。

表 8-3 钢桁梁轴线的连接顺序

直线编号	横截面方向	端点 1	端点 2	直线编号	横截面方向	端点 1	端点 2	直线编号	横截面方向	端点 1	端点 2	直线编号	横截面方向	端点 1	端点 2
0	1	51	101	3	0	50	101	6	1	104	108	9	0	2	53
1	0	0	51	4	1	102	106	7	1	105	109	10	0	3	54
2	1	0	50	5	1	103	107	8	0	1	52	11	0	4	55

续表

直线编号	横截面方向	端点 1	端点 2	直线编号	横截面方向	端点 1	端点 2	直线编号	横截面方向	端点 1	端点 2	直线编号	横截面方向	端点 1	端点 2
12	0	5	56	40	0	33	84	68	1	119	111	96	1	116	30
13	0	6	57	41	0	34	85	69	1	120	112	97	1	116	35
14	0	7	58	42	0	35	86	70	1	121	113	98	1	116	40
15	0	8	59	43	0	36	87	71	1	122	114	99	1	117	40
16	0	9	60	44	0	37	88	72	1	123	115	100	1	118	40
17	0	10	61	45	0	38	89	73	1	124	116	101	1	118	45
18	0	11	62	46	0	39	90	74	1	125	117	102	1	118	50
19	0	12	63	47	0	40	91	75	1	126	118	103	1	119	51
20	0	13	64	48	0	41	92	76	1	110	120	104	1	119	56
21	0	14	65	49	0	42	93	77	1	111	121	105	1	119	61
22	0	15	66	50	0	43	94	78	1	112	122	106	1	120	61
23	0	16	67	51	0	44	95	79	1	113	123	107	1	121	61
24	0	17	68	52	0	45	96	80	1	114	124	108	1	121	66
25	0	18	69	53	0	46	97	81	1	115	125	109	1	121	71
26	0	19	70	54	0	47	98	82	1	116	126	110	1	122	71
27	0	20	71	55	0	48	99	83	1	117	127	111	1	123	71
28	0	21	72	56	0	49	100	84	1	110	0	112	1	123	76
29	0	22	73	57	1	110	118	85	1	110	5	113	1	123	81
30	0	23	74	58	1	119	127	86	1	110	10	114	1	124	81
31	0	24	75	59	0	110	119	87	1	111	10	115	1	125	81
32	0	25	76	60	0	118	127	88	1	112	10	116	1	125	86
33	0	26	77	61	0	111	120	89	1	112	15	117	1	125	91
34	0	27	78	62	0	112	121	90	1	112	20	118	1	126	91
35	0	28	79	63	0	113	122	91	1	113	20	119	1	127	91
36	0	29	80	64	0	114	123	92	1	114	20	120	1	127	96
37	0	30	81	65	0	115	124	93	1	114	25	121	1	127	101
38	0	31	82	66	0	116	125	94	1	114	30				
39	0	32	83	67	0	117	126	95	1	115	30				

将表 8-2 和图 8-3 中的数据按列存放在名为 truss data 的 Excel 文件中，结果如图 8-66 所示。

将完整的可视化程中的文件名和工作表名用上述名称进行替换，得到钢桁梁的建模结果。首先替换顶点坐标，如图 8-67 所示，得到顶点的绘图结果如图 8-68 所示。

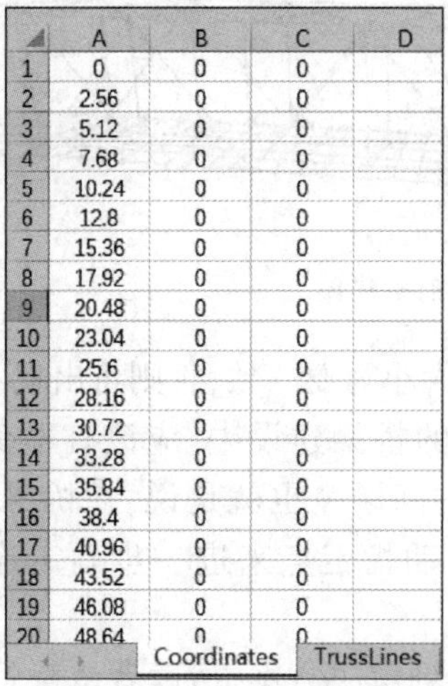

	A	B	C	D
1	0	0	0	
2	2.56	0	0	
3	5.12	0	0	
4	7.68	0	0	
5	10.24	0	0	
6	12.8	0	0	
7	15.36	0	0	
8	17.92	0	0	
9	20.48	0	0	
10	23.04	0	0	
11	25.6	0	0	
12	28.16	0	0	
13	30.72	0	0	
14	33.28	0	0	
15	35.84	0	0	
16	38.4	0	0	
17	40.96	0	0	
18	43.52	0	0	
19	46.08	0	0	
20	48.64	0	0	

Coordinates TrussLines

（a）顶点坐标列表

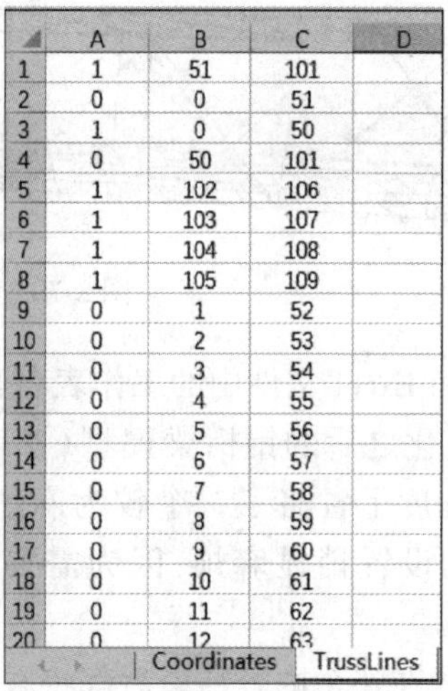

	A	B	C	D
1	1	51	101	
2	0	0	51	
3	1	0	50	
4	0	50	101	
5	1	102	106	
6	1	103	107	
7	1	104	108	
8	1	105	109	
9	0	1	52	
10	0	2	53	
11	0	3	54	
12	0	4	55	
13	0	5	56	
14	0	6	57	
15	0	7	58	
16	0	8	59	
17	0	9	60	
18	0	10	61	
19	0	11	62	
20	0	12	63	

Coordinates TrussLines

（b）连线顺序列表

图 8-66 钢桁梁数据表

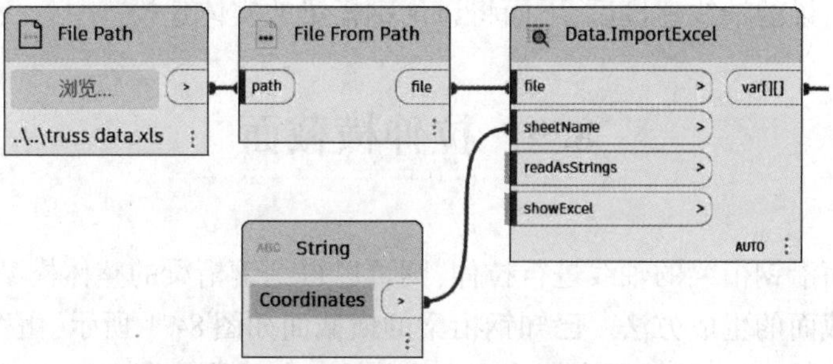

图 8-67 读取顶点坐标数据

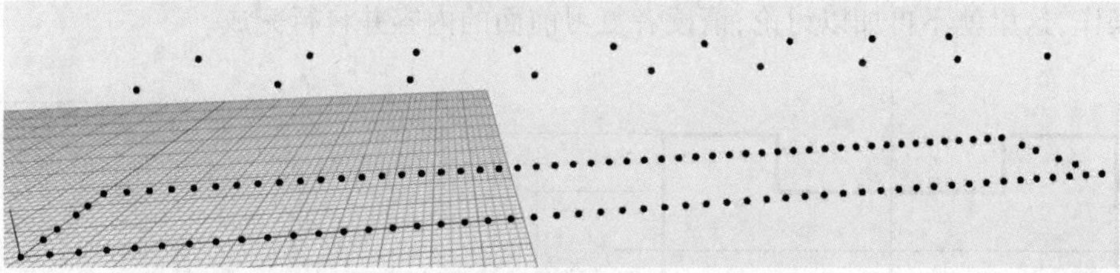

图 8-68 绘制顶点

如图 8-69 所示，替换直线的连线顺序，钢桁梁的建模结果如图 8-70 所示。

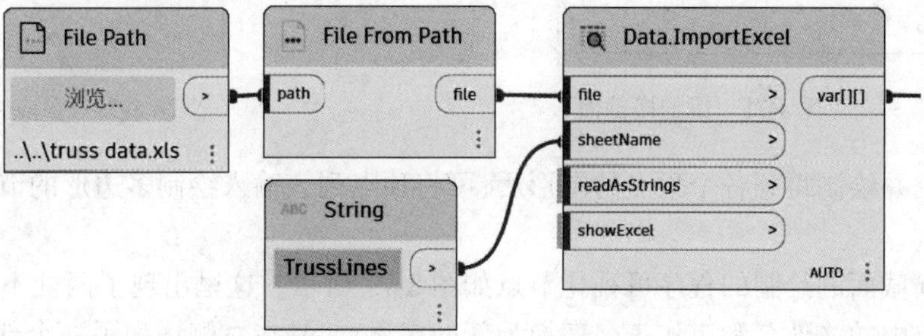

图 8-69 读取直线的连线顺序

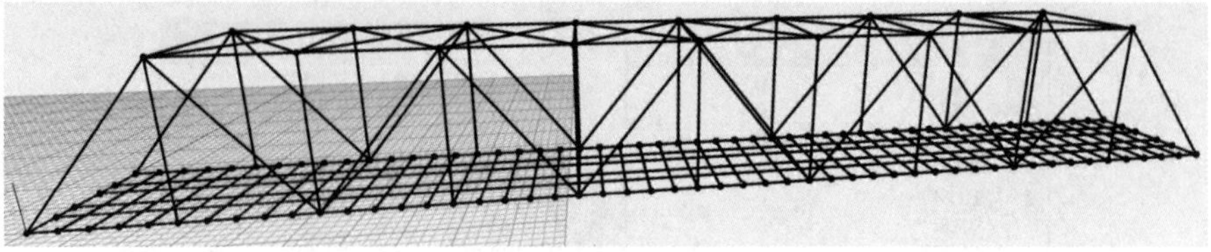

图 8-70　钢桁梁建模

注意:节点中和 Excel 文件中的工作表名其大小写要一致,否则将出现不能运行的情况。

这个例子是简化之后的钢桁梁模型(实际的桥梁建设中,应该有不少横向连接和端横连),这就在一定程度上省略了一个较为麻烦的问题。也就是说,在桥梁的实体建模中,端横连横截面方向的设置稍显麻烦,因为需要手动指定点来进一步确定连接杆件的局部坐标系。

当然,这个问题在整个内容结束后都将看不到解决方案,请读者留意思考,并在学习结束后提出自己的解决方案。事实上,该问题对目前的学习可能并没有什么影响,但是在有限元的分析和计算中,就显得相当重要。

在完成了钢桁梁的轴线建模后,下面将讨论钢桁梁的实体建模。

8.9　拉伸横截面

如果将横截面沿钢桁梁的轴线进行拉伸,则可以得到钢桁梁的整体模型。

首先讨论横截面的生成方法。已知钢桁梁的横截面如图 8-71 所示,由图中所示的坐标系可以得到各个顶点的坐标,然后顺序输入 Excel 文件以备读取。图 8-72 所示为各顶点的坐标数据列表。根据前面的思路,可容易地读取 Excel 表中的顶点数据并绘制各点的图形。关于详细的操作,这里就不再加以讨论,请读者复习前面的内容并自行完成。

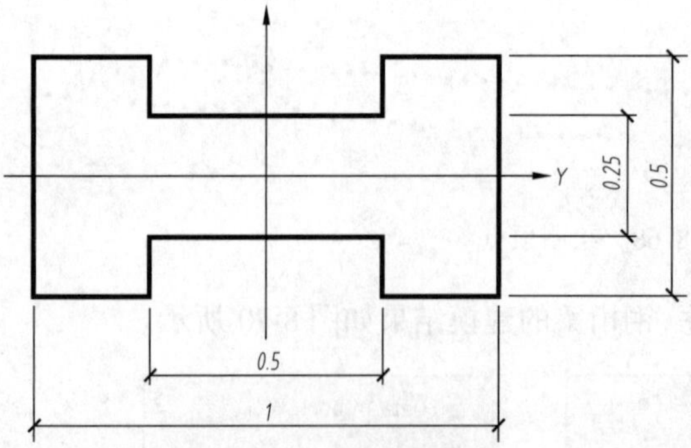

图 8-71　梁的横截面

	A	B	C
1	0	0.5	-0.25
2	0	0.5	0.25
3	0	0.25	0.25
4	0	0.25	0.125
5	0	-0.25	0.125
6	0	-0.25	0.25
7	0	-0.5	0.25
8	0	-0.5	-0.25
9	0	-0.25	-0.25
10	0	-0.25	-0.125
11	0	0.25	-0.125
12	0	0.25	-0.25

图 8-72　顶点数据

读入数据并绘制得到各个顶点的图形后,可将顶点列表输入绘制多边形的节点,完成工字形截面的绘制。

钢桁梁横截面的绘制的程序可视化节点如图 8-73 所示。这里出现了两处不同的地方,一是将左侧节点中的文件名和工作表名替换为新的名称;二是在右侧增加了一个新的节点 Polygon. ByPoints,该节点将其左侧输入的列表中的点按照顺序连成一个多边形。

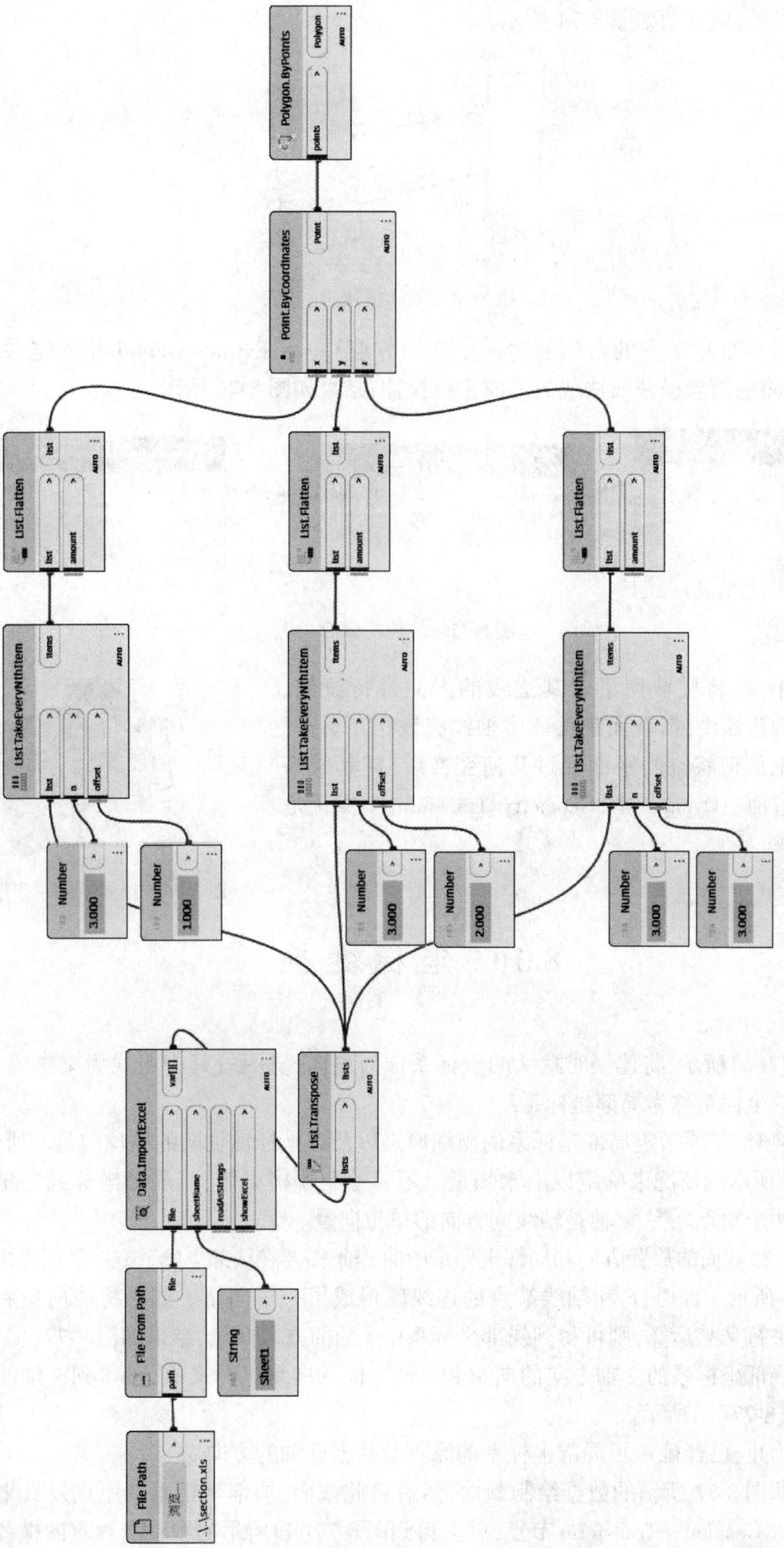

图8-73　钢桁梁横截面的绘制的程序可视化节点

绘图结束后,横截面如图 8-74 所示。

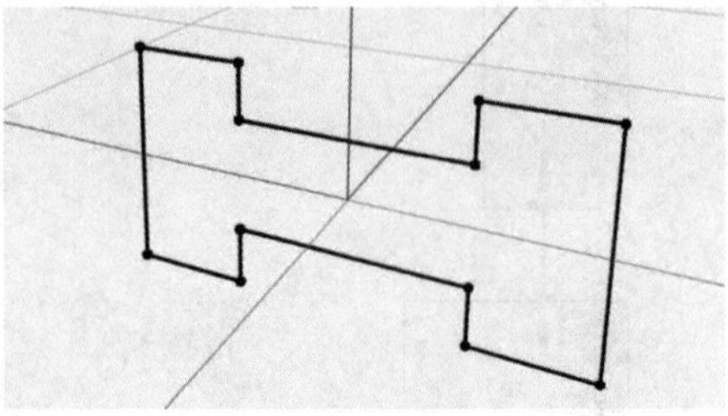

图 8-74　梁体横截面

如果给图 8-73 中节点的右侧创建一个新的节点 Curve. ExtrudeAsSolid 并相连,如图 8-75 所示,则系统将会沿着横截面法线的方向进行拉伸,结果如图 8-76 所示。

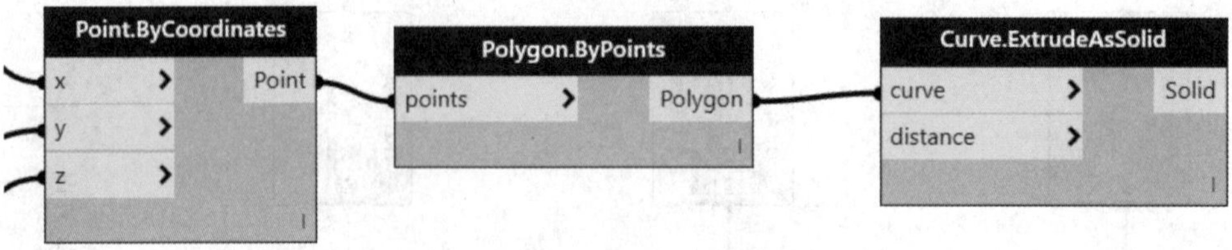

图 8-75　拉伸横截面

到此为止,可将横截面沿着其法线的方向进行拉伸。但是在桥梁的建模中,横截面跟梁体中轴线应该相互垂直,所以下面讨论如何将空间平面经过几何变换后,使其成为梁轴线的垂直面。Dynamo 中,Geometry. Transform 节点正是为此而生。

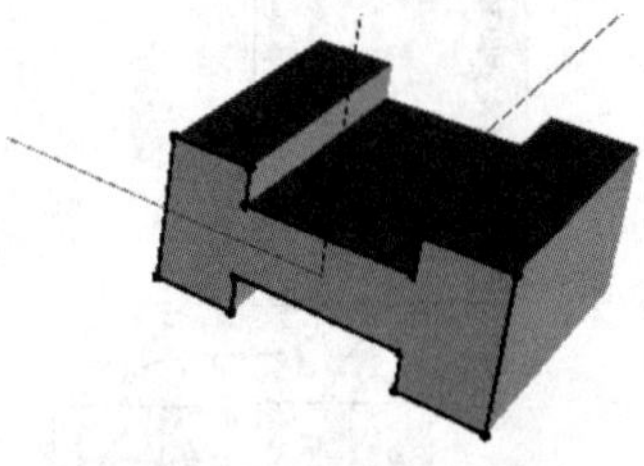

图 8-76　拉伸后的工字形梁

8.10　坐 标 变 换

如图 8-77(a)所示,将建模时默认的坐标系称为整体坐标系;其中粗线为梁轴线,将依附于每个梁体的坐标系称为局部坐标系。

坐标变换时,需要指定局部坐标系的坐标原点以及各坐标轴轴向的单位向量。所以,要根据图 8-77(a)所示的情况来确定以上未知量。不管绘制哪根梁体,其局部坐标系的坐标原点就是轴线上两个端点之一,x 轴是轴线同方向的单位向量。

为了确定横截面的放置方向和局部坐标系中的 z 轴,需要在局部坐标系 xOy 平面内找一点 F,如图 8-77(a)所示。此时,F 和轴线端点的连线就形成了一个向量。如果将该向量和轴线所代表的向量进行叉乘运算,则可得到局部坐标系中 z 轴的方向向量,结果如图 8-77(b)所示。

如果将局部坐标系的 x 轴方向的向量和 z 轴方向的向量进行叉乘,可得到 y 轴的方向向量,结果如图 8-77(c)所示。

到目前为止,已经确定了局部坐标系的原点及其坐标轴的方向。

如果按照图 8-72 所示的数据绘制截面,然后将此截面、局部坐标系的原点及其坐标轴的方向一并输入 Geometry. Transform 节点,就会得到图 8-77(d)所示的跟轴线垂直的横截面。最后将横截面的拉伸长度设定为轴线的长度，结果如图 8-77(e)所示。

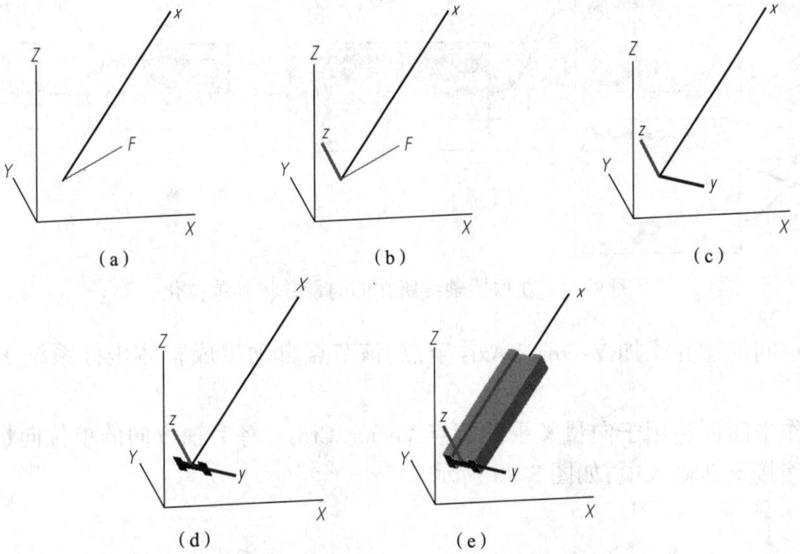

图 8-77　局部坐标系的形成过程

注意：多数情况下，*F* 点可用整体坐标系中各坐标轴方向的单位向量进行替换，这将较大地简化程序设计的流程，下面的例子中也是这样做的。

这就是坐标变换的思路。如果读者想从数学的角度进行求证，请自行参阅有关的计算机图形学、结构有限元分析等相关著作。

下面以前例中横截面的数据为例，沿(0,0,0)到(5,0,5)的梁轴线进行拉伸试验。

步骤 01　绘制梁轴线。

根据前面讲述的内容，梁体轴线的绘制代码如图 8-78 所示。

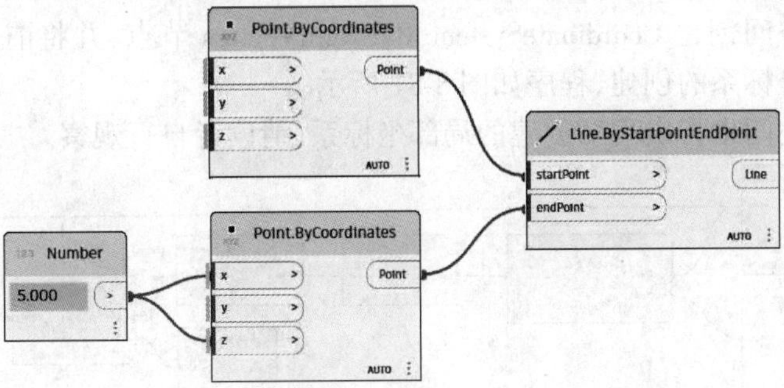

图 8-78　绘制梁体轴线

步骤 02　确定 *x* 轴方向的单位向量。

获取梁轴线所在的向量并将其单位化。如图 8-79 所示，在节点库中搜索并创建Line. Direction 和 Vector. Normalized 节点。前者用来获取直线的方向向量，后者用来将方向向量单位化。

步骤 03　创建梁的局部坐标系。

获得 *x* 轴的方向向量后，可通过指定 *F* 点的坐标或方向向量来确定 *z* 轴的方向。为了简化程序，此处通过指定方向向量来确定 *z* 轴的方向。

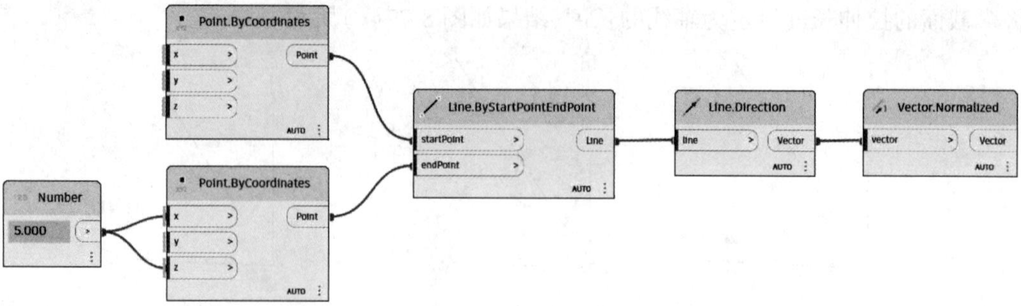

图 8-79　获取梁轴线所在的向量并将其单位化

向工作空间创建并添加 Vector. YAxis 节点,该节点自动生成整体坐标系统 *Y* 轴方向的单位向量。

再向工作空间创建用于向量叉乘的节点 Vector. Cross,将 *Y* 轴方向的单位向量和图 8-79中的运算结果连接至其输入项,如图 8-80 所示。

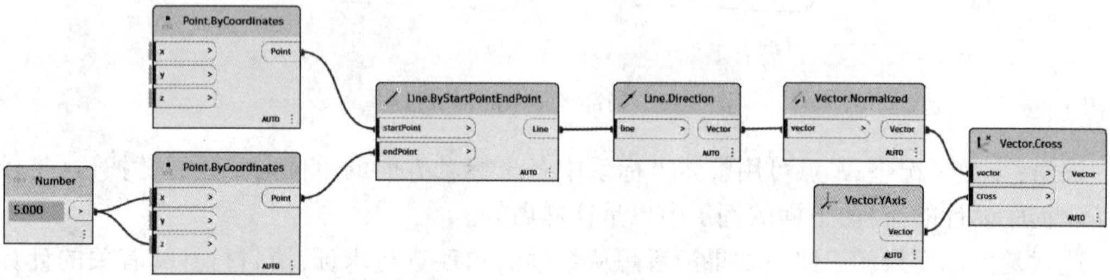

图 8-80　*Z* 轴的方向的计算

注意:如果将局部坐标系中的 *y* 轴和 *z* 轴进行互换,坐标变换后,横截面仅方向发生变化,其和轴线垂直的性质并不会改变。所以,为了使程序更加简单,我们将图 8-80 中计算所得的 *Z* 轴视作 *Y* 轴。

这时,向工作空间创建 CoordinateSystem. ByOriginVectors 节点,并将前面的已知条件输入该节点,完成局部坐标系的创建,程序如图 8-81 所示。

此时,在工作空间也将出现新创建的局部坐标系,请读者自行观察。

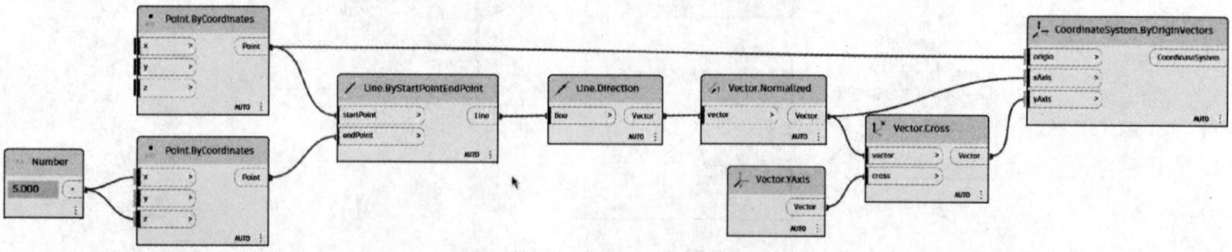

图 8-81　创建局部坐标系

步骤 04　坐标转换。

坐标转换的目的是将桥梁整体坐标系内的一般位置面转换到和梁轴线垂直,为此,需要创建并添加 Geometry. Transform 节点。

该节点将自动提取局部坐标系和整体坐标系中各坐标轴之夹角的余弦矩阵。然后用该矩阵和横截面中每个顶点的坐标相乘,即可得到转换之后的点的坐标。

为了方便阅读,列出了完整的可视化程序,如图 8-82 所示,程序的运行结果如图 8-83 所示。

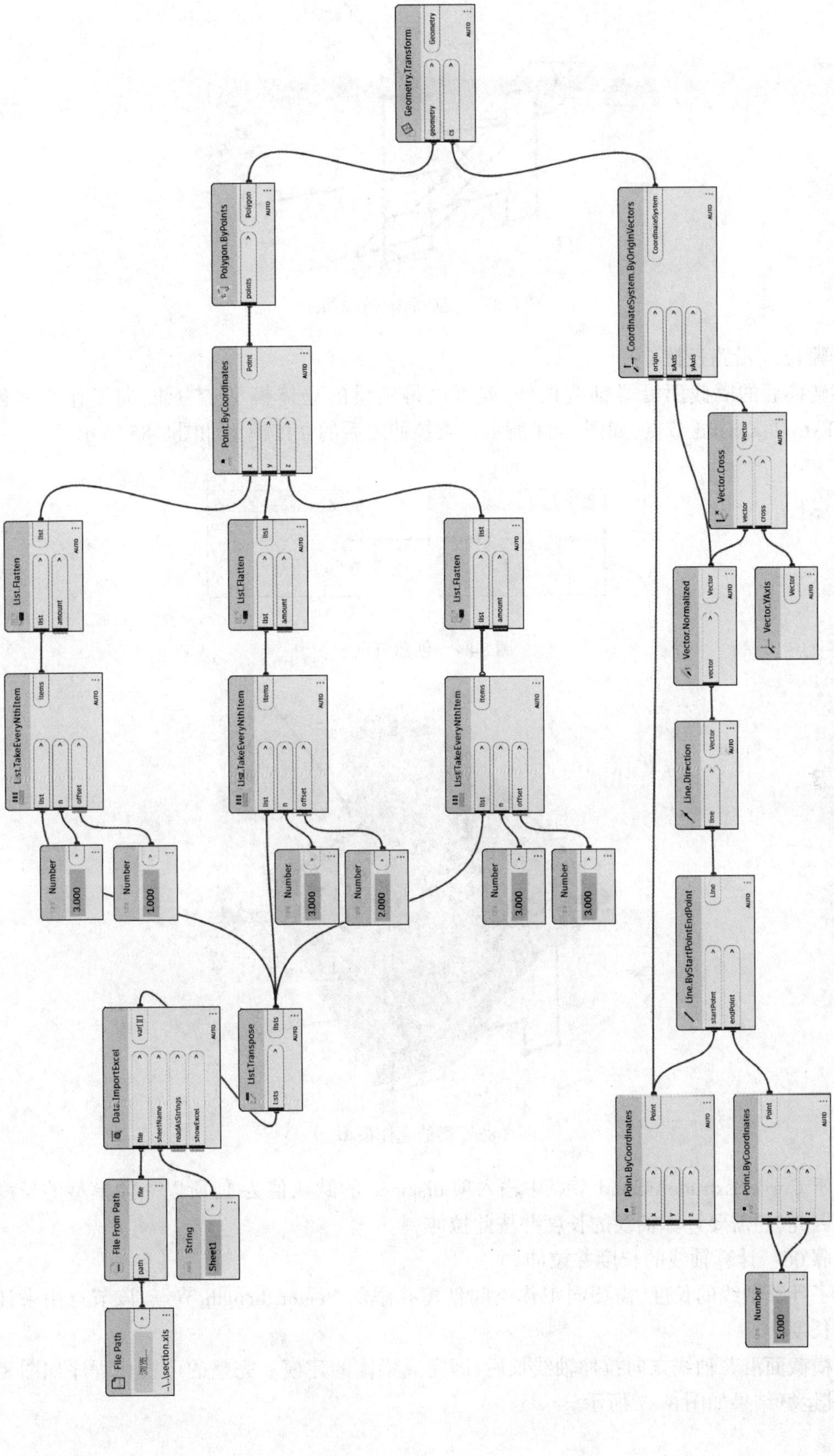

图8-82 横截面的几何变换可视化程

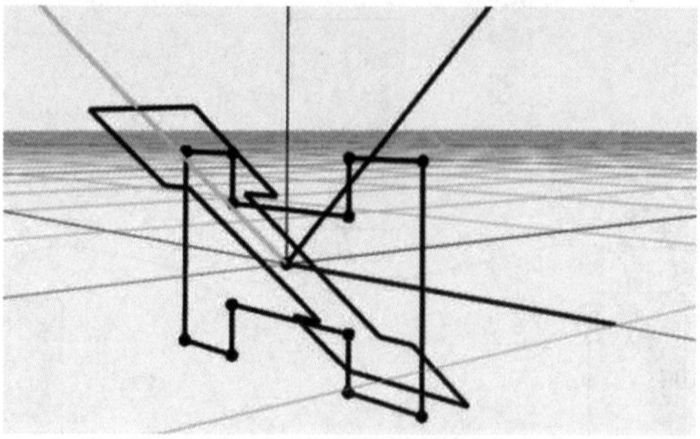

图 8-83　变换后的横截面

步骤 05　沿路径拉伸。

将转换后的横截面沿梁轴线拉伸，就可以得到梁的立体模型。为此，向工作空间创建 Curve. ExtrudeAsSolid 节点，如图 8-84 所示。梁拉伸之后的立体模型如图 8-85 所示。

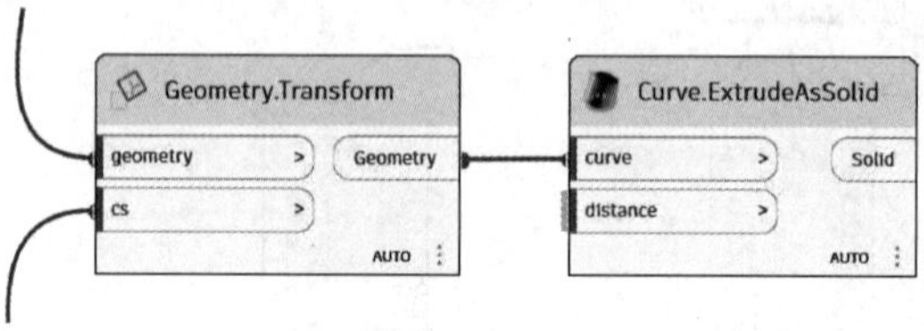

图 8-84　创建节点

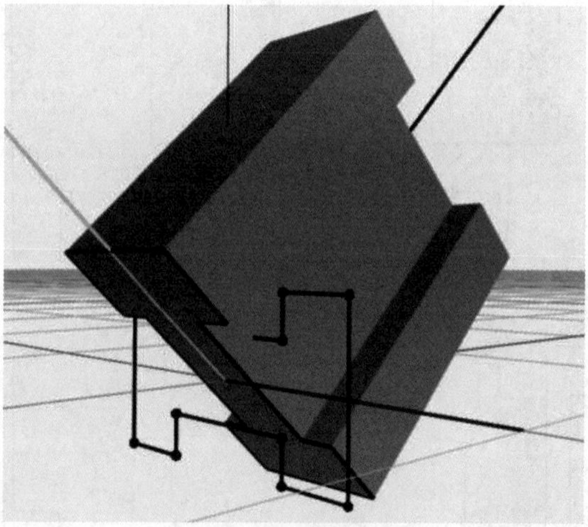

图 8-85　梁的立体模型

由于 Curve. ExtrudeAsSolid 节点中输入项 distance 的默认值为 1，所以立体模型的长度还不够。因此，还需要计算轴线的长度并按此拉伸。

步骤 06　计算轴线的长度并拉伸。

为了计算轴线的长度，需要向工作空间创建并添加 Vector. Length 节点，该节点用来计算轴线的长度。

将横截面沿着轴线方向拉伸轴线长后，即完成梁体的建模。完整的可视化程序如图 8-86 所示，其运算结果如图 8-87 所示。

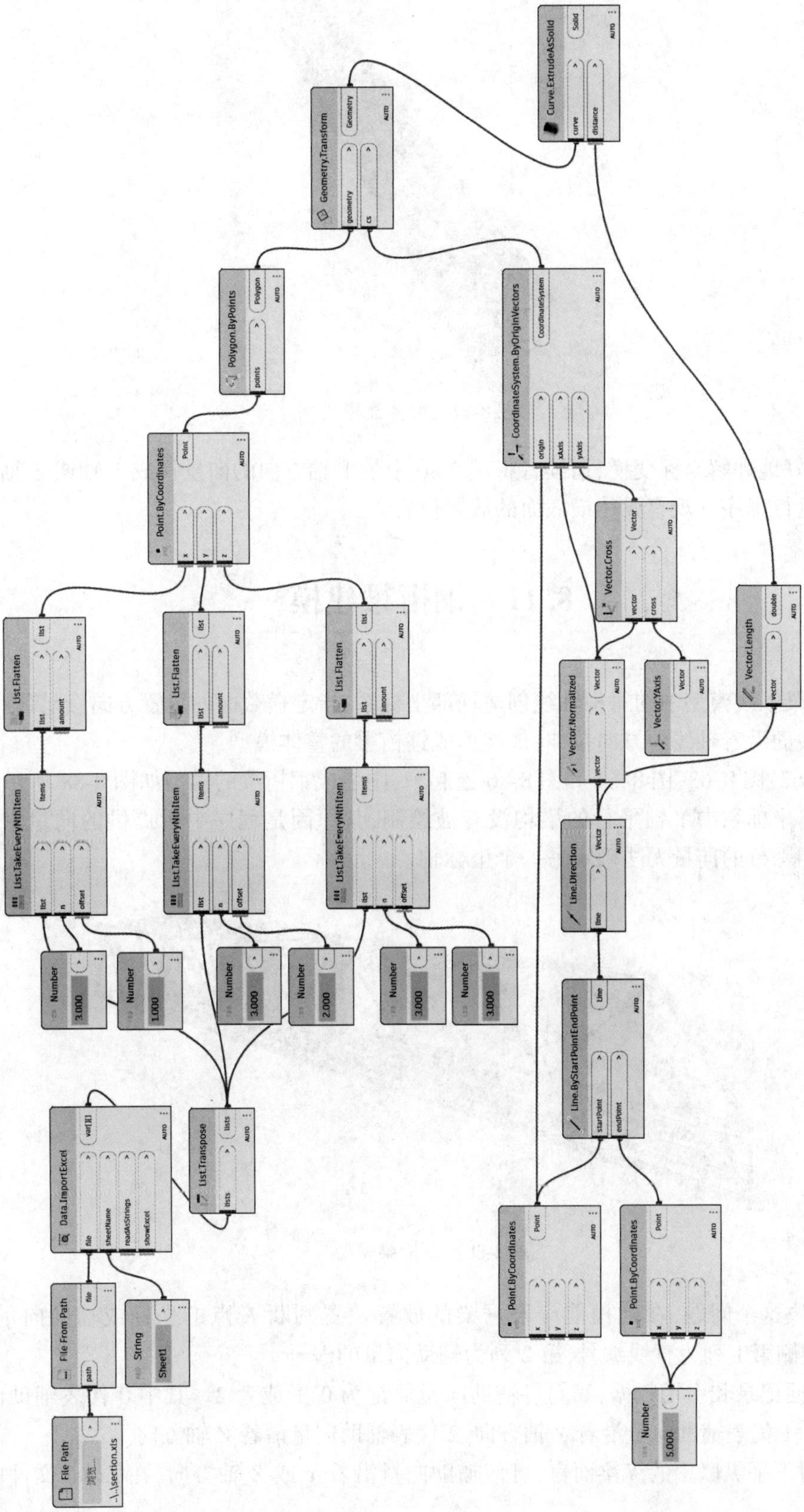

图8-86 计算轴线的长度并拉伸

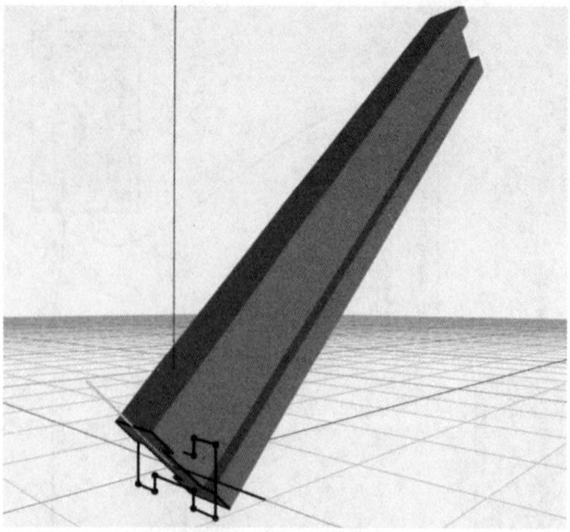

图 8-87　梁体建模

为了更好地理解坐标变换，请读者将图 8-80 中的 Y 轴方向的向量换成 X 轴或 Z 轴方向的向量，然后运行程序并观察梁体横截面的放置位置。

8.11　钢桁梁建模

为钢桁梁轴线模型中的每根轴线创建局部坐标系、指定横截面的放置方向、计算轴线的长度后，将横截面沿着轴线的方向拉伸，最终形成钢桁梁的整体模型。

将图 8-62、图 8-63、图 8-64 和图 8-86 连起来，则生成钢桁梁的模型如图 8-88 所示。由图可知，跟整体坐标系中 Y 轴平行的梁均没有被绘制，其原因是程序中所提供的向量平行于 Y 轴，两个互相平行的向量无法确定另一个坐标轴。

图 8-88　钢桁梁模型

为了解决这个问题，在建模前应根据梁的放置位置判断 F 点的坐标或辅助向量编号。表 8-3 中，左侧第 1 列为直线编号，第 2 列为辅助向量的编号。

为了方便记录和引用数据，我们将辅助向量简记为 0、1 或者 2。其中 0 代表辅助向量沿着 X 轴方向、1 代表辅助向量沿着 Y 轴方向、2 代表辅助向量沿着 Z 轴方向。

举例：对下平纵联中的纵梁而言，可使辅助向量沿着 Y 或 Z 轴方向，在 Excel 文件中应填入 1 或 2。

用上述方法判断可得每段梁体的辅助向量并将其代号填入 Excel 表格。但是到目前为止，程序并不能自动判断应该采用哪个辅助向量。于是，还需要根据 Excel 文件中的第 2 列值进行判断，从而计算合适的辅助向量。相关步骤如下：

步骤 01　向工作空间添加运算节点。

如图 8-89 所示，向工作空间添加运算节点，将节点输入项 y 的值设为 0；取出 Excel 文件中的第 2 列值并赋值给节点输入项 x。

步骤 02　如图 8-90 所示，创建并添加条件判断节点，将图 8-89 中的运算节点赋值给 if 节点的 test 输入项。如果两个值相等，则 if 节点输出 X 轴方向的单位向量；否则输出零向量。

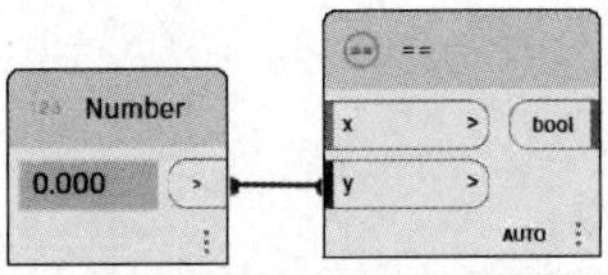

图 8-89　创建运算节点

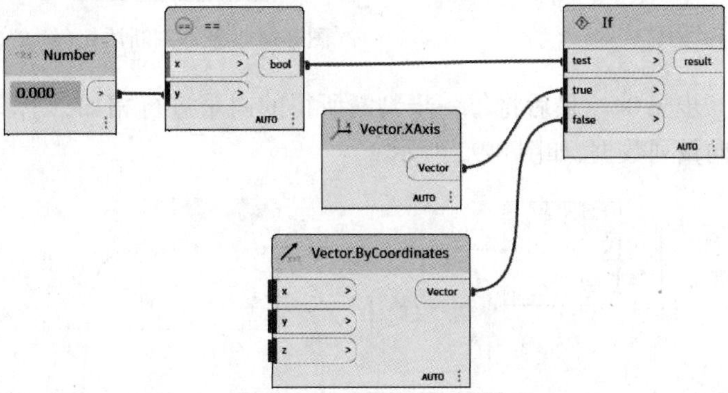

图 8-90　创建条件判断节点

步骤 03　将图 8-90 中的左侧节点的默认值分别改为 1 和 2，将 X 轴方向的单位向量分别改为 Y、Z 轴的方向向量，可得到另外两种结果，程序如图 8-91 所示。

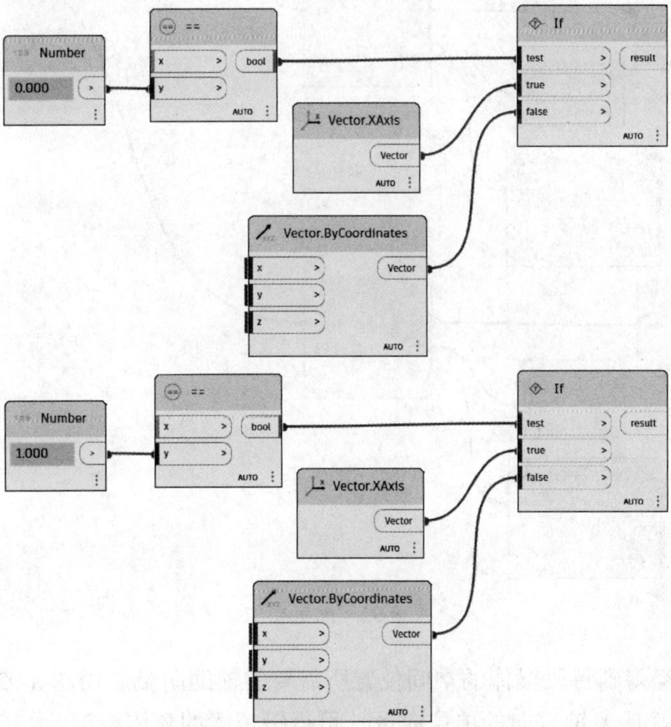

图 8-91　条件判断语句

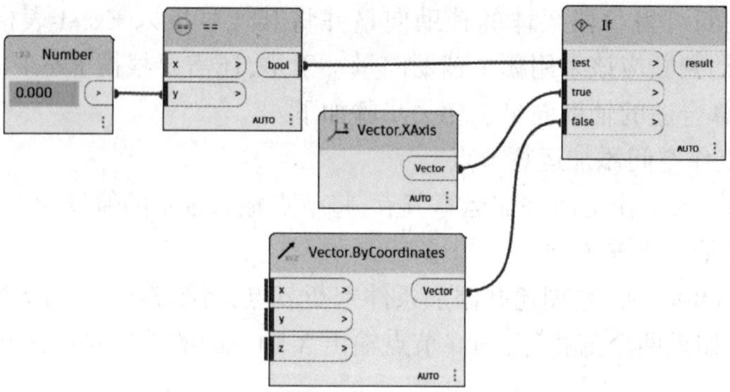

图 8-91　条件判断语句(续)

步骤 04　最后将每一步判断所得的向量进行相加,则得到跟 Excel 文件中的数据相对应的向量列数据,如图 8-92 所示。

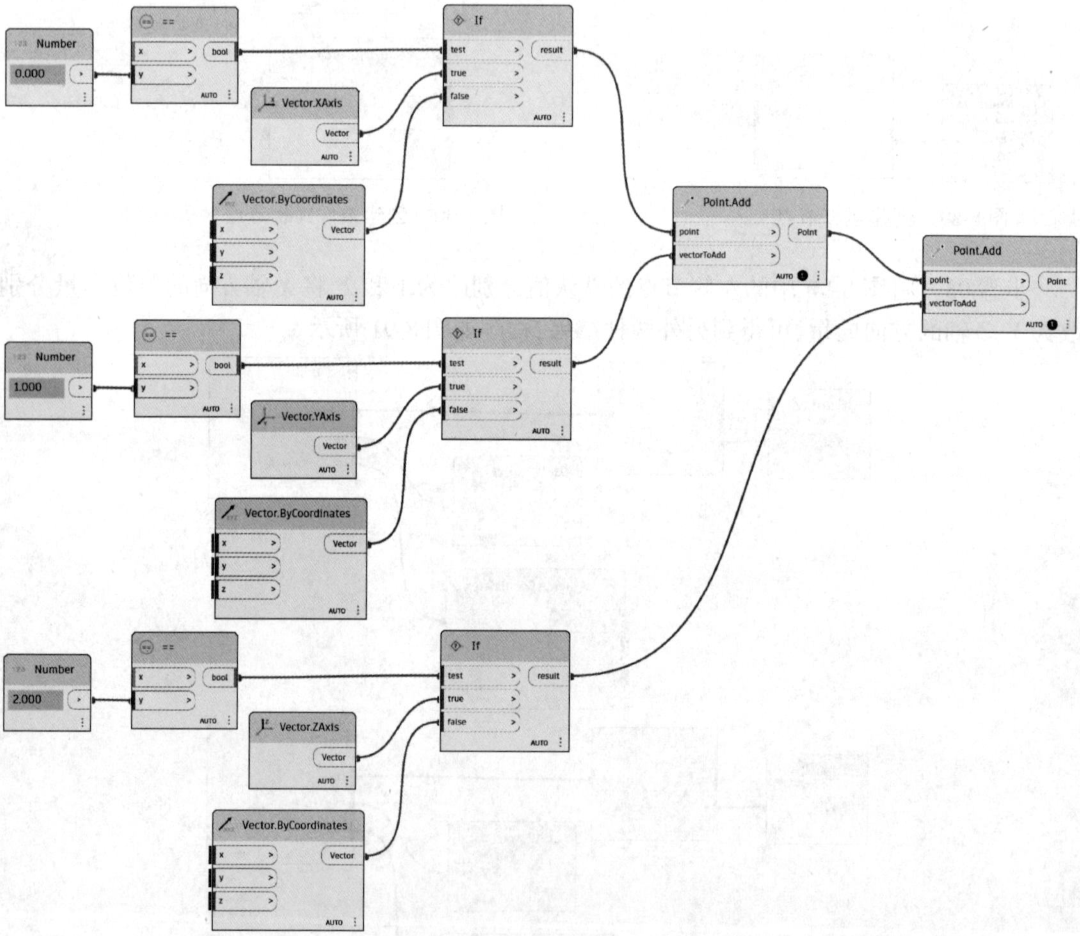

图 8-92　向量相加

到此为止,已经得到每段梁体的空间位置所需要的辅助向量。用图 8-92 中的向量替换原来的固定向量(也就是 X 轴方向的单位向量),可得钢桁梁的整体模型。

为了方便读者阅读,下面给出整体可视化程序,如图 8-93 所示,其运行结果如图 8-94 所示。

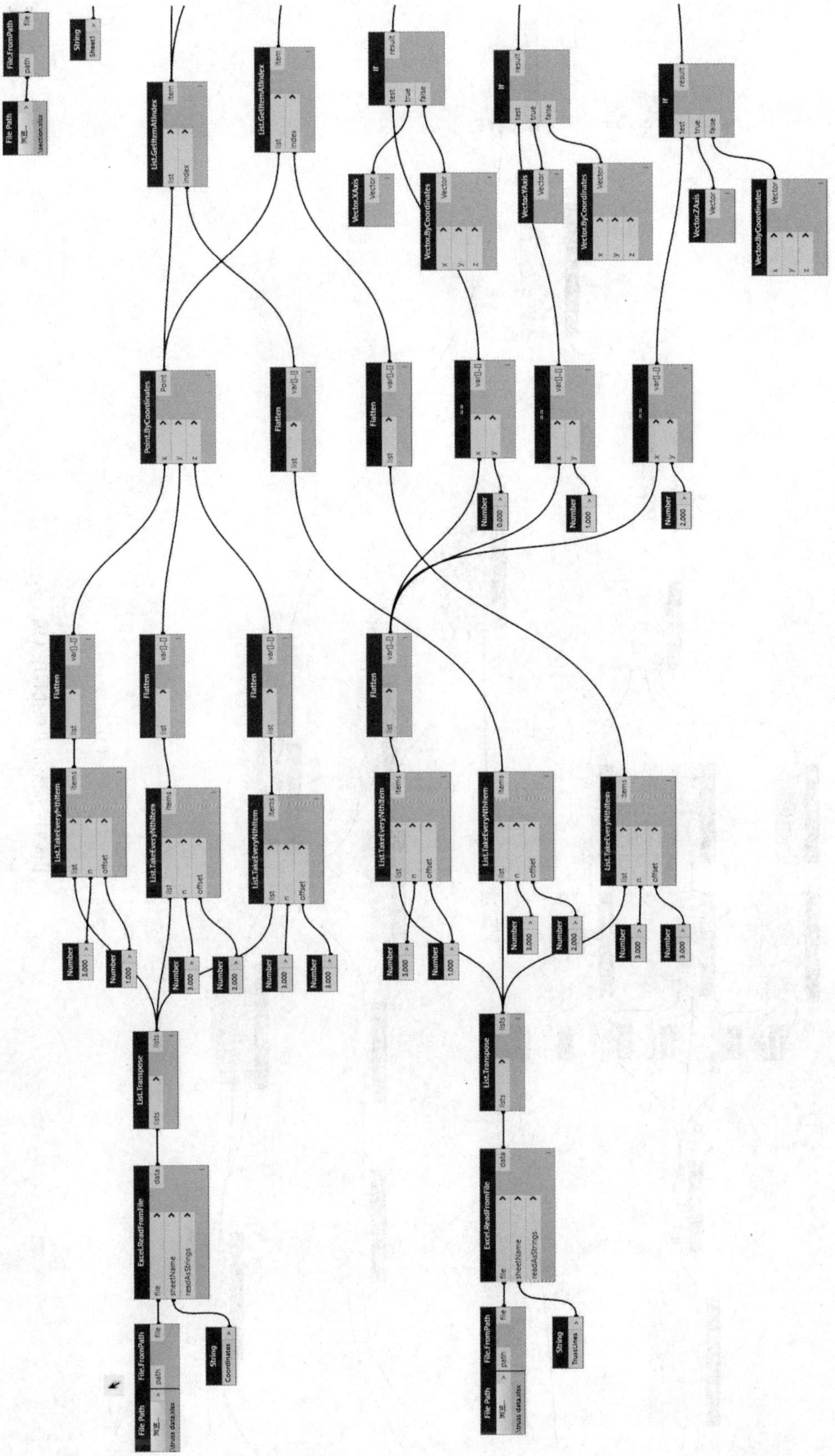

图8-93　完整的可视化程序

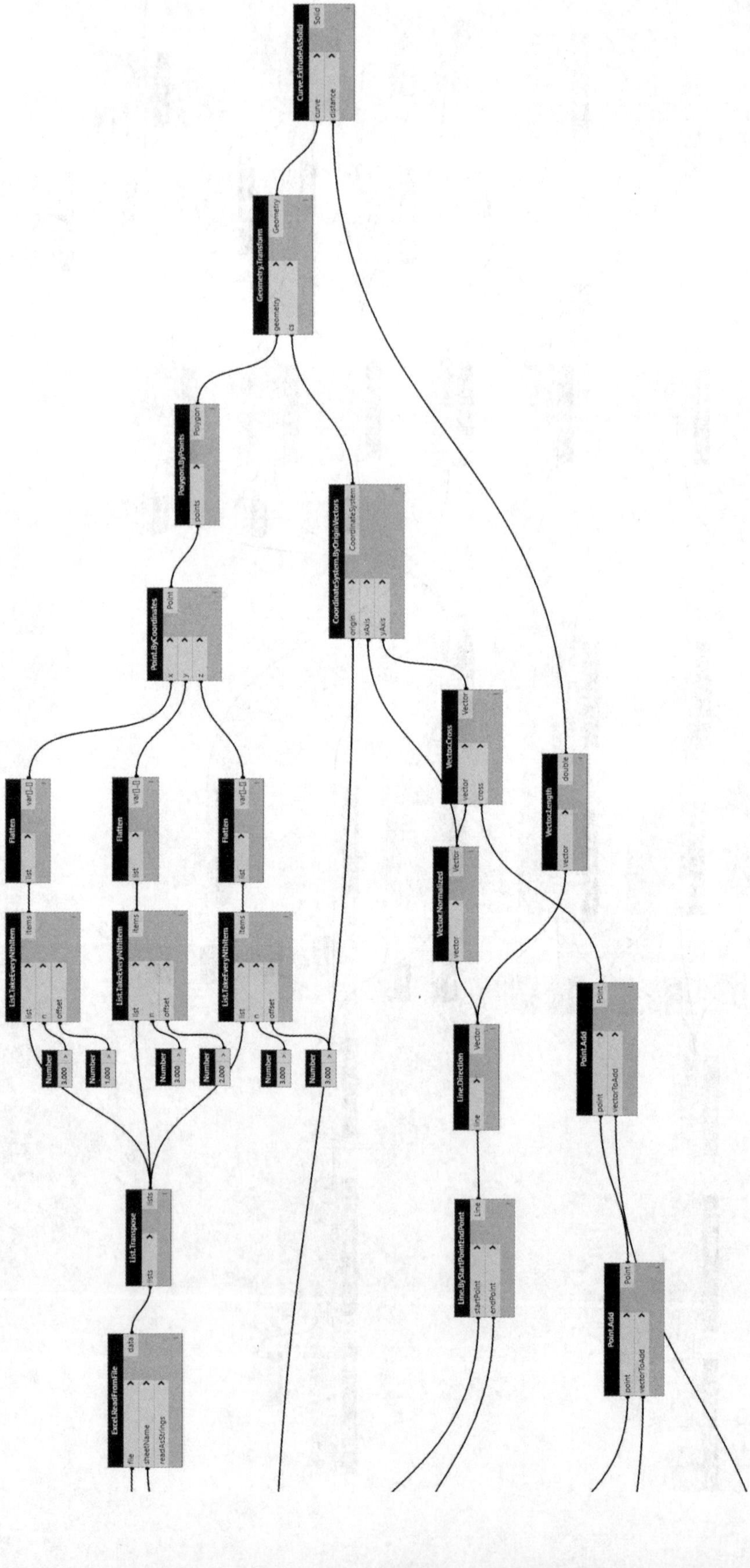

图8-93 完整的可视化程序（续）

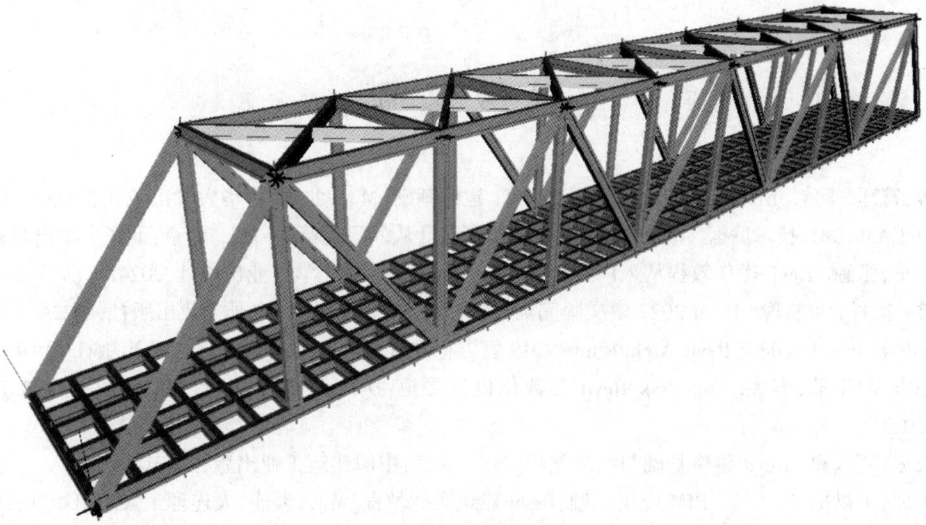

图 8-94　钢桁梁桥的空间模型

桥梁的整体模型出现了，但是程序中还有改进的地方。比如，如何提供辅助向量，使钢桁梁桥的建模程序能够通用化；如何压缩节点数目，使程序具有更高的可读性等。

关于程序的改善和优化，本书就不再讨论，希望读者能进一步学习，将其改造成通用性强的可复用程序。如果足够完善，可将其发布为自定义节点供他人学习和借鉴。

Dynamo 的内容很多，涉及面也很广。但是限于篇幅，本书的讨论到此为止。

参 考 文 献

[1] 陆婷,符珏,李旋. BIM 技术基础与应用:REVIT 建模基础[M]. 北京:清华大学出版社,2025.

[2] CAD/CAM/CAE 技术联盟. Revit 2024 中文版建筑设计从入门到精通[M]. 北京:清华大学出版社,2024.

[3] 刘云平,张驰. Revit 操作教程从入门到精通[M]. 2 版. 北京:化学工业出版社,2024.

[4] 韩笑, 文丹, 黄晓瑜. Revit 2022 中文版完全自学一本通[M]. 北京:电子工业出版社,2022

[5] Autodesk,Inc. Autodesk Revit Architecture 2019 官方标准教程[M]. 北京:电子工业出版社,2019.

[6] 陈旭洪,胡宇琦,李签. Autodesk Revit 参数化设计之道:Dynamo 实战剖析[M]. 北京:机械工业出版社,2022.

[7] 陈长流,寇巍巍. Revit 建模基础与实战教程[M]. 北京:中国建筑工业出版社,2018.

[8] 张玉琢,王烘艳,王庆贺. BIM 应用基础:Revit 建筑实战教程[M]. 大连:大连理工大学出版社,2022.